职业教育公共基础课通用教材

中高职一体化数学衔接教材

主　编　林建仁　季明华

副主编　申江慢　吴松英

参　编　冯振东　唐　琳　李　秀　任晨雨
季特静　郭青霞　郑钦宇　王碧瑶
王　颖　徐夏怡　黄艳梅　纪凤艳
刘天祥　郑婷菲

北京理工大学出版社
BEIJING INSTITUTE OF TECHNOLOGY PRESS

图书在版编目（CIP）数据

中高职一体化数学衔接教材 / 林建仁，季明华主编．
北京：北京理工大学出版社，2025.4.
ISBN 978-7-5763-5338-9

Ⅰ.O1

中国国家版本馆 CIP 数据核字第 2025UC9678 号

责任编辑：陈莉华　　**文案编辑**：魏　笑
责任校对：周瑞红　　**责任印制**：李志强

出版发行 / 北京理工大学出版社有限责任公司
社　　址 / 北京市丰台区四合庄路 6 号
邮　　编 / 100070
电　　话 / (010) 68914026（教材售后服务热线）
(010) 63726648（课件资源服务热线）
网　　址 / http://www.bitpress.com.cn

版 印 次 / 2025 年 4 月第 1 版第 1 次印刷
印　　刷 / 三河市天利华印刷装订有限公司
开　　本 / 787 mm × 1092 mm　1/16
印　　张 / 13.5
字　　数 / 310 千字
定　　价 / 42.00 元

前　言

2021 年 10 月，中共中央办公厅、国务院办公厅印发《关于推动现代职业教育高质量发展的意见》，明确指出，推进不同层次职业教育纵向贯通，一体化设计职业教育人才培养体系，推动各层次职业教育专业设置、培养目标、课程体系、培养方案衔接，支持在培养周期长、技能要求高的专业领域实施长学制培养．近年来，教育行政部门和教研部门高度重视中高职一体化人才培养．当前，中职数学与高等数学在知识体系方面的严重脱节问题还未得到重视和有效破解，中职学生升入高职阶段学习高等数学普遍感到较为吃力．此外，经由网络平台的广泛检索，未能寻获一本能够契合中职学生学习特性，实现中等职业教育与高等职业教育数学课程有效衔接的教材．因此，建设中职与高职相衔接的数学教材显得尤为重要．

编者立足于可持续发展，纵向以高等数学和专升本数学考试大纲为导向，横向以普通高中数学课程标准为参照，强化常用逻辑用语、函数的性质、幂函数、指数函数、对数函数的概念及运算、三角函数及其图像、空间向量、导数基础等知识的学习和学科体系的构建．

本教材主要包括以下 5 个栏目：情境创设，结合生活、专业学习中碰到的实际问题，创设情境；知识探究，引领学生探究知识的形成过程，得到相关概念、公式与性质；应用举例，选择典型的数学问题进行分析讲解，同时将最后一个例题设置为应用问题，凸显数学的应用价值；巩固练习，通过练习题巩固所学知识；阅读拓展，每章编写了知识拓展，引导学生感受数学思想文化的魅力．同时，每个例题均制作了微课，引发学生学习和破解难点的兴趣，促进学生思考，便于学生应用．

本教材具有以下特色：一是衔接性，对比普通高中数学课程标准，补齐高职单独招生考试不要求的常用逻辑用语、函数的性质及反函数的概念、三角函数的相关知识、导数基础、空间向量等模块知识，确保与高等数学所需基础有效衔接；二是发展性，着眼于当下专升本招生趋势与数学考核要求，选编内容均符合专升本数学考核范畴；三是素养性，通过生活实例、热点问题、专业问题等情境创设，并设置数学应用例题，还包含数学故事、数学趣闻、数学应用案例等阅读拓展发展学生综合素养．

本教材可作为中职高三年级数学的补充教材，也可作为高职一年级新生、高职学生学习高等数学、备考专升本考试的衔接教材，同时还可作为中职和高职数学教师的教学参考用书．

本教材由林建仁、季明华担任主编，由申江慢、吴松英担任副主编，参与编写的老师有冯振东、唐琳、李秀、任晨雨、季特静、郭青霞、郑钦宇、王碧瑶、王颖、徐夏怡、黄艳梅、纪凤艳、刘天祥、郑婷菲．本教材得到了相关中职学校和丽水职业技术学院数学教研室的大力支持，在此一并致谢!

由于编者知识水平所限，书中难免存在疏漏之处，恳请读者批评指正，以便修订完善。

编　者

2024 年 12 月

目　录

第 1 章
常用逻辑用语

学习数学需要理解数学知识，如何才能正确理解这些知识？有时我们会发现一些新的数学知识，怎样才能准确地表达这些新的数学知识？在推理过程中，什么样的推理是有效的？这些都需要用到逻辑．

学习逻辑有助于正确理解数学概念，准确表达数学内容，并能够理解和构建正确的数学论证体系．在本章中，将学习一些常用逻辑用语，了解如何使用这些用语来表达数学对象和进行数学推理，从而提升逻辑推理能力．

1.1 命　　题

【情境创设】

“命题”一词经常见到，例如以下情况．

（1）命题人，命题作文．这里的命题作动词，意思是出题．

（2）近年来，深海考古正在成为中国载人深潜所面临的新命题．这里的命题作名词，意思是题目．

“命题”在数理逻辑中是一个重要的概念，并且意思与上述的意思均不同．

【知识探究】

体会下列语句．

（1）π 是无理数．

（2）雪是黑色的．

（3）1 大于 2.

（4）太阳的体积比地球的体积大．

（5）现在几点了？

（6）请保持安静．

（7）这里的风景真美啊！

语句（1）(2)(3)(4）有什么共同特点？它们与语句（5）(6)(7）有何不同？

语句（1）(2)(3)(4）都是表达判断的陈述句．其中（1）(2）是性质判断，(3)(4）是关系判断，并且 (1)(4) 是正确的，(2)(3) 是错误的．而语句 (5)(6)(7) 没有表达判断．

通常，我们把可判断真假的陈述句称为**命题**．正确的命题称为**真命题**，错误的命题称为**假命题**．例如，(1)(4) 是真命题，(2)(3) 是假命题，(5)(6)(7) 不是命题．

命题的真假性称为命题的真值．真命题的真值为真，通常用符号 T 表示；假命题的真值为假，通常用符号 F 表示．

【应用举例】

例 1 下列语句中，哪些是命题？若是命题，判断其真假．

(1) 1 是最小的正整数．

(2) 木头能导电．

(3) 请把门关上．

(4) 学校的图书馆在哪里？

(5) $x>3$.

解： (1) 是，真命题．(2) 是，假命题．(3) 不是．(4) 不是．(5) 不是，语句"$x>3$"不可判断真假．如果给 x 赋值，那么语句 (5) 就变成了命题．例如，当 $x=1$ 时，则语句 (5) 变为 $1>3$ 是假命题．

> 一切没有表达判断的句子，例如疑问句、祈使句、感叹句等都不是命题．

例 2 下列命题的真值是什么？

(1) 在一个标准大气压下，水的沸点是 100 ℃.

(2) 5 能被 2 整除．

(3) $3^2+4^2=5^2$.

解： (1) T. (2) F. (3) T.

例 3 假设智能手机 A 有 256 MB RAM 和 32 GB ROM，并且其相机的分辨率是 8 MP；智能手机 B 有 288 MB RAM 和 64 GB ROM，并且其相机的分辨率是 4 MP；智能手机 C 有 128 MB RAM 和 32 GB ROM，并且其相机的分辨率是 5 MP. 试判定下列命题的真值．

> 随机存取存储器 (random access memory，RAM)，也叫内存．
> 只读存储器 (read only memory，ROM)．

(1) 智能手机 B 的 RAM 是三款手机中最大的．

(2) 智能手机 C 比智能手机 B 具有更大的 ROM.

(3) 智能手机 A 的相机分辨率是智能手机 C 的 2 倍．

解： (1) T. (2) F. (3) F.

【巩固练习】

1. 下列语句是命题的是 (　　)．

A. $\sqrt{2}$是有理数　　B. $x+1=3$　　C. 太感谢你了　　D. 明天会下雨吗

2. 下列命题是真命题的是（　　）.

A. -1 是自然数　　B. $\sqrt{5}<2$

C. $\sin 30°=\frac{1}{2}$　　D. 1 是方程 $x^2+1=0$ 的一个解

3. 下列命题真值为假的是（　　）.

A. -5 是整数　　B. $2^3+2^3=2^4$　　C. $\sqrt{2}<1.5$　　D. $\cos 60°=\frac{\sqrt{3}}{2}$

4. 下列命题中，真命题的个数为（　　）.

①$\frac{1}{3}$是有理数；②$2^6=128$；③$\tan 45°=1$.

A. 3　　B. 2　　C. 1　　D. 0

5. ____________________的陈述句称为命题．真命题的真值为真，通常用________表示；假命题的真值为假，通常用________表示．

6. 下列命题的真值是什么?

（1）9 是素数．（　　）

（2）$2^5\times2^5=2^6$.（　　）

（3）$\tan 60°=\frac{\sqrt{3}}{3}$.（　　）

（4）3 是方程 $x^2-x-6=0$ 的一个解．（　　）

7. 下列语句中，哪些是命题？哪些是真命题？哪些是假命题?

（1）很高兴见到你!

（2）北京在中国．

（3）全体立正．

（4）$2^{10}=1024$.

（5）$\sin 45°=\frac{\sqrt{2}}{2}$.

（6）$\frac{7}{8}>\frac{8}{9}$.

8. 求使语句“$x^2-2x-3>0$”为真命题的 x 的取值集合．

1.2　且、或、非

【情境创设】

在生活中，有时会使用下列语句．

（1）现在正在下雨且现在正在打雷.

（2）他在跑步或他在听音乐.

（3）他不在家里.

【知识探究一】且

命题 p：现在正在下雨.

命题 q：现在正在打雷.

命题“现在正在下雨且现在正在打雷”可表示为 p 且 q.

设 p，q 为命题.“p 且 q”称为命题 p 与 q 的**合取式**，记作 $p\wedge q$，“$\wedge$”为**合取联结词**.

定义命题 $p\wedge q$ 的真值如下：当 p，q 的真值均为真时，$p\wedge q$ 的真值为真；否则，$p\wedge q$ 的真值为假.

也可以用下面的真值表定义命题 $p\wedge q$ 的真值.

p	q	$p\wedge q$
T	T	T
T	F	F
F	T	F
F	F	F

【应用举例】

例 1 下列命题的真值是什么？

（1）故宫在北京且 $1+1=2$.

（2）故宫在北京且 $1+1=3$.

（3）故宫在上海且 $1+1=2$.

（4）故宫在上海且 $1+1=3$.

解：（1）T.（2）F.（3）F.（4）F.

> 在一般的语言中，通常是把有关联的命题组合起来．但是在逻辑中不要求这些命题涉及同一主题．因为逻辑只关心命题的真值之间的关系以及命题形式，而不关心命题的内容.

【知识探究二】或

命题 p：他在跑步.

命题 q：他在听音乐.

命题“他在跑步或他在听音乐”可表示为 p 或 q.

设 p，q 为命题.“p 或 q”称为命题 p 与 q 的**析取式**，记作 $p\vee q$，“$\vee$”为**析取联结词**.

定义命题 $p\vee q$ 的真值如下：当 p，q 的真值均为假时，$p\vee q$ 的真值为假；否则，$p\vee q$ 的真值为真.

也可以用下面的真值表定义命题 $p\vee q$ 的真值.

p	q	$p \vee q$
T	T	T
T	F	T
F	T	T
F	F	F

【应用举例】

例 2　下列命题的真值是什么？

(1) 故宫在北京或 $1+1=2$.

(2) 故宫在北京或 $1+1=3$.

(3) 故宫在上海或 $1+1=2$.

(4) 故宫在上海或 $1+1=3$.

解：(1) T. (2) T. (3) T. (4) F.

【知识探究三】非

命题 p：他在家里.

命题"他不在家里"可表示为非 p.

设 p 为命题. "非 p"称为命题 p 的**否定式**，记作 $\neg p$，"$\neg$"为**否定联结词**.

定义命题 $\neg p$ 的真值如下：当 p 的真值为真时，$\neg p$ 的真值为假；当 p 的真值为假时，$\neg p$ 的真值为真.

也可以用下面的真值表定义命题 $\neg p$ 的真值.

p	$\neg p$
T	F
F	T

【应用举例】

例 3　下列命题的真值是什么？

(1) 故宫不在上海.

(2) $1+1\neq 2$.

解：(1) T. (2) F.

例 4　将下列命题符号化.

(1) 今天是星期一，但是今天放假.

(2) 他要么是大一新生要么是计算机专业的学生.

(3) 现在没有下雨.

解：

(1) 设 m 为命题"今天是星期一"，v 为命题"今天放假". 原命题可表示为 $m \wedge v$.

(2) 设 f 为命题"他是大一新生"，c 为命题"他是计算机专业的学生". 原命题可表

示为 $f \vee c$.

（3）设 r 为命题“现在正在下雨”. 原命题可表示为 $\neg r$.

为避免出现太多的括号，我们规定“$\neg$”优先于“$\wedge$”，“$\wedge$”优先于“$\vee$”.

例如，$\neg p \wedge q$ 的意思是 $(\neg p) \wedge q$，而不是 $\neg (p \wedge q)$.

【巩固练习】

1. 下列命题是假命题的是（　　）.

A. 1+2=3 并且 2+3=5　　B. 1+2=3 或者 2+3=5

C. 1+1=2 并且 2+2=5　　D. 1+1=2 或者 2+2=5

2. 下列命题是真命题的是（　　）.

A. 3>2 并且 3=2　　B. 3>2 或者 3=2

C. $\sqrt{2}>\frac{3}{2}$ 并且 $\sqrt{3}>2$　　D. $\sqrt{2}>\frac{3}{2}$ 或者 $\sqrt{3}>2$

3. 已知 p 为真命题，q 为假命题，则下列命题是真命题的是（　　）.

A. $p \wedge q$　　B. $\neg p \wedge q$　　C. $p \vee q$　　D. $\neg p \vee q$

4. 已知 p 为假命题，q 为真命题，r 为假命题，则下列命题是真命题的是（　　）.

A. $p \wedge \neg p$　　B. $\neg (p \vee q)$

C. $(p \wedge q) \vee r$　　D. $p \vee \neg (q \wedge r)$

5. 填写下列真值表.

p	q	$p \wedge q$

p	q	$p \vee q$

p	$\neg p$

6. 下列命题的真值是什么?

（1）3 既是奇数又是素数.（　　）

（2）4 是 2 的倍数且 4 是 3 的倍数.（　　）

（3）$\sqrt{2}$ 不是有理数.（　　）

7. 设 p 为命题“他是大一新生”，q 为命题“他是计算机专业的学生”. 用符号表示下列命题.

（1）他是大一新生或是计算机专业的学生.

（2）他是大一新生，但是他不是计算机专业的学生.

8. 设 p 为命题“他现在正在教室里”，q 为命题“他现在正在看书”. 用自然语言表述下列命题.

（1）$p \wedge q$.

（2）$p \wedge \neg q$.

（3）$\neg p \vee q$.

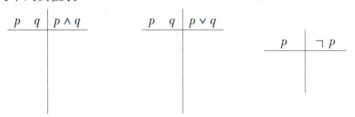

1.3　如果…，那么…

【情境创设】

在日常生活中，表达判断我们有时会用到“如果…，那么…”语句.

如果明天下雨，那么我们在室内上体育课.

上述命题断言：假如明天下雨，我们必定在室内上体育课.

【知识探究一】

命题 p：明天下雨.

命题 q：我们在室内上体育课.

命题“如果明天下雨，那么我们在室内体育课”可表示为 $p\Rightarrow q$.

设 p，q 为命题.“如果 p，那么 q”称为命题 p 与 q 的**蕴含式**，记作 $p\Rightarrow q$，“$\Rightarrow$”为**蕴含联结词**，命题 p 称为**条件**，命题 q 称为**结论**.

定义命题 $p\Rightarrow q$ 的真值如下：当 p 为真且 q 为假时，$p\Rightarrow q$ 的真值为假；否则，$p\Rightarrow q$ 的真值为真.

也可以用下面的真值表定义命题 $p\Rightarrow q$ 的真值.

p	q	$p\Rightarrow q$
T	T	T
T	F	F
F	T	T
F	F	T

【应用举例】

例 1　下列命题的真值是什么?

(1) 如果故宫在北京，那么 $1+1=2$.

(2) 如果故宫在北京，那么 $1+1=3$.

(3) 如果故宫在上海，那么 $1+1=2$.

(4) 如果故宫在上海，那么 $1+1=3$.

解：(1) T. (2) F. (3) T. (4) T.

例 2　将下列命题符号化.

(1) 只要你期末数学考试至少得 90 分，你的数学成绩就被评为 A.

(2) 他在操场是他在跑步的充分条件.

(3) 他在校体育馆是他在打篮球的必要条件.

解:（1）设 e 为命题“你期末数学考试至少得 90 分”，g 为命题“你的数学成绩被评为 A”．原命题可表示为 $e\Rightarrow g$.

（2）设 p 为命题“他在操场”，r 为命题“他在跑步”．原命题可表示为 $p\Rightarrow r$.

（3）设 g 为命题“他在校体育馆”，b 为命题“他在打篮球”．原命题可表示为 $b\Rightarrow g$.

【知识探究二】

（1）请分别画出命题 $p\Rightarrow q$ 与命题 $\neg p\vee q$ 的真值表．

（2）命题 $p\Rightarrow q$ 的真值与命题 $\neg p\vee q$ 的真值具有怎样的关系？

p	q	$p\Rightarrow q$	$\neg p$	$\neg p\vee q$
T	T	T	F	T
T	F	F	F	F
F	T	T	T	T
F	F	T	T	T

可以发现命题 $p\Rightarrow q$ 与命题 $\neg p\vee q$ 总是具有相同的真值．

如果命题 p 和 q 在所有可能的情况下都具有相同的真值，则称命题 p 和 q 是逻辑等价的．

【应用举例】

例 3 用其他方式表述下列命题．

（1）如果你支付了订阅费，那么你可以访问网站．

（2）如果你修好我的计算机，那么我付给你 50 元．

解:（1）命题“如果你支付了订阅费，那么你可以访问网站”与命题“你没有支付订阅费或者你可以访问网站”总是具有相同的真值．因此，原命题可表述为你没有支付订阅费或者你可以访问网站．

（2）原命题可表述为你没有修好我的计算机或者我付给你 50 元．

我们规定“$\neg$”优先于“$\wedge$”，“$\wedge$”优先于“$\vee$”，“$\vee$”优先于“$\Rightarrow$”．

例如，$p\vee q\Rightarrow\neg r$ 的意思是 $(p\vee q)\Rightarrow(\neg r)$.

【巩固练习】

1. 下列命题是假命题的是（　　）．

A. 如果 $1+1=2$，那么 $2+2=4$

B. 如果 $1+1=2$，那么 $2+2=5$

C. 如果 $1+1=3$，那么 $2+2=4$

D. 如果 $1+1=3$，那么 $2+2=5$

2. 已知 p 为假命题，q 为真命题，下列命题是假命题的是（　　）．

A. $p\Rightarrow q$　　B. $p\vee q$　　C. $q\Rightarrow p$　　D. $\neg p$

3. 已知 p 为真命题，q 为假命题，r 为假命题，下列命题是假命题的是（　　）.

A. $(p \wedge q) \Rightarrow r$　　B. $(p \vee q) \Rightarrow r$

C. $(p \Rightarrow q) \Rightarrow r$　　D. $p \Rightarrow (q \Rightarrow r)$

4. 下列命题与命题 $p \Rightarrow q$ 逻辑等价的是（　　）.

A. $q \Rightarrow p$　　B. $\neg p \wedge q$　　C. $\neg p \vee q$　　D. $p \vee \neg q$

5. 填写下列真值表.

p	q	$p \Rightarrow q$

6. 在下列命题中，可用 $p \Rightarrow q$ 表示的是________.

（1）如果 p，那么 q.

（2）只要 p 就 q.

（3）只有 p 才 q.

（4）仅当 p 才 q.

（5）p 是 q 的充分条件.

（6）p 是 q 的必要条件.

（7）非 p 或 q.

7. 设 p 为命题“明天最低气温低于 0 ℃”，q 为命题“明天下雨”. 用符号表示下列命题.

（1）明天最低气温低于 0 ℃是明天下雨的充分条件.

（2）明天最低气温低于 0 ℃是阴云下雨的必要条件.

（3）仅当明天下雨，明天最低气温低于 0 ℃才有可能.

8. 设 p 为命题“他在跑步”，q 为命题“他在听音乐”. 请用不同的方式表述命题 $p \Rightarrow q$.

1.4　量　词

【情境创设】

对于语句 $x>3$，因为不知道变量 x 代表什么数，所以该语句不是命题. 在 1.1 节提到可以通过对变量 x 赋值使上述语句成为命题.

还可以通过断言哪些数使语句“$x>3$”为真命题，从而把语句“$x>3$”变成命题.

（1）对每一个 $x \in \mathbf{R}$，$x>3$.

（2）存在 $x \in \mathbf{R}$，使 $x>3$.

其中命题（1）是假命题，命题（2）是真命题.

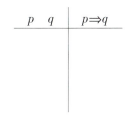

【知识探究一】全称量词

（1）对每一个 $x\in\mathbf{R}$，$x>3$.

（2）对所有的 $x\in\mathbf{R}$，$x^2\geqslant 0$.

命题（1）（2）的真值分别是什么？

命题（1）断言实数集 $\mathbf{R}$ 中的每一个数均使语句“$x>3$”为真命题．由于 $2<3$ 为假命题即 2 使语句“$x>3$”为假命题，所以命题（1）为假命题．

命题（2）断言实数集 $\mathbf{R}$ 中所有的数均使语句“$x^2\geqslant 0$”为真命题．由于实数集 $\mathbf{R}$ 中的每一个数均使语句“$x^2\geqslant 0$”为真命题，所以命题（2）为真命题．

> 符号 $\forall$ 是由英文单词 all 的首字母大写 A 绕中心旋转而得到的．

我们把“每一个”“所有”“一切”“任意”这样的词称为全称量词，用符号“$\forall$”表示．

【应用举例】

例 1 下列命题的真值是什么？

（1）$\forall x\in\mathbf{R}$，$x^2+1>0$.

（2）$\forall x\in\mathbf{R}$，$x^2-4x+3>0$.

（3）$\forall x\in\mathbf{R}$，$x^2+2x\geqslant 0$.

（4）$\forall x\in\mathbf{N}$，$x^2+2x\geqslant 0$.

> 集合 D 中使 $P(x)$ 为假的 x 称为命题 $\forall x\in D$，$P(x)$ 的反例．

解：（1）命题 $\forall x\in\mathbf{R}$，$x^2+1>0$ 断言实数集 $\mathbf{R}$ 中的每一个数均使“$x^2+1>0$”为真命题．因为实数集 $\mathbf{R}$ 中的每一个数均使“$x^2+1>0$”为真命题，所以命题 $\forall x\in\mathbf{R}$，$x^2+1>0$ 为真命题．

（2）命题 $\forall x\in\mathbf{R}$，$x^2-4x+3>0$ 断言实数集 $\mathbf{R}$ 中的每一个数均使“$x^2-4x+3>0$”为真命题．因为实数集 $\mathbf{R}$ 中的 2 使“$x^2-4x+3>0$”为假命题，所以命题 $\forall x\in\mathbf{R}$，$x^2-4x+3>0$ 为假命题．

（3）命题 $\forall x\in\mathbf{R}$，$x^2+2x\geqslant 0$ 断言实数集 $\mathbf{R}$ 中的每一个数均使“$x^2+2x\geqslant 0$”为真命题．因为实数集 $\mathbf{R}$ 中的 -1 使“$x^2+2x\geqslant 0$”为假命题，所以命题 $\forall x\in\mathbf{R}$，$x^2+2x\geqslant 0$ 为假命题．

（4）命题 $\forall x\in\mathbf{N}$，$x^2+2x\geqslant 0$ 断言自然数集 $\mathbf{N}$ 中的每一个数均使“$x^2+2x\geqslant 0$”为真命题．因为自然数集 $\mathbf{N}$ 中的每一个数均使“$x^2+2x\geqslant 0$”为真命题，所以命题 $\forall x\in\mathbf{N}$，$x^2+2x\geqslant 0$ 为真命题．

【知识探究二】存在量词

（1）存在 $x\in\mathbf{R}$，使 $x>3$.

（2）至少有一个 $x\in\mathbf{R}$，使 $x^2+1=0$.

命题（1）（2）的真值分别是什么？

命题（1）断言实数集 **R** 中有使语句“$x>3$”为真命题的数．由于 $4>3$ 为真命题即 4 使语句“$x>3$”为真命题，所以命题（1）为真命题．

命题（2）断言实数集 **R** 中有使语句“$x^2+1=0$”为真命题的数．由于实数集 **R** 中的每一个数均使语句“$x^2+1=0$”为假命题，所以命题（2）为假命题．

符号 ∃ 是由英文单词 exist 的首字母大写 E 反写而得到的．

我们把“存在”“有”“至少有一个”这样的词称为存在量词，用符号“∃”表示．

【应用举例】

例 2　下列命题的真值是什么？

（1）$\exists x\in\mathbf{R}$，$x^2-2x+1=0$.

（2）$\exists x\in\mathbf{R}$，$x^2+4x+5=0$.

（3）$\exists x\in\mathbf{R}$，$x^2=2$.

（4）$\exists x\in\mathbf{Q}$，$x^2=2$.

解：（1）命题 $\exists x\in\mathbf{R}$，$x^2-2x+1=0$ 断言实数集 **R** 中有数使“$x^2-2x+1=0$”为真命题．因为实数集 **R** 中的 1 使“$x^2-2x+1=0$”为真命题，所以命题 $\exists x\in\mathbf{R}$，$x^2-2x+1=0$ 为真命题．

（2）命题 $\exists x\in\mathbf{R}$，$x^2+4x+5=0$ 断言实数集 **R** 中有数使“$x^2+4x+5=0$”为真命题．因为实数集 **R** 中的每一个数均使 x^2+4x+5 大于 0，即均使“$x^2+4x+5=0$”为假命题，所以命题 $\exists x\in\mathbf{R}$，$x^2+4x+5=0$ 为假命题．

（3）命题 $\exists x\in\mathbf{R}$，$x^2=2$ 断言实数集 **R** 中有数使“$x^2=2$”为真命题．因为实数集 **R** 中的 $-\sqrt{2}$，$\sqrt{2}$ 均使“$x^2=2$”为真命题，所以命题 $\exists x\in\mathbf{R}$，$x^2=2$ 为真命题．

（4）命题 $\exists x\in\mathbf{Q}$，$x^2=2$ 断言有理数集 **Q** 中有数使“$x^2=2$”为真命题．因为有理数集 **Q** 中没有数使 x^2 等于 2，即均使“$x^2=2$”为假命题，所以命题 $\exists x\in\mathbf{Q}$，$x^2=2$ 为假命题．

例 3　将下列命题符号化．

（1）每一个奇数都是素数．

（2）平行四边形的对角线互相平分．

（3）$2x^2+3x+1=0$ 有整数解．

（4）有内角和为 181°的三角形．

解：（1）设所有奇数构成的集合为 O．“每一个奇数都是素数”与“对每一个 $x\in O$，x 是素数”同义．因此，可表示成 $\forall x\in O$，x 是素数．

（2）设所有平行四边形构成的集合为 P．“平行四边形的对角线互相平分”与“对每一个 $x\in P$，x 的对角线互相平分”同义．因此，可表示成 $\forall x\in P$，x 的对角线互相平分．

（3）“$2x^2+3x+1=0$ 有整数解”与“存在 $x\in\mathbf{Z}$，使 $2x^2+3x+1=0$”同义．因此，可表示成 $\exists x\in\mathbf{Z}$，$2x^2+3x+1=0$.

（4）设所有三角形构成的集合为 T．“有内角和为 181°的三角形”与“$\exists x\in T$，使 x 的内角和为 181°”同义．因此，可表示成 $\exists x\in T$，x 的内角和为 181°.

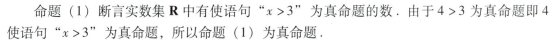

【巩固练习】

1. 设 $P(x)$ 为语句“$x+1>2x$”，下列命题为假命题的是（　　）.

A. $P(0)$　　B. $P(-1)$

C. $P(1)$　　D. $\exists x\in\mathbf{R}$，$P(x)$

2. 设 $A=\{1, 2, 3, 4\}$，下列命题为真命题的是（　　）.

A. $\exists x\in A$，$x+1=0$　　B. $\forall x\in A$，$x+1=0$

C. $\exists x\in A$，$x+1<3$　　D. $\forall x\in A$，$x+1<3$

3. 下列命题为假命题的是（　　）.

A. $\forall x\in\mathbf{R}$，$x+1>x$　　B. $\forall x\in\mathbf{R}$，$2x\geqslant x$

C. $\exists x\in\mathbf{R}$，$2x=3x$　　D. $\exists x\in\mathbf{R}$，$x^3=-1$

4. 下列命题为真命题的是（　　）.

A. $\forall x\in\mathbf{R}$，$x>3\Rightarrow x>2$　　B. $\forall x\in\mathbf{R}$，$x>2\Rightarrow x>3$

C. $\exists x\in\mathbf{R}$，$x>3\wedge x<2$　　D. $\exists x\in\mathbf{R}$，$x^2<0\wedge|x|\geqslant 0$

5. 在下列命题中，________是全称量词命题，________是存在量词命题.

（1）所有的正方形都是菱形.

（2）能被 3 整除的数都是奇数.

（3）至少有一个偶数是素数.

（4）有对角线互相垂直的平行四边形.

6. 在下列命题中，________是真命题，________是假命题.

（1）所有的正方形都是菱形.

（2）能被 3 整除的数都是奇数.

（3）至少有一个偶数是素数.

（4）有对角线互相垂直的平行四边形.

7. 设 $P(x)$ 为语句“x 现在在教室”，集合 D 为班上的所有学生构成的集合. 用自然语言表述下列命题.

（1）$\forall x\in D$，$P(x)$.

（2）$\exists x\in D$，$P(x)$.

（3）$\forall x\in D$，$\neg P(x)$.

（4）$\exists x\in D$，$\neg P(x)$.

8. 用自然语言表述下列命题，它们的真值是什么？

（1）$\forall x\in\mathbf{R}$，$\forall y\in\mathbf{R}$，$x+y=0$.

（2）$\forall x\in\mathbf{R}$，$\exists y\in\mathbf{R}$，$x+y=0$.

（3）$\exists x\in\mathbf{R}$，$\forall y\in\mathbf{R}$，$x^2+y^2=-1$.

（4）$\exists x\in\mathbf{R}$，$\exists y\in\mathbf{R}$，$x^2+y^2=-1$.

1.5　命题的否定

【情境创设】

命题 p：现在在下雨并且现在在打雷．

命题 q：他在跑步或者他在听音乐．

命题 r：对每一个 $x\in\mathbf{R}$，$x>3$.

命题 s：存在 $x\in\mathbf{R}$，使 $x^3=1$.

可以分别将上述命题否定，得到它们的否定命题．

【知识探究一】德摩根（De Morgan）定律

（1）请列出命题$\neg(p\wedge q)$与命题$\neg p\vee\neg q$的真值表，命题$\neg(p\wedge q)$与命题$\neg p\vee\neg q$的真值具有怎样的关系？

（2）请列出命题$\neg(p\vee q)$与命题$\neg p\wedge\neg q$的真值表，命题$\neg(p\vee q)$与命题$\neg p\wedge\neg q$的真值具有怎样的关系？

p	q	$p\wedge q$	$\neg(p\wedge q)$	$\neg p$	$\neg q$	$\neg p\vee\neg q$
T	T	T	F	F	F	F
T	F	F	T	F	T	T
F	T	F	T	T	F	T
F	F	F	T	T	T	T

p	q	$p\vee q$	$\neg(p\vee q)$	$\neg p$	$\neg q$	$\neg p\wedge\neg q$
T	T	T	F	F	F	F
T	F	T	F	F	T	F
F	T	T	F	T	F	F
F	F	F	T	T	T	T

可以发现命题$\neg(p\wedge q)$与命题$\neg p\vee\neg q$逻辑等价，命题$\neg(p\vee q)$与命题$\neg p\wedge\neg q$逻辑等价．即

$$\neg(p\wedge q)\Leftrightarrow\neg p\vee\neg q,$$
$$\neg(p\vee q)\Leftrightarrow\neg p\wedge\neg q.$$

【应用举例】

例 1　写出下列命题的否定．

（1）现在在下雨并且现在在打雷．

（2）他在跑步或者他在听音乐．

解：（1）设 p 为命题“现在在下雨”，q 为命题“现在在打雷”，那么原命题是 $p\wedge q$. 因

$\neg(p\wedge q)$ 与 $\neg p\vee\neg q$ 逻辑等价，所以原命题的否定可表述为现在没有在下雨或者现在没有在打雷．

（2）设 p 为命题“他在跑步”，q 为命题“他在听音乐”，那么原命题是 $p\vee q$. 因 $\neg(p\vee q)$ 与 $\neg p\wedge\neg q$ 逻辑等价，所以原命题的否定可表述为他没有在跑步并且他没有在听音乐．

【知识探究二】全称量词命题和存在量词命题的否定

我们发现命题 $\neg(\forall x\in D, P(x))$ 与命题 $\exists x\in D, \neg P(x)$ 具有相同的真值，记作 $\neg(\forall x\in D, P(x))\Leftrightarrow\exists x\in D, \neg P(x)$．

我们发现命题 $\neg(\exists x\in D, P(x))$ 与命题 $\forall x\in D, \neg P(x)$ 具有相同的真值，记作 $\neg(\exists x\in D, P(x))\Leftrightarrow\forall x\in D, \neg P(x)$．

> $\neg P(x)$ 表示语句“x 不具有性质 P”.

【应用举例】

例 2 写出下列命题的否定．

（1）$\forall x\in\mathbf{R}$, $x>3$.

（2）$\exists x\in\mathbf{R}$, $x^3=1$.

解：（1）因 $\neg(\forall x\in D, P(x))\Leftrightarrow\exists x\in D, \neg P(x)$，所以命题（1）的否定为 $\exists x\in\mathbf{R}$, $\neg(x>3)$，即 $\exists x\in\mathbf{R}$, $x\leqslant3$.

（2）因 $\neg(\exists x\in D, P(x))\Leftrightarrow\forall x\in D, \neg P(x)$，所以命题（2）的否定为 $\forall x\in\mathbf{R}$, $\neg(x^3=1)$，即 $\forall x\in\mathbf{R}$, $x^3\neq1$.

例 3 写出下列命题的否定．

（1）$\forall x\in\mathbf{R}$, $\exists y\in\mathbf{R}$, $x+y=0$.

（2）$\exists x\in\mathbf{R}$, $\forall y\in\mathbf{R}$, $x^2+y^2=-1$.

解：（1）因为 $\neg(\forall x\in D, P(x))\Leftrightarrow\exists x\in D, \neg P(x)$，所以命题（1）的否定为 $\exists x\in\mathbf{R}$, $\neg(\exists y\in\mathbf{R}, x+y=0)$．易知命题 $\neg(\exists y\in\mathbf{R}, 1+y=0)$ 与命题 $\forall y\in\mathbf{R}$, $1+y\neq0$ 具有相同的真值．因为实数集 $\mathbf{R}$ 中的每一个数都像 1 那样使 $\neg(\exists y\in\mathbf{R}, x+y=0)$ 与 $\forall y\in\mathbf{R}$, $x+y\neq0$ 具有相同的真值．因此，命题 $\exists x\in\mathbf{R}$, $\neg(\exists y\in\mathbf{R}, x+y=0)$ 与命题 $\exists x\in\mathbf{R}$, $\forall y\in\mathbf{R}$, $x+y\neq0$ 具有相同的真值．所以，命题 $\forall x\in\mathbf{R}$, $\exists y\in\mathbf{R}$, $x+y=0$ 的否定为命题 $\exists x\in\mathbf{R}$, $\forall y\in\mathbf{R}$, $x+y\neq0$.

（2）命题 $\exists x\in\mathbf{R}$, $\forall y\in\mathbf{R}$, $x^2+y^2=-1$ 的否定为命题 $\forall x\in\mathbf{R}$, $\exists y\in\mathbf{R}$, $x^2+y^2\neq-1$.

【巩固练习】

1. 下列命题与命题 $\neg(p\wedge q)$ 逻辑等价的是（　　）．

A. $\neg p\wedge\neg q$　　B. $\neg p\vee q$　　C. $\neg p\vee\neg q$　　D. $p\vee q$

2. 下列命题与命题 $\neg(p\vee q)$ 逻辑等价的是（　　）．

A. $p\wedge q$　　B. $\neg p\vee\neg q$　　C. $\neg p\wedge q$　　D. $\neg p\wedge\neg q$

3. 命题 $\forall x\in\mathbf{R}$, $x^2+1>0$ 的否定为（　　）．

A. $\forall x\in\mathbf{R}$，$x^2+1<0$　　B. $\forall x\in\mathbf{R}$，$x^2+1\leqslant 0$

C. $\exists x\in\mathbf{R}$，$x^2+1<0$　　D. $\exists x\in\mathbf{R}$，$x^2+1\leqslant 0$

4. 命题 $\exists x\in\mathbf{R}$，$x^2<-1$ 的否定为（　　）.

A. $\forall x\in\mathbf{R}$，$x^2>-1$　　B. $\forall x\in\mathbf{R}$，$x^2\geqslant -1$

C. $\exists x\in\mathbf{R}$，$x^2>-1$　　D. $\exists x\in\mathbf{R}$，$x^2\geqslant -1$

5. 命题 $p\wedge q$ 的否定为命题________，命题 $p\vee q$ 的否定为命题 ________.

6. 命题 $\forall x\in D$，$P(x)$ 的否定为命题 ________，命题 $\exists x\in D$，$P(x)$ 的否定为命题 ________.

7. 写出下列命题的否定.

（1）他戴着眼镜并且他戴着手表.

（2）他是计算机专业的学生或者他不是大一新生.

（3）$\forall x\in\mathbf{R}$，$x^2\geqslant 0$.

（4）$\exists x\in\mathbf{Q}$，$x^2=2$.

8. 写出下列命题的否定.

（1）$\forall x\in\mathbf{R}$，$\exists y\in\mathbf{R}$，$xy=1$.

（2）$\exists x\in\mathbf{N}$，$\forall y\in\mathbf{N}$，$y\geqslant x$.

1.6　四种命题

【情境创设】

（1）如果明天下雨，那么我们在室内上体育课.

将命题（1）的条件与结论互换，我们得到命题（2）.

（2）如果明天我们在室内上体育课，那么明天下雨.

取命题（1）的条件的否定与命题（1）的结论的否定，我们得到命题（3）.

（3）如果明天不下雨，那么我们不在室内上体育课.

将命题（1）的条件与结论互换并且分别取它们的否定，我们得到命题（4）.

（4）如果明天我们不在室内上体育课，那么明天不下雨.

【知识探究】

（1）请列出命题 $p\Rightarrow q$，$q\Rightarrow p$，$\neg p\Rightarrow\neg q$，$\neg q\Rightarrow\neg p$ 的真值表.

（2）命题 $p\Rightarrow q$ 与命题 $\neg q\Rightarrow\neg p$ 的真值具有怎样的关系？

p	q	$\neg p$	$\neg q$	$p\Rightarrow q$	$q\Rightarrow p$	$\neg p\Rightarrow\neg q$	$\neg q\Rightarrow\neg p$
T	T	F	F	T	T	T	T
T	F	F	T	F	T	T	F
F	T	T	F	T	F	F	T
F	F	T	T	T	T	T	T

命题 $q \Rightarrow p$，$\neg p \Rightarrow \neg q$，$\neg q \Rightarrow \neg p$ 都是通过变换命题 $p \Rightarrow q$ 得来的．我们分别把命题 $q \Rightarrow p$，$\neg p \Rightarrow \neg q$，$\neg q \Rightarrow \neg p$ 称为**原命题** $p \Rightarrow q$ **的逆命题，否命题，逆否命题**．

发现命题 $p \Rightarrow q$ 与它的逆否命题 $\neg q \Rightarrow \neg p$ 逻辑等价．即

$$(p \Rightarrow q) \Leftrightarrow (\neg q \Rightarrow \neg p).$$

【应用举例】

例 1 写出命题"如果你期末数学考试至少得 90 分，那么你期末数学成绩为 A."的逆命题、否命题、逆否命题．

解： 逆命题为"如果你期末数学成绩为 A，那么你期末数学考试至少得 90 分．"

否命题为"如果你期末数学考试低于 90 分，那么你期末数学成绩不为 A."

逆否命题为"如果你期末数学成绩不为 A，那么你期末数学考试低于 90 分．"

例 2 用其他方式表述下列命题．

（1）如果他在操场，那么他在跑步．

（2）如果你买机票了，那么你可以搭乘该航班．

解： 因 $(p \Rightarrow q) \Leftrightarrow (\neg q \Rightarrow \neg p)$，所以命题（1）可表述为如果他没有在跑步，那么他没有在操场．命题（2）可表述为如果你不可以搭乘该航班，那么你没有买机票．

例 3 证明：如果 $3n+2$ 是奇数，那么 n 是奇数．

分析： 命题"如果 $3n+2$ 是奇数，那么 n 是奇数．"意味着"对所有的 $n \in \mathbf{Z}$，如果 $3n+2$ 是奇数，那么 n 是奇数．"即 $\forall n \in \mathbf{Z}$，$3n+2$ 是奇数 $\Rightarrow n$ 是奇数，数学里的标准约定是省略全称量词．为证明命题 $\forall x \in D$，$P(x) \Rightarrow Q(x)$ 为真命题，因为 $(p \Rightarrow q) \Leftrightarrow (\neg q \Rightarrow \neg p)$，所以可以去证明命题 $\forall x \in D$，$\neg Q(x) \Rightarrow \neg P(x)$ 为真命题．这种间接证明方法称为反证法．

解： 证明命题"$\forall n \in \mathbf{Z}$，n 是偶数 $\Rightarrow 3n+2$ 是偶数"为真命题．当 n 为偶数时，$n=2k$ $(k \in \mathbf{Z})$，$3n+2=3(2k)+2=6k+2=2(3k+1)$，$2(3k+1)$ 为偶数．所以，当 n 为偶数时，命题"n 是偶数 $\Rightarrow 3n+2$ 是偶数"均为真命题；当 n 为奇数时，命题"n 是偶数"均为假命题．所以命题"n 是偶数 $\Rightarrow 3n+2$ 是偶数"均为真命题．因此，命题"$\forall n \in \mathbf{Z}$，n 是偶数 $\Rightarrow 3n+2$ 是偶数"为真命题．所以，由反证法可以证明，命题"$\forall n \in \mathbf{Z}$，$3n+2$ 是奇数 $\Rightarrow n$ 是奇数"为真命题．

【巩固练习】

1. 命题 $p \Rightarrow q$ 逆否命题为（　　）．

A. $\neg p \Rightarrow q$　　B. $q \Rightarrow \neg p$　　C. $\neg q \Rightarrow \neg p$　　D. $\neg (q \Rightarrow p)$

2. 已知 p 为假命题，q 为真命题，下列命题为假命题的是（　　）．

A. $p \Rightarrow q$　　B. $q \Rightarrow p$　　C. $\neg p \vee q$　　D. $\neg q \Rightarrow \neg p$

3. 下列命题与命题 $q \Rightarrow p$ 逻辑等价的是（　　）．

A. $\neg p \vee q$　　B. $\neg q \wedge p$　　C. $\neg p \Rightarrow \neg q$　　D. $\neg q \Rightarrow \neg p$

4. 下列命题与命题 $\neg p \vee q$ 逻辑等价的是（　　）．

A. $p \vee \neg q$　　B. $\neg (p \Rightarrow q)$　　C. $p \Rightarrow \neg q$　　D. $\neg q \Rightarrow \neg p$

5. 命题________是命题 $p \Rightarrow q$ 的逆命题，命题________是命题 $p \Rightarrow q$ 的否命题，命题________是命题 $p \Rightarrow q$ 的逆否命题.

6. 在下列命题中，与命题 $p \Rightarrow q$ 逻辑等价的是________.

(1) $p \vee \neg q$.

(2) $\neg p \vee q$.

(3) $\neg p \Rightarrow \neg q$.

(4) $\neg q \Rightarrow \neg p$.

7. 写出命题“如果 $4>6$，那么 $9<12$.”的逆命题、否命题、逆否命题，这四个命题的真值分别是什么?

8. 用反证法证明：如果 n^2 是奇数，那么 n 是奇数.

【章复习题】

1. 下列命题是真命题的是（　　）.

A. -1 是整数　　B. $\frac{7}{8}<\frac{6}{7}$

C. $2^3=6$　　D. -1 是方程 $x^2+1=0$ 的一个解

2. 下列命题是真命题的是（　　）.

A. $1>2$ 并且 $3>4$　　B. $1>2$ 或者 $3>4$

C. 0 并非是自然数　　D. -1 是自然数，这是错误的

3. 下列命题是假命题的是（　　）.

A. 如果 $1+2=3$，那么 $2+3=5$　　B. 如果 $1+2=3$，那么 $2+3=6$

C. 如果 $1+3=5$，那么 $2+4=6$　　D. 如果 $1+3=5$，那么 $2+4=5$

4. 已知 p 为真命题，q 为假命题，下列命题为假命题的是（　　）.

A. $p \Rightarrow q$　　B. $q \Rightarrow p$　　C. $\neg p \Leftrightarrow q$　　D. $\neg(p \Leftrightarrow q)$

5. 下列命题为假命题的是（　　）.

A. $\forall x \in \mathbf{R}$，$x^2+2x+3>0$　　B. $\forall x \in \mathbf{R}$，$x^2+2x+1>0$

C. $\exists x \in \mathbf{R}$，$x^2-4x+3<0$　　D. $\exists x \in \mathbf{R}$，$x^2-4x+3=0$

6. 下列命题与命题 $p \Rightarrow q$ 逻辑等价的是（　　）.

A. $\neg p \wedge q$　　B. $q \Rightarrow p$

C. $\neg p \Rightarrow \neg q$　　D. $\neg q \Rightarrow \neg p$

7. 设 p 为命题“现在在下雪”，q 为命题“现在的气温低于 0 ℃”.

(1) 命题“现在在下雪并且现在的气温低于 0 ℃.”可表示为________.

(2) 命题“现在没有在下雪或者现在的气温低于 0 ℃.”可表示为________.

(3) 命题“现在的气温低于 0 ℃，这是错误的.”可表示为________.

(4) 命题“下面的说法是错误的：现在在下雪或者现在的气温低于 0 ℃.”可表示为________.

8. 设 p 为命题“他戴着眼镜”，q 为命题“他在上课”.

(1) 命题“如果他戴着眼镜，那么他在上课.”可表示为________.

（2）命题“他戴着眼镜是他在上课的充分条件．”可表示为________．

（3）命题“他戴着眼镜是他在上课的必要条件．”可表示为________．

（4）命题“仅当他戴着眼镜，他在上课才有可能．”可表示为________．

9. 设 $P(x)$ 为语句“$x>0$”．

（1）命题“每一个实数均大于 0．”可表示为________．

（2）命题“有小于等于 0 的实数．”可表示为________．

10. 命题“如果你买票了，那么你可以进入影院．”的逆否命题为__________．

11. 写出下列命题的否定．

（1）现在在下雨并且现在的气温低于 0 ℃．

（2）他有手机或者他有笔记本电脑．

（3）$\forall x\in \mathbf{R}$，$x+1>0$．

（4）$\exists x\in \mathbf{R}$，$x+1=0$．

12. 用反证法证明：如果 $3n+2$ 是偶数，那么 n 是偶数．

【阅读拓展】

请比较下列两个命题．

p：他在跑步或者他在听音乐．

q：套餐 A 包含左栏的两道菜或右栏的三道菜．

命题 p 中的“或”为可兼或，命题 q 中的“或”为不可兼或．命题 q 的意思其实是套餐 A 包含左栏的两道菜或右栏的三道菜，不可兼得．

在套餐 A 既包含左栏的两道菜又包含右栏的三道菜的情况下，认为命题 q 为假命题．

在套餐 A 包含左栏的两道菜但不包含右栏的三道菜的情况下，认为命题 q 为真命题．

在套餐 A 不包含左栏的两道菜但包含右栏的三道菜的情况下，认为命题 q 为真命题．

在套餐 A 既不包含左栏的两道菜也不包含右栏的三道菜的情况下，认为命题 q 为假命题．

“$\vee$”对应于可兼或．

第 2 章 函数

一切事物都处于相互联系和不断变化的过程之中，变量之间的依赖关系在数学上就是“函数”．函数知识在整个数学体系中占据重要地位，是中职数学的一个基本概念，也是高等数学的重要概念之一．本章进一步学习和巩固中职数学函数的有关概念和知识，同时也将学习函数的性质和几种重要函数等，为高职数学学习和终身发展奠定基础．

2.1 函数的概念

【情境创设】

问题 1：大客机 C919 是我国首架具有自主知识产权的大型喷气式干线民用客机．它的巡航速度是 920 km/h，则航程 y（单位：km）与时间 x（单位：h）的关系可以表示为 $y=920x$.

问题 2：党的十八大以来，我国实施的脱贫攻坚战取得了举世瞩目的成就．2015—2019 年，全国农村贫困人口数见表 2－1－1. 从表 2－1－1 所示的数值可知，年份 n 的变化范围是数集 $A_1=\{n \mid 2015 \leqslant n \leqslant 2019,\ n \in \mathbf{N}\}$，全国农村贫困人口数 m 的值都在数集 $B_1=\{m \mid 551 \leqslant m \leqslant 5575,\ m \in \mathbf{N}\}$ 中，对于数集 A_1 中的任一年份 n，按照表 2－1－1 所示的对应关系，在数集 B_1 中都有唯一确定的 m 与之对应，所以 m 是 n 的函数．

表 2－1－1

年份	2015	2016	2017	2018	2019
全国农村贫困人口数/万人	5575	4335	3046	1660	551

问题 3：某城市夏季某天的气温变化如图 2－1－1 所示，从图 2－1－1 所示的曲线可知，时间 t 的变化范围是数集 $A_2=\{t \mid 0 \leqslant t \leqslant 24\}$，气温 T 的值都在数集 $B_2=\{T \mid 23 \leqslant T \leqslant 37\}$ 中，对于数集 A_2 中的任一时刻 t，按照图 2－1－1 所示的曲线的对应关系，在数集 B_2 中都有唯一确定的 T 与之对应，所以 T 是 t 的函数．

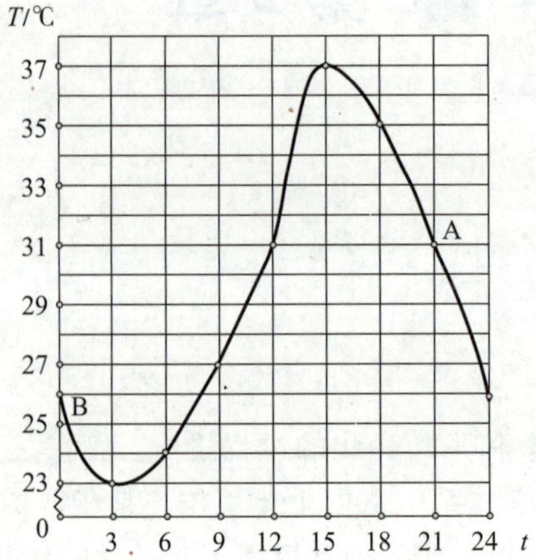

图 2-1-1

【知识探究】

问题 1 中航程 y 与时间 x 之间满足的关系为 $y=920x$，问题 2 中全国农村贫困人口数与年份之间的关系可以用表格表示，问题 3 中气温与时间之间的关系可以用图像表示．所以函数可利用多种形式表示．利用解析式表示函数的方法称为解析法，利用表格表示函数的方法称为列表法，利用图像表示函数的方法称为图像法．

在某一个变化过程中有两个变量 x 与 y，设变量 x 的取值范围为数集 D，如果对于 D 内的每一个 x 的值，根据某个对应法则 f 都有唯一确定的值 y 与之对应，那么把 y 称为 x 的函数，记作 $y=f(x)$．把 x 称为自变量，自变量的取值范围即数集 D 称为函数的定义域，函数值 y 的集合称为函数的值域．

【应用举例】

例 1 求下列函数的定义域．

(1) $f(x)=\dfrac{1}{x-2}$.

(2) $f(x)=\sqrt{x^2-2x-3}$.

(3) $f(x)=(1-x)^0+\sqrt{x+3}$.

解：(1) 要使函数 $f(x)=\dfrac{1}{x-2}$ 有意义，则 $x-2\neq0$，

解得 $x\neq2$，

所以函数的定义域为 $\{x\mid x\neq2\}$．

(2) 要使函数 $f(x)=\sqrt{x^2-2x-3}$ 有意义，则 $x^2-2x-3\geqslant0$，

解得 $x\leqslant-1$ 或 $x\geqslant3$，

所以函数的定义域为 $\{x\mid x\leqslant-1$ 或 $x\geqslant3\}$．

(3) 要使函数 $f(x)=(1-x)^0+\sqrt{x+3}$ 有意义，则 $\begin{cases}1-x\neq 0,\\ x+3\geqslant 0,\end{cases}$

解得 $x\neq 1$ 且 $x\geqslant -3$，

所以函数的定义域为 $\{x\mid x\geqslant -3$ 且 $x\neq 1\}$.

> $f(a)$ 表示自变量 $x=a$ 对应的函数值.

例 2　(1) 设 $f(x)=\dfrac{1}{2-x}+2^x$，求 $f(0)$，$f(-1)$，$f(a)$ 的值.

(2) 设 $f(x+1)=x^2+2x-4$，求 $f(1)$，$f(a)$ 的值.

解：(1) $f(0)=\dfrac{1}{2-0}+2^0=\dfrac{3}{2}$，$f(-1)=\dfrac{1}{2-(-1)}+2^{-1}=\dfrac{5}{6}$，$f(a)=\dfrac{1}{2-a}+2^a$.

(2) 令 $x+1=1$，得 $x=0$，可得 $f(1)=f(0+1)=0^2+2\times 0-4=-4$.

令 $x+1=a$，即 $x=a-1$，可得 $f(a)==(a-1)^2+2\times(a-1)-4=a^2-5$.

例 3　为参加市技能大赛，某学生需购买某种型号的螺钉，每颗售价 0.5 元，应付款 y 是购买螺钉数 x 的函数，试用三种方法表示这个函数.

解：用解析法可表示为 $y=0.5x$，$x\in \mathbf{Z}^+$.

用列表法表示如表 2－1－2 所示.

表 2－1－2

购买螺钉数 x	1	2	3	4	5	…
应付款 y	0.5	1.0	1.5	2.0	2.5	…

用图像法表示如图 2－1－2 所示.

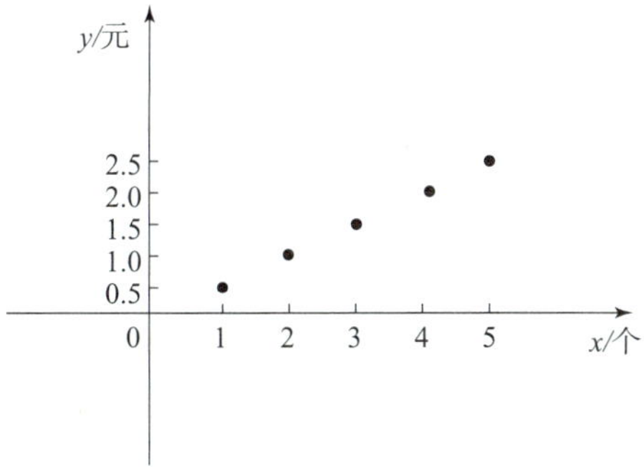

图 2－1－2

【巩固练习】

1. 函数 $f(x)=\sqrt{x^2-4}$ 的定义域为（　　）.

A. $(2,+\infty)$　　B. $[2,+\infty)$

C. $(-\infty,-2]\cup[2,+\infty)$　　D. $(-\infty,+\infty)$

2. 函数$f(x)=\lg\frac{1}{x-2}$的定义域是（　　）.

A. $[3,+\infty)$　　B. $(3,+\infty)$　　C. $(2,+\infty)$　　D. $[2,+\infty)$

3. 函数$y=3-2\sin x$的值域是（　　）.

A. $[-1,1]$　　B. $(-1,1)$　　C. $(1,5)$　　D. $[1,5]$

4. 函数$y=-x^2-2x+3(-5\leqslant x\leqslant 0)$的值域是（　　）.

A. $(-\infty,4]$　　B. $[3,12]$　　C. $[-12,4]$　　D. $[4,12]$

5. 已知函数$f(x+1)=2^x-1$，则$f(x)=$________.

6. 已知函数$f(x)=\begin{cases}x^2+1, & x\geqslant 1,\\ -x^2+1, & x<1,\end{cases}$若$f(a)=1$，则$a=$________.

7. 已知$f(x)$是二次函数，且满足$f(0)=1$，$f(x+1)-f(x)=2x$，求$f(x)$的表达式.

8. 2023年杭州亚运会的吉祥物“宸宸”名字来源于拱宸桥.作为大运河杭州段重要的遗产之一，拱宸桥也是大运河到杭州的“终点标志”. 如图2－1－3所示，有一横截面轮廓线为抛物线的拱桥，桥底$CD=15$ m，$AD=5$ m，$OE=10$ m，点A与点B关于y轴对称. 以CD所在直线为x轴，OE所在直线为y轴建立平面直角坐标系.

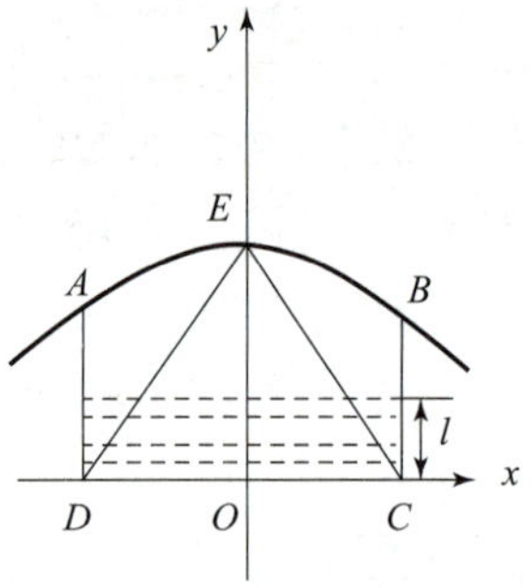

图2－1－3

（1）求抛物线所对应的函数表达式.

（2）求点C到DE距离.

（3）从某时刻开始的30 h内，设水面与河底的距离为l（单位：m）随时间t（单位：h）的变化规律满足二次函数$l=-\frac{1}{15}(t-15)^2+10$. 当水深$l$小于5 m时，船只禁止通行. 求当$0\leqslant t\leqslant 30$时，需多少小时禁止船只通行？

2.2　函数的单调性

【情境创设】

图2－2－1所示是某城市夏季的一天气温随时间的变化关系. 从图2－2－1所示可知，在0时～3时，气温随时间的增加而降低；在3时～15时，气温随时间的增加而升高；在15时～24时，气温随时间的增加而降低.

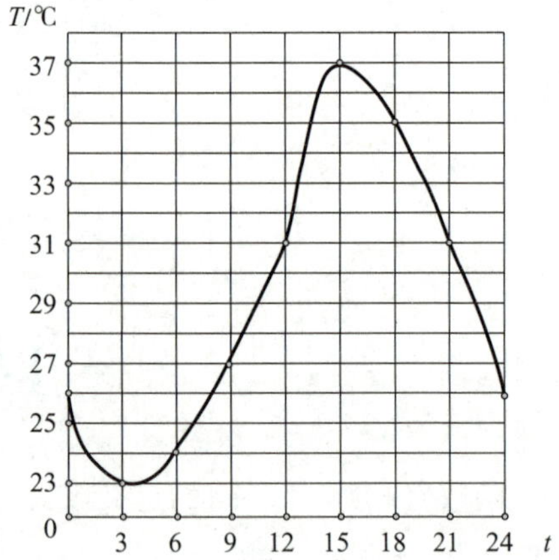

图2－2－1

【知识探究】

设函数$y=f(x)$的定义域为D，区间$I\subseteq D$，

如果对于区间 I 上的任意 x_1，x_2，当 $x_1<x_2$ 时，都有 $f(x_1)<f(x_2)$，那么称函数 $y=f(x)$ 在区间 I 上单调递增；如果对于区间 I 上的任意 x_1，x_2，当 $x_1<x_2$ 时，都有 $f(x_1)>f(x_2)$，那么称函数 $y=f(x)$ 在区间 I 上单调递减.

如果函数 $y=f(x)$ 在区间 I 上是单调递增（单调递减），那么称函数 $y=f(x)$ 在区间 I 上具有单调性，区间 I 称为单调递增区间（单调递减区间），也称增区间（减区间）.

> 思考：如果对于区间 I 上的任意 x_1，x_2，当 $x_1<x_2$ 时，都有 $f(x_2)-f(x_1)>0$，那么函数 $y=f(x)$ 在区间 I 上是否为增函数？

特别地，当函数 $f(x)$ 在其定义域 D 上单调递增，则称为增函数；当函数 $f(x)$ 在其定义域 D 上单调递减，则称为减函数（见图 2－2－2）.

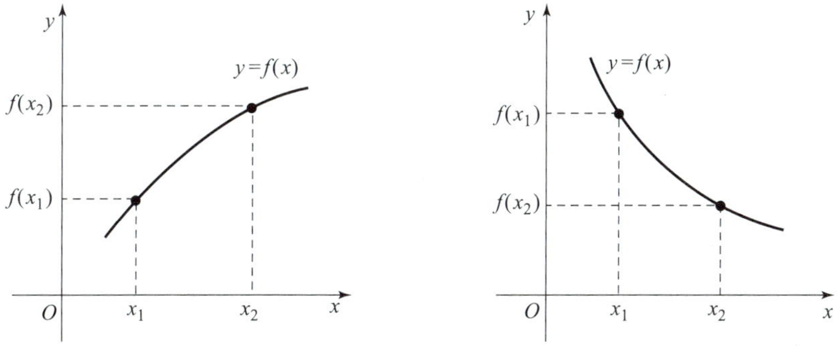

图 2－2－2

【应用举例】

例 1　如图 2－2－3 所示，根据函数的图像，写出其单调区间.

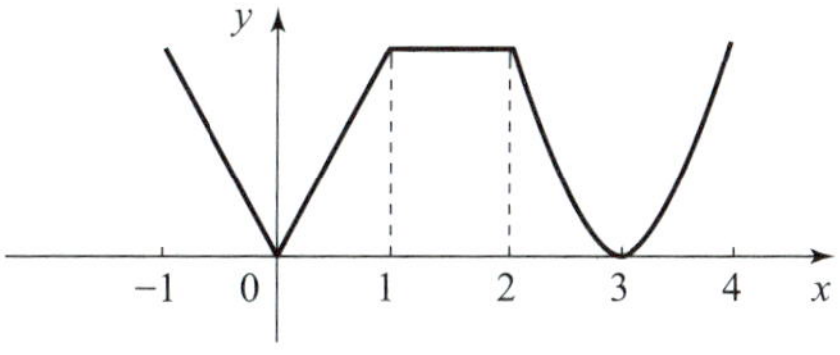

图 2－2－3

解： 函数的单调递增区间为（0，1]，(3，+∞). 单调递减区间为（－∞，0]，(2，3].

例 2　根据定义求证：函数 $f(x)=x+\frac{1}{x}$ 在区间（0，1）上是减函数.

证明： 任取 x_1，$x_2\in(0,1)$，且 $x_1<x_2$.

因为 $f(x_1)-f(x_2)=x_1+\frac{1}{x_1}-\left(x_2+\frac{1}{x_2}\right)=x_1-x_2+\frac{(x_2-x_1)}{x_1x_2}=\frac{(x_1-x_2)}{x_1x_2}(x_1x_2-1)$，

又因为 x_1，$x_2\in(0,1)$，且 $x_1<x_2$，

所以 $0<x_1x_2<1$，$x_1-x_2<0$，

所以$f(x_1)-f(x_2)=\frac{(x_1-x_2)}{x_1x_2}(x_1x_2-1)>0$，

所以$f(x_1)>f(x_2)$，

所以函数$f(x)=x+\frac{1}{x}$在区间（0，1）上是减函数．

如果函数$y=f(x)$在区间$[a,b]$上是增函数，当$x=a$时，函数$y=f(x)$取到最小值$f(a)$；当$x=b$时，函数$y=f(x)$取到最大值$f(b)$．

如果函数$y=f(x)$在区间$[a,b]$上是减函数，则当$x=a$时，函数$y=f(x)$取到最大值$f(a)$；则当$x=b$时，函数$y=f(x)$取到最小值$f(b)$．

> 探究：已知函数$y=f(x)$在区间$[0,5]$上是增函数，则当x为何值时，函数$y=f(x)$取到最值？

例3 为了缓解交通压力，某省在两个城市之间特修一条专用铁路，用一列火车作为公共交通车．如果该列火车每次拖4节车厢，每日能来回16趟；如果每次拖7节车厢，则每日能来回10趟．火车每日每次拖挂车厢的节数是相同的，每日来回趟数y是每次拖挂车厢节数x的一次函数，每节车厢满载时能载客110人．

（1）求出y关于x的函数关系式．

（2）这列火车满载时每次应拖挂多少节车厢，才能使每日营运人数最多，最多营运人数是多少？

解：（1）设$y=kx+b$，则$\begin{cases}4k+b=16,\\7k+b=10,\end{cases}$解得$\begin{cases}k=-2,\\b=24,\end{cases}$所以$y=-2x+24$.

（2）这列火车满载时每日的营运人数可以表示为

$R=x\cdot 2y\cdot 110=220x(-2x+24)=440(-x^2+12x)=440[-(x-6)^2+36]$，

所以当$x=6$时，上述函数取得最大值15840，即当每次拖挂车厢节数为6节时，最多营运人数为15840人．

【巩固练习】

1. 下列函数中，在区间$(0,+\infty)$内为增函数的是（　　）．

A. $y=(x-1)^2$　　B. $y=\log_{\frac{1}{3}}x$　　C. $y=2^{-x}$　　D. $y=x^{\frac{1}{2}}$

2. 函数$y=|x|+4$的单调递增区间是（　　）．

A. $[0,+\infty)$　　B. $(-\infty,0)$　　C. $(-\infty,+\infty)$　　D. $[4,+\infty)$

3. 函数$y=x^2-2x+2$在$[-2,3]$上的最大值、最小值分别为（　　）．

A. 10，5　　B. 10，1　　C. 5，1　　D. 以上都不对

4. 若函数$y=(k-1)x+b$在$(-\infty,+\infty)$上是增函数，则（　　）．

A. $k>1$　　B. $k<1$　　C. $k>-1$　　D. $k<-1$

5. 函数$f(x)=\begin{cases}x+1, & x\geqslant 0,\\x^2, & x<0\end{cases}$的单调递减区间是________．

6. 函数 $y=a^x$ 在 $[0,2]$ 上最大值与最小值的和为3，则 $a=$________.

7. 求证：函数 $f(x)=x^2-2x+4$ 在区间 $(-\infty,1)$ 上是减函数.

8. 设函数 $f(x)$ 在 $(-1,1)$ 上是减函数，且 $f(1-m)-f(2m-1)>0$，求实数 m 的取值范围.

2.3　函数的奇偶性

【情境创设】

中华文化源远流长，图2-3-1所示是始建于明朝永乐年间的天坛，图2-3-2所示是被称为“中华第一图”的太极图，从数学的角度审视这两幅图，它们完美体现了对称之美.

图2-3-1

图2-3-2

【知识探究】

画出并观察函数 $f(x)=x^2$（见图2-3-3）和 $f(x)=|x|$（见图2-3-4）的图像，这两个函数图像有什么共同特征？

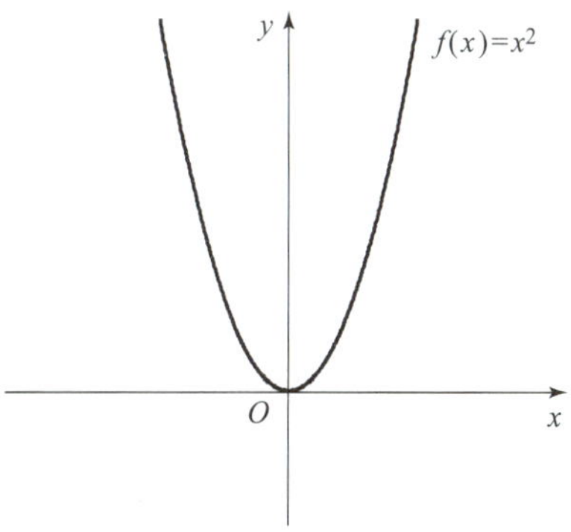

图2-3-3

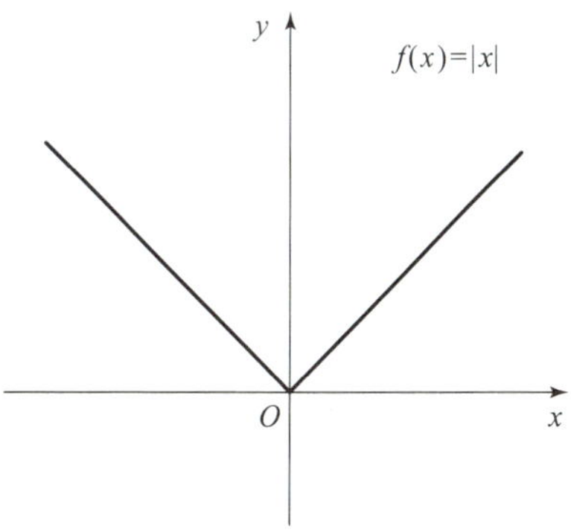

图2-3-4

观察函数图像可以发现，两个函数图像都关于 y 轴对称.

进一步探究还可以得出，对于$f(x)=x^2$，任意的$x\in\mathbf{R}$，都有$f(-x)=(-x)^2=x^2=f(x)$；对于$f(x)=|x|$，也都有$f(-x)=|-x|=|x|=f(x)$成立.

一般地，设函数$f(x)$的定义域为D，如果任意的$x\in D$，都有$-x\in D$，且$f(-x)=f(x)$，那么称$f(x)$是偶函数.

画出并观察函数$f(x)=x$（见图2-3-5）和$f(x)=\dfrac{1}{x}$（见图2-3-6）的图像，这两个函数图像有什么共同特征?

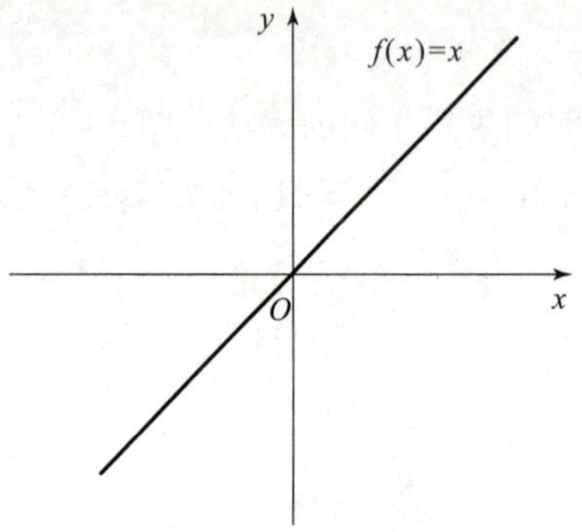

图2-3-5

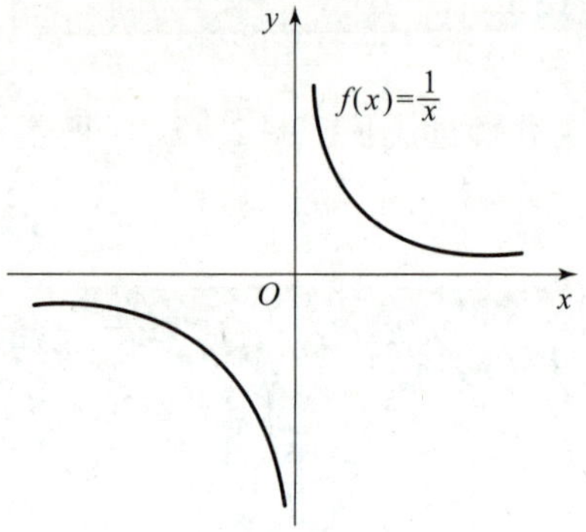

图2-3-6

观察函数图像可以得出，两个函数图像都关于原点对称.

进一步探究还可以得出，对于$f(x)=x$，任意的$x\in\mathbf{R}$，都有$f(-x)=-x=-f(x)$；对于$f(x)=\dfrac{1}{x}$，也都有$f(-x)=\dfrac{1}{-x}=-\dfrac{1}{x}=-f(x)$成立.

一般地，设函数$f(x)$的定义域为D，任意的$x\in D$，都有$-x\in D$，且$f(-x)=-f(x)$，那么称$f(x)$是奇函数.

【应用举例】

例1 判断下列函数的奇偶性.

(1) $f(x)=x^3$.

(2) $f(x)=2x^4$.

(3) $f(x)=x+\dfrac{2}{x}$.

(4) $f(x)=\dfrac{1}{|x|}$.

(5) $f(x)=x+3$.

解: (1) 函数的定义域为$\mathbf{R}$.

因为对任意的$x\in\mathbf{R}$，都有$f(-x)=(-x)^3=-x^3=-f(x)$，所以函数$f(x)=x^3$ 为奇函数.

> 思考：$f(x)=x^3(x>0)$ 是否为奇函数?

（2）函数的定义域为 $\mathbf{R}$.

因为对任意的 $x\in\mathbf{R}$，都有 $f(-x)=2(-x)^4=2x^4=f(x)$，所以函数 $f(x)=2x^4$ 为偶函数.

（3）函数的定义域为 $\{x\mid x\neq 0\}$.

因为对任意的 $x\in\{x\mid x\neq 0\}$，都有 $f(-x)=-x+\dfrac{2}{-x}=-\left(x+\dfrac{2}{x}\right)=-f(x)$，所以函数 $f(x)=x+\dfrac{2}{x}$ 为奇函数.

（4）函数的定义域为 $\{x\mid x\neq 0\}$.

因为对任意的 $x\in\{x\mid x\neq 0\}$，都有 $f(-x)=\dfrac{1}{|-x|}=\dfrac{1}{|x|}=f(x)$，所以函数 $f(x)=\dfrac{1}{|x|}$ 为偶函数.

（5）函数的定义域为 $\mathbf{R}$.

因为对任意的 $x\in\mathbf{R}$，$f(-x)=-x+3$，且 $f(-x)\neq f(x)$，$f(-x)\neq -f(x)$，所以函数 $f(x)=x+3$ 既不是偶函数，也不是奇函数.

例 2　已知函数 $f(x)$ 是定义域为 $\{x\mid x\neq 0\}$ 的奇函数，当 $x>0$ 时，$f(x)=x+3$. 试将函数 $f(x)$ 的图像（见图 2－3－7）补充完整，并求出函数的解析式.

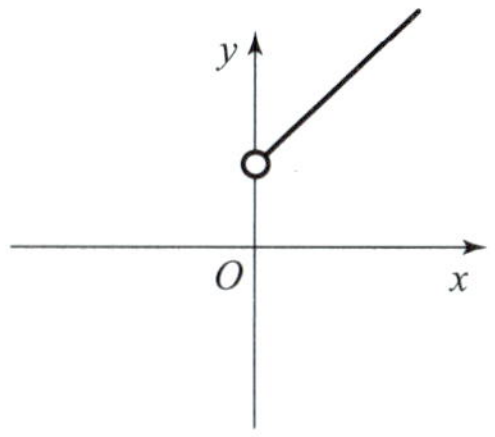

图 2－3－7

解：由奇函数图像的对称性作出图像，如图 2－3－8 所示.

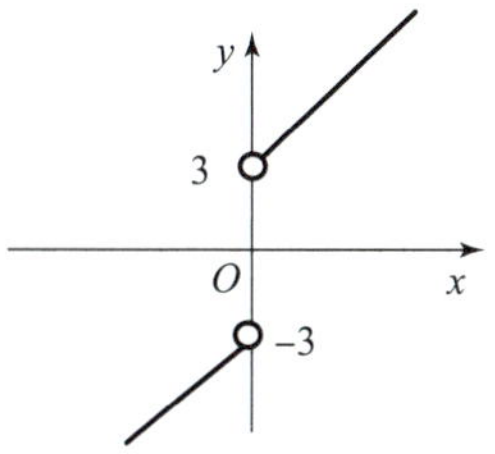

图 2－3－8

设 $x<0$，则 $-x>0$，则 $f(-x)=-x+3$.

因为 $f(x)=-f(-x)$，

所以 $f(x)=-(-x+3)=x-3$，

所以函数的解析式为 $f(x)=\begin{cases}x+3, & x>0,\\ x-3, & x<0.\end{cases}$

例 3 我国著名数学家华罗庚曾说过："数缺形时少直观，形少数时难入微；数形结合百般好，隔离分家万事休"．在数学学习和研究中，常用函数的图像来研究其性质，也常用函数的解析式来分析其图像的特征．函数 $f(x)=-x^2+(e^x-e^{-x})\sin x$ 在区间 $[-2.8, 2.8]$ 的图像大致为（ ）．

A. 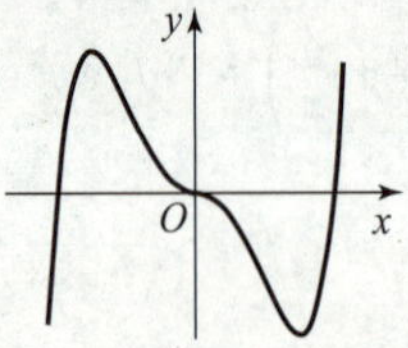

B. 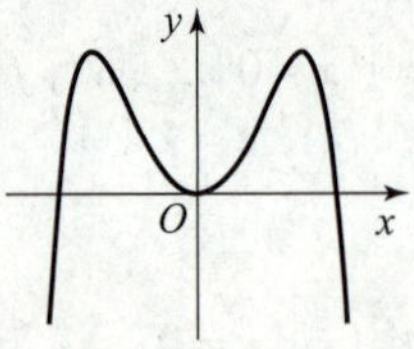

C. 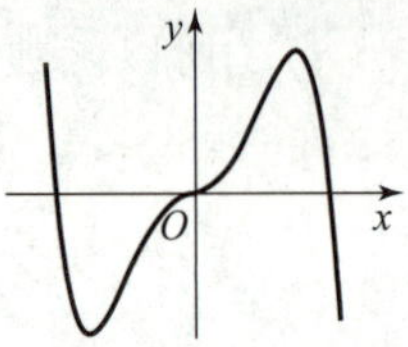

D. 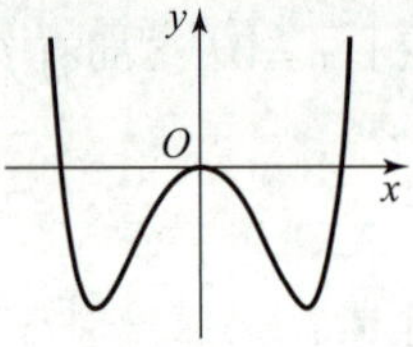

解：对于任意 $x\in[-2.8, 2.8]$，都有 $f(-x)=-(-x)^2+(e^{-x}-e^x)\sin(-x)=f(x)$，所以 $f(x)$ 为偶函数，排除 A，C． 又因为函数在区间 $[-2.8, 2.8]$ 上，$f(2)>0$，故选 B.

【巩固练习】

1. 下列函数为偶函数的是（ ）．

A. $f(x)=2x^2+4$　　B. $f(x)=x+2$　　C. $f(x)=x-\dfrac{1}{x}$　　D. $f(x)=\sin x$

2. 有下列 3 个命题．

①偶函数的图像一定与纵轴相交；②奇函数的图像一定通过原点；③偶函数的图像关于 y 轴对称．

其中正确的命题有（ ）．

A. 0 个　　B. 1 个　　C. 2 个　　D. 3 个

3. 下列函数中，是奇函数且定义域内是增函数的是（ ）．

A. $y=x^2$　　B. $y=x^3$　　C. $y=\sqrt{x}$　　D. $y=-x$

4. 已知 $y=f(x)$ 是奇函数，当 $x>0$ 时，$f(x)=(1-x)x$，则当 $x<0$ 时，$f(x)=$（ ）．

A. $-x(1+x)$　　B. $x(1+x)$　　C. $-x(1-x)$　　D. $x(1-x)$

5. 若函数 $y=f(x)$ 是奇函数，且满足 $f(2)=-3$，则 $f(-2)=$________．

6. 函数 $f(x)=\sqrt{1-x^2}+\sqrt{x^2-1}$ 是________．（填"奇函数"或"偶函数"或"既是奇函数也是偶函数"）

7. 已知函数 $f(x)=ax^2+bx+c$（$-2a-3\leqslant x\leqslant 1$）是偶函数，求实数 a，b 的值．

8. 已知奇函数 $y=f(x)$，$x\in(-1, 1)$，在区间（-1，1）上是减函数，解不等式 $f(1-x)+f(1-3x)<0$.

2.4　函数的周期性

【情境创设】

赋得古原草送别

唐　白居易

离离原上草，
一岁一枯荣.
野火烧不尽，
春风吹又生.
远芳侵古道，
晴翠接荒城.
又送王孙去，
萋萋满别情.

古诗中描写的“野火烧不尽，春风吹又生”，正是自然界周而复始现象的生动体现，在数学中通常把这种周而复始的现象称为周期性.

【知识探究】

一般地，设函数 $y=f(x)$ 的定义域为 D，如果存在一个不为零的常数 T，对任意的 $x\in D$，都有 $x+T\in D$，且 $f(x+T)=f(x)$，那么函数 $y=f(x)$ 称为周期函数，常数 T 称为这个函数的一个周期. $-3T$，$-2T$，$-T$，…以及 T，$2T$，$3T$，…都是函数的周期. 在所有的周期中，如果存在一个最小的正数，通常把这个数称为函数的最小正周期.

例如，$y=\sin x$ 是周期函数，且 -6π，-4π，-2π，2π，4π，6π，…都是它的周期，最小正周期为 2π. 正弦型函数 $y=A\sin(wx+\varphi)$ 的最小正周期 $T=\dfrac{2\pi}{|w|}$.

【应用举例】

例 1　求函数 $y=3\sin 2x$ 的最小正周期.

解： 函数 $y=3\sin 2x$ 的最小正周期 $T=\dfrac{2\pi}{2}=\pi$.

例 2　若 $f(x)$ 是 $\mathbf{R}$ 上周期为 5 的奇函数，且满足 $f(1)=1$，求 $f(2024)$ 的值.

解： 因为 $f(x)$ 是 $\mathbf{R}$ 上周期为 5 的函数，

所以 $f(2024)=f(-1+405\times 5)=f(-1)$.

又因为$f(x)$是$\mathbf{R}$上的奇函数，

所以$f(-1)=-f(1)=-1$，

所以$f(2024)=-1$.

例3 设钟摆每经过1.8 s回到原来的位置，图2－4－1所示钟摆达到最高位置A点时开始计时，经过1 min后，钟摆的大致位置是（ ）.

A. 点A处　　B. 点B处

C. O，A之间　　D. O，B之间

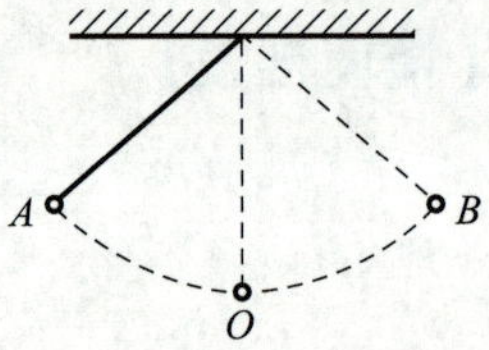

图2－4－1

解： 钟摆的周期$T=1.8$ s，1 min＝(33×1.8＋0.6) s，又因为$\frac{T}{4}<0.6<\frac{T}{2}$，所以经过1 min后，钟摆在$O$，$B$之间，故选D.

【巩固练习】

1. 下列函数周期为π的是（ ）.

A. $y=\sin\left(x-\frac{\pi}{8}\right)$　　B. $y=2\cos x$

C. $y=\sin x$　　D. $y=\sin 2x$

2. 函数$y=\sqrt{3}\sin\left(x+\frac{\pi}{3}\right)$的最小正周期是（ ）.

A. 2π　　B. π　　C $\frac{\pi}{2}$.　　D. $\frac{\pi}{6}$

3. 函数$y=|\sin x|$的最小正周期为（ ）.

A. 2π　　B. π　　C. $\frac{\pi}{2}$　　D. 4π

4. 函数$f(x)=\begin{cases}0, & x\in[2n, 2n+1),\\ 1, & x\in[2n+1, 2n+2),\end{cases}$ $(x\in\mathbf{N})$的周期为（ ）.

A. $\frac{k}{2}$ $(k\in\mathbf{Z}, k\neq 0)$　　B. $\frac{3k}{2}$ $(k\in\mathbf{Z}, k\neq 0)$

C. $k(k\in\mathbf{Z}, k\neq 0)$　　D. $2k(k\in\mathbf{Z}, k\neq 0)$

5. 函数$y=2\sin^2\frac{\pi x}{2}+1$的最小正周期$T=$________.

6. 若函数$f(x)$满足$f(x-1)=f(x)$，且$f\left(\frac{1}{2}\right)=3$，则$f\left(-\frac{3}{2}\right)=$________.

7. 设$f(x)$是最小正周期为2的偶函数，它在区间[0，1]上的图像如图2－4－2所示，则在区间[1，2]上，求函数$f(x)$的解析式.

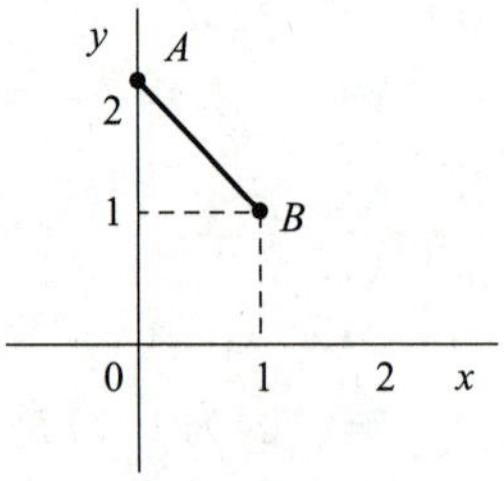

图2－4－2

8. 设$f(x)$是$\mathbf{R}$上的奇函数，对任意的x有$f(x+2)=-f(x)$. 当$x\in[0, 2]$时，$f(x)=2x-x^2$.

（1）求证：$f(x)$是周期函数.

（2）求 $f(0)+f(1)+f(2)+\cdots+f(2023)+f(2024)$ 的值．

2.5 反　函　数

【情境创设】

某市民在新闻上看到 2024 年某市最高气温达到 98.6 度，心想：“这怎么可能呢？人还不得被烤成灰！”

通常，温度的度量单位有两种，一种是摄氏温度℃，一种是华氏温度℉，它们之间的关系是℉ $=32+1.8$℃，则℃ $=\dfrac{℉-32}{1.8}$. 其实新闻上说的某市最高气温指的是 98.6℉，摄氏温度值为（98.6 − 32）÷1.8 = 37℃.

【知识探究】

由函数 $y=32+1.8x$ 可得，$x=\dfrac{y-32}{1.8}$. 对于式子 $x=\dfrac{y-32}{1.8}$，对于任意的 $y\in\mathbf{R}$，都有唯一确定的 x 与之对应，也就是把 y 作为自变量，x 作为 y 的函数，这时函数 $x=\dfrac{y-32}{1.8}$ 就称为函数 $y=32+1.8x$ 的反函数．

一般地，对于函数 $y=f(x)$，设它的定义域为 D，值域为 A. 如果对任意的 $y\in A$，都有唯一确定的 $x\in D$ 与之对应，且满足 $y=f(x)$，这样得到的 x 关于 y 的函数叫函数 $y=f(x)$ 的反函数．记作 $x=f^{-1}(y)$，通常把它写成 $y=f^{-1}(x)$ $(x\in A)$ ．

同样地，把函数 $y=f(x)$ 称为函数 $y=f^{-1}(x)$ 的反函数，因此函数 $y=f(x)$ 与函数 $y=f^{-1}(x)$ 互为反函数. 它们的定义域与值域的关系如表 2 − 5 − 1 所示.

表 2 − 5 − 1

类别	$y=f(x)$	$y=f^{-1}(x)$
定义域	D	A
值域	A	D

例 1　求函数 $y=x^3+1$ 的反函数．

解：因为 $y=x^3+1$，

所以 $x^3=y-1$，

即 $x=\sqrt[3]{y-1}$，

所以函数 $y=x^3+1$ 的反函数为 $f^{-1}(x)=\sqrt[3]{x-1}$.

> 求反函数的一般步骤：
> 反解，即从函数 $y=f(x)$ 中求出 $x=g(y)$；
> 改写，将式子 $x=g(y)$ 中的 x 与 y 互换.

在同一直角坐标系中作出函数 $y=2x-4$ 与其反函数 $f^{-1}(x)=\dfrac{1}{2}x+2$ 的图像（见图 2 − 5 − 1），观察这两个函数图像之间有什么关系吗？

可以发现，两个函数图像关于直线 $y=x$ 对称．设点 $p(a,\ b)$ 为函数 $y=2x-4$ 图像上任意一点，则 $b=2a-4$，$a=\frac{1}{2}b+2$，即点 $p'(b,\ a)$ 在函数 $f^{-1}(x)$ 的图像上，又因为点 $p(a,\ b)$ 与点 $p'(b,\ a)$ 关于直线 $y=x$ 对称，所以函数 $y=2x-4$ 与其反函数 $f^{-1}(x)=\frac{1}{2}x+2$ 的图像关于直线 $y=x$ 对称．

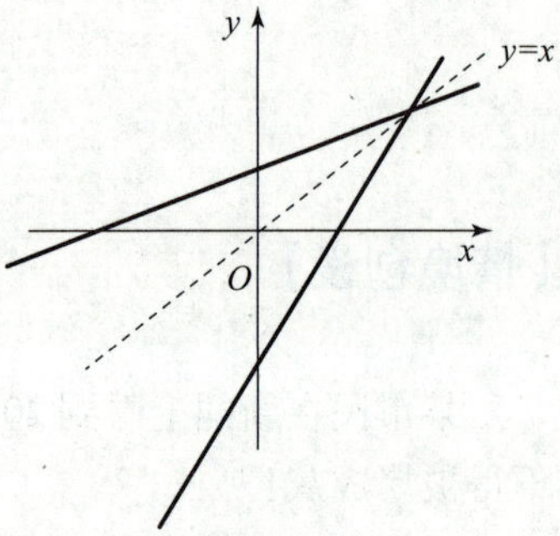

图 2－5－1

一般地，互为反函数的两个函数的图像关于直线 $y=x$ 对称．

例 2　求函数 $y=\frac{1}{2x-1}$ 的值域．

解： 由 $y=\frac{1}{2x-1}$ 可得 $x=\frac{y+1}{2y}$，

所以其反函数为 $f^{-1}(x)=\frac{x+1}{2x}$，且定义域为 $\{x\mid x\neq 0\}$，所以函数 $y=\frac{1}{2x-1}$ 的值域为 $\{y\mid y\neq 0\}$．

> 求函数的值域通常也可考虑求其反函数的定义域．

例 3　为了改善湖泊的水质，某市环保部门在湖泊里投入一些浮萍，浮萍的面积 y（单位：m^2）与时间 t（单位：月）满足关系式：$y=2^t(t\geqslant 0)$，则当湖泊里浮萍的面积达到 $30\ m^2$ 时，需要多少时间？

解： 函数 $y=2^t$ 的反函数为 $t=\log_2 y$，则当湖泊里浮萍的面积达到 $30\ m^2$ 时，所用时间 $t=\log_2 30\approx 5$ 月．

【巩固练习】

1. 函数 $y=2^{-x}$ 的反函数为（　　）．

A. $y=-2^x$　　B. $y=2^x$　　C. $y=\log_2 x$　　D. $y=\log_{\frac{1}{2}} x$

2. 下列函数是 $y=\frac{x}{x-2}$ $(x\neq 2)$ 的反函数的是（　　）．

A. $y=\frac{2x}{x-1}$ $(x\neq 1)$　　B. $y=\frac{x-2}{x}$ $(x\neq 0)$

C. $y=\frac{x-1}{2x}$ $(x\neq 0)$　　D. $y=\frac{2x}{x+1}$ $(x\neq -1)$

3. 已知函数 $y=f(x)$ 满足 $b=f(a)$，则下列各点在其反函数图像上的是（　　）．

A. $(a,\ b)$　　B. $(b,\ a)$　　C. $(a,\ -b)$　　D. $(-b,\ -a)$

4. 函数 $y=\frac{x-1}{x+2}$ 的值域为（　　）．

A. $(-\infty,\ -2)\cup(-2,\ +\infty)$　　B. $(-2,\ 2)$

C. $(-\infty,\ 1)\cup(1,\ +\infty)$　　D. $(-1,\ 1)$

5. $y=2^{x-1}$ 的反函数值域是________．

6. $y=\log_3(x+1)$ 的反函数是________.

7. 在同一直角坐标系中作出函数 $y=2x+1$ 与其反函数的图像，并结合图像研究它们两者性质之间的关系.

8. 研究函数 $y=\left(\frac{1}{2}\right)^x+3$ 反函数的性质.

2.6 幂 函 数

【情境创设】

1. 如果王阿姨买了 1 元/斤的蔬菜 x 斤，那么她需要支付 $p=x$ 元，这里 p 是 x 的函数.

2. 如果正方体的边长等于 x，那么正方体的面积为 $S=x^2$，这里 S 是 x 的函数.

3. 如果立方体的边长等于 x，那么立方体的体积为 $V=x^3$，这里 V 是 x 的函数.

4. 如果已知一个正方形场地的面积为 x，那么正方形场地的边长为 $y=\sqrt{x}$，这里 y 是 x 的函数.

5. 如果一物体在 1 公里距离内移动，那么它移动的速度 v 与时间 t 的关系为 $v=1/t$，这里 v 是 t 的函数.

函数还在其他许多不同的生活场景中广泛应用.

【知识探究】

（1）观察并找到下列函数解析式的共同特征.

$p=x$，$S=x^2$，$V=x^3$，$y=x^{\frac{1}{2}}$，$y=x^{-1}$.

通过观察可以发现，这 5 个函数表达式都是以自变量 x 为底数，指数都是常数，系数都为 1.

一般地，把形如 $y=x^a$ 的函数称为**幂函数**，其中 x 为自变量，a 为常数.

（2）请列表、描点、连线作出表 2－6－1 所示数值的**函数图像**.

表 2－6－1

x	…	-3	-2	-1	0	1	2	3	…
$y=x$	…	-3	-2	-1	0	1	2	3	…
$y=x^2$	…	9	4	1	0	1	4	9	…
$y=x^3$	…	-27	-8	-1	0	1	8	27	…
$y=x^{\frac{1}{2}}$	…				0	1	$\sqrt{2}$	$\sqrt{3}$	…
$y=x^{-1}$	…	$-\frac{1}{3}$	$-\frac{1}{2}$	-1		1	$\frac{1}{2}$	$\frac{1}{3}$	…

可以得到这5个函数的图像如图2－6－1所示.

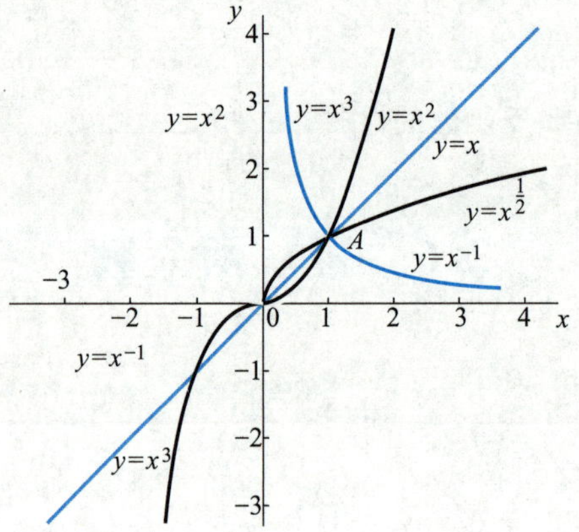

图2－6－1

观察上述幂函数图像，可以分析得到幂函数的**函数性质**如表2－6－2所示.

表2－6－2

项目	$y=x$	$y=x^2$	$y=x^3$	$y=x^{\frac{1}{2}}$	$y=x^{-1}$
定义域	**R**	**R**	**R**	$[0,+\infty)$	$\{x \mid x\neq 0\}$
值域	**R**	$[0,+\infty)$	**R**	$[0,+\infty)$	$\{y \mid y\neq 0\}$
奇偶性	奇	偶	奇	非奇非偶	奇
单调性	在**R**上单调递增	在$[0,+\infty)$上单调递增，在$(-\infty,0]$上单调递减	在**R**上单调递增	在$[0,+\infty)$上单调递增	在$(0,+\infty)$上单调递减，在$(-\infty,0)$上单调递减
公共点	过定点$(1,1)$				

【应用举例】

> 一般地，幂函数$y=x^a$，当$a>0$时，函数$y=x^a$在$(0,+\infty)$上递增；当$a<0$时，函数$y=x^a$在$(0,+\infty)$上递减.

例1 比较下列两个数的大小.

（1）$\pi^{0.3}$与$3^{0.3}$.

（2）$(-2.1)^{-\frac{1}{3}}$与$(-1.7)^{-\frac{1}{3}}$.

解：（1）因为$0.3>0$，所以幂函数$y=x^{0.3}$在$(0,+\infty)$上单调递增. 因为$\pi>3$，所以$\pi^{0.3}>3^{0.3}$.

（2）因为$-\dfrac{1}{3}<0$，所以幂函数$y=x^{-\frac{1}{3}}$在$(0,+\infty)$上单调递减. 因为$2.1>1.7$，所以$(2.1)^{-\frac{1}{3}}<(1.7)^{-\frac{1}{3}}$，因此$-(2.1)^{-\frac{1}{3}}>-(1.7)^{-\frac{1}{3}}$，即$(-2.1)^{-\frac{1}{3}}>(-1.7)^{-\frac{1}{3}}$.

例2 已知幂函数$f(x)=(m^2-m-1)x^{m^2-2m-1}$.

（1）求$f(x)$的解析式.

（2）若$f(x)$图像经过坐标原点，解不等式$f(2-x)>f(x)$.

解：（1）因为$f(x)$为幂函数，所以$m^2-m-1=1$，解得$m=-1$或 2，故$f(x)=x^2$或$f(x)=x^{-1}$.

（2）若$f(x)$图像经过坐标原点，则由（1）知$f(x)=x^2$，由$f(2-x)>f(x)$可得$(2-x)^2>x^2$，解得$x<1$，所以原不等式的解集为$(-\infty, 1)$.

例 3　某微生物的生长时间x(单位：年)与数量y(单位：万只)存在的关系为$y=x^3$，预计第五年微生物的数量.

解：因为$y=x^3$，所以$5^3=125$，即预计第五年微生物的数量达到 125 万只.

【巩固练习】

1. 已知幂函数$y=x^a$（a是常数），则（　　）.

A. $f(x)$的定义域是$\mathbf{R}$　　B. $f(x)$在$(0, +\infty)$单调递增

C. $f(x)$的值域是$\mathbf{R}$　　D. $f(x)$可能过定点$(1, 1)$

2. 已知$a\in\mathbf{R}$，则下列各式一定有意义的是（　　）.

A. a^{-2}　　B. a^3　　C. $a^{\frac{1}{2}}$　　D. a^0

3. 函数$y=x^5$的图像经过定点（　　）.

A. $(0, 0)$　　B. $(0, 1)$　　C. $(1, 1)$　　D. $(1, 0)$

4. 下列函数中，是奇函数且在区间$(0, +\infty)$上单调递减的是（　　）.

A. $y=-x^2$　　B. $y=\sqrt{x}$　　C. $y=\frac{1}{x}$　　D. $y=x^3$

5. 幂函数$f(x)=x^a$的图像过点$(4, 2)$，则$f(2)=$________.

6. 幂函数$f(x)=(m^2-2m-2)x^{m-1}$的图像不经过坐标原点，则$m=$________.

7. 比较下列各组数中两个数的大小.

（1）$\left(\frac{2}{5}\right)^{0.3}$与$\left(\frac{1}{3}\right)^{0.3}$.

（2）$\left(-\frac{2}{3}\right)^{-1}$与$\left(-\frac{3}{5}\right)^{-1}$.

8. 已知函数$f(x)=x^a$的图像经过点$(2, 4)$.

（1）求函数$f(x)$的解析式.

（2）设函数$g(x)=f(x)-2x$，求$g(x)\leqslant 3$恒成立的x的取值范围.

2.7　指数运算

【情境创设】

我们已经学习n个相同因子a的连乘积记作a^n，例如以下等式：

$6\times6\times6\times6\times6\times6\times6\times6=6^8$.

容易观察发现，等式左侧还可以写作 6×6^7，$(6\times6)\times(6\times6)\times(6\times6)\times(6\times6)$ 或 $(2\times3)\times(2\times3)\times(2\times3)\times(2\times3)\times(2\times3)\times(2\times3)\times(2\times3)\times(2\times3)$，

此时有 $6\times6^7=6^{1+7}=6^8$，

$(6\times6)\times(6\times6)\times(6\times6)\times(6\times6)=(6^2)^4=6^{2\times4}=6^8$，

$(2\times3)\times(2\times3)\times(2\times3)\times(2\times3)\times(2\times3)\times(2\times3)\times(2\times3)\times(2\times3)=(2\times3)^8=2^8\times3^8=6^8$，

这其实是整数指数幂的运算法则．请思考：如果将指数的范围从整数集推广到有理数集，再推广到实数集，该运算法则是否成立？

【知识探究】

已知当 $a\neq0$ 时，有

$$a^0=1，a^{-n}=\frac{1}{a^n}=\left(\frac{1}{a}\right)^n.$$

形如 $\sqrt[n]{a}$（$n\in\mathbf{N}^*$，$n>1$）的式子称为 a 的 n 次根式，其中 n 称为根指数，a 称为被开方数．

如果指数是最简分数，规定如下：

（1）当指数为正分数 $\frac{m}{n}$（m，$n\in\mathbf{N}^*$，$n>1$）时，$a^{\frac{m}{n}}=\sqrt[n]{a^m}$；

（2）当指数为负分数 $-\frac{m}{n}$（m，$n\in\mathbf{N}^*$，$n>1$）且 $a\neq0$ 时，$a^{-\frac{m}{n}}=\frac{1}{a^{\frac{m}{n}}}=\frac{1}{\sqrt[n]{a^m}}$；

（3）当 n 为偶数时，a 的取值应使 $\sqrt[n]{a^m}$ 或 $\frac{1}{\sqrt[n]{a^m}}$ 有意义．

这样，就把整数指数幂推广到了有理数指数幂，进一步推广到了实数指数幂．可以证明，当 $a>0$，$b>0$ 且 p，$q\in\mathbf{R}$ 时，实数指数幂有以下运算法则：

（1）$a^p\cdot a^q=a^{p+q}$；

（2）$(a^p)^q=a^{pq}$；

（3）$(ab)^p=a^p\cdot b^p$.

【应用举例】

例 1　下列各式正确的是（　　）．

A. $\sqrt{(-3)^2}=-3$　　B. $\sqrt[4]{x^4}=x$　　C. $\sqrt{2^2}=2$　　D. $a^0=1$

解： $\sqrt{(-3)^2}=3$，故 A 错误．$\sqrt[4]{x^4}=|x|$，故 B 错误．$\sqrt{2^2}=2$，故 C 正确．$a^0=1$，当 $a\neq0$时成立，故 D 错误．故选 C.

例 2　计算下列各式．

（1）$(0.25)^{\frac{1}{2}}+(\sqrt[5]{\pi})^0-2^{-1}$.

（2）$\sqrt[4]{81}+(\sqrt{5}+2)^0+\left(\frac{1}{3}\right)^{-\frac{1}{2}}+\sqrt{(4-\sqrt{3})^2}$.

解：（1）原式 $=0.5+1-\frac{1}{2}=1$.

（2）原式 $=\sqrt[4]{3^4}+1+3^{\frac{1}{2}}+4-\sqrt{3}=8$.

例 3　已知 $a+a^{-1}=3$，求 a^2+a^{-2} 及 $a^{\frac{1}{2}}+a^{-\frac{1}{2}}$ 的值.

解：由于 $a+a^{-1}=3$，所以 $a^2+a^{-2}=(a+a^{-1})^2-2=3^2-2=7$，

$a^{\frac{1}{2}}+a^{-\frac{1}{2}}=\sqrt{(a^{\frac{1}{2}}+a^{-\frac{1}{2}})^2}=\sqrt{a+a^{-1}+2}=\sqrt{5}$.

例 4　燕子每年都要进行秋去春来的南北大迁徙，已知某种燕子在飞行时的耗氧量 Q 个单位与飞行速度 v（单位：m/s）之间满足关系：$Q=10\times2^{\frac{v}{5}}$. 那么，当该燕子的耗氧量为 1280 个单位时，它的飞行速度是多少？

解：依题意，有 $1280=10\times2^{\frac{v}{5}}$，即 $2^{\frac{v}{5}}=128$，又 $128=2^7$，所以 $2^{\frac{v}{5}}=2^7$，所以 $\frac{v}{5}=7$，解得 $v=35$，故该燕子的飞行速度是 35 m/s.

【巩固练习】

1. 将 $5^{\frac{3}{2}}$ 写成根式，正确的是（　　）.

A. $\sqrt[3]{5^2}$　　B. $\sqrt{\sqrt[3]{5}}$　　C. $\sqrt[5]{\frac{3}{2}}$　　D. $\sqrt{5^3}$

2. 已知 $x\neq0$ 且 $\sqrt{4x^2}=-2x$，则有（　　）.

A. $x<0$　　B. $x>0$　　C. $x\geqslant0$　　D. $x\leqslant0$

3. 下列运算正确的是（　　）.

A. $a^2\cdot a^3=a^6$　　B. $a^8\div a^4=a^2$　　C. $a^3+a^3=2a^6$　　D. $(a^3)^2=a^6$

4. 设 $a>0$，则 $\sqrt[5]{a^2\cdot\sqrt[3]{a\cdot\sqrt{a}}}=$（　　）.

A. a^{11}　　B. a^{12}　　C. $a^{\frac{1}{2}}$　　D. $a^{\frac{121}{30}}$

5. 已知 $a+a^{-1}=3$，则 $a^{\frac{1}{2}}+a^{-\frac{1}{2}}=$________.

6. 已知 $2^a=2$，$2^b=3$，则 $2^{a+b}=$________.

7. 计算：$\sqrt[3]{-27}+\sqrt{(-2)^2}+(-1)^{2020}+2^{\frac{\pi}{3}}\times2^{\frac{2\pi}{3}}\times2^{-\pi}$.

8. 化简 $\sqrt{(\pi-5)^2}-\sqrt[3]{(2-\pi)^3}$ 并求值.

2.8　指数函数

【情境创设】

若某种细胞分裂时，由 1 个分裂成 2 个，2 个分裂成 4 个，4 个分裂成 8 个，……，按照这样

的规律分裂 x 次后，得到的细胞个数 y 与分裂次数 x 之间的关系是怎样的？（见表 2－8－1）

表 2－8－1

分裂次数 x	1	2	3	…
细胞个数 y	2^1	2^2	2^3	…

【知识探究】

通过观察分析，得到的细胞个数 y 与分裂次数 x 之间的关系式可以表示为

$$y=2^x,\ x\in\mathbf{N}^*.$$

上述的函数关系中，自变量出现在指数中．

一般地，形如 $y=a^x(a>0$ 且 $a\neq1)$ 的函数称为**指数函数**，其中，常数 a 称为指数函数的底数，指数 x 为指数函数的自变量，$x\in\mathbf{R}$.

下面通过指数函数的图像研究指数函数的性质．

先给出一些 x 的特殊值，通过函数式 $y=2^x$ 与 $y=\left(\frac{1}{2}\right)^x$ 分别计算出相应的 y 值，列表（见表 2－8－2）．

探究：在同一平面直角坐标系中作出指数函数 $y=2^x$ 与 $y=\left(\frac{1}{2}\right)^x$ 的图像，并借助图像研究指数函数的性质．

表 2－8－2

x	…	-3	-2	-1	0	1	2	3	…
$y=2^x$	…	$\frac{1}{8}$	$\frac{1}{4}$	$\frac{1}{2}$	1	2	4	8	…
$y=\left(\frac{1}{2}\right)^x$	…	8	4	2	1	$\frac{1}{2}$	$\frac{1}{4}$	$\frac{1}{8}$	…

根据对应关系依次描点、连线，分别得到指数函数 $y=2^x$ 与 $y=\left(\frac{1}{2}\right)^x$ 的图像（见图 2－8－1）．

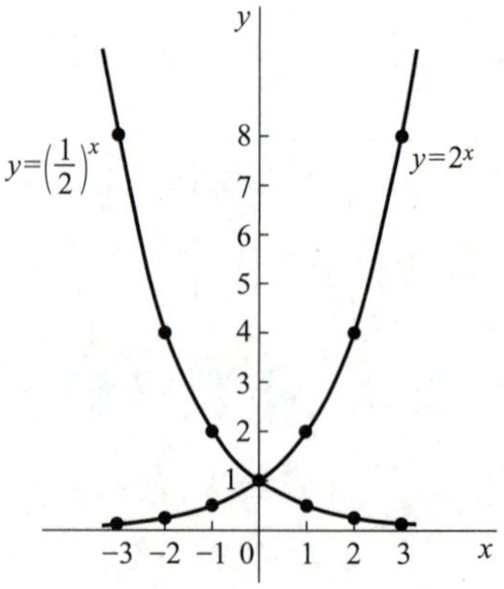

图 2－8－1

通过实例归纳得出指数函数 $y=a^x(a>0$ 且 $a\neq1)$ 的图像和性质如表 2－8－3 所示.

表 2－8－3

$y=a^x$ $(a>0$ 且 $a\neq1)$	$a>1$	$0<a<1$
图像	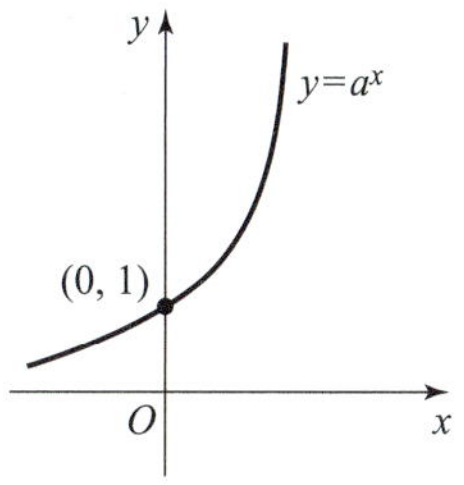	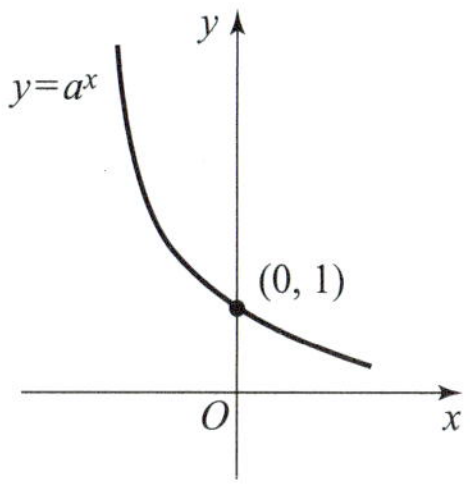
性质	定义域：$(-\infty,\ +\infty)$，值域：$(0,\ +\infty)$	
	图像过定点 $(0,\ 1)$	
	在 $(-\infty,\ +\infty)$ 上是增函数	在 $(-\infty,\ +\infty)$ 上是减函数
	当 $x<0$ 时，$0<y<1$， 当 $x>0$ 时，$y>1$	当 $x<0$ 时，$y>1$， 当 $x>0$ 时，$0<y<1$

【应用举例】

例 1　比较下列各组数中两个数的大小.

(1) $1.5^{2.5}$，$1.5^{3.2}$.

(2) $0.5^{-1.2}$，$0.5^{-1.5}$.

(3) $1.5^{0.3}$，$0.8^{1.2}$.

解：(1) $1.5^{2.5}$ 和 $1.5^{3.2}$ 可看作函数 $y=1.5^x$ 当 x 分别取 2.5 和 3.2 时对应的函数值，因为底数 $1.5>1$，所以指数函数 $y=1.5^x$ 是增函数，因为 $2.5<3.2$，所以 $1.5^{2.5}<1.5^{3.2}$.

(2) $0.5^{-1.2}$ 和 $0.5^{-1.5}$ 可看作函数 $y=0.5^x$ 当 x 分别取 -1.2 和 -1.5 时对应的函数值，因为底数 $0.5<1$，所以指数函数 $y=0.5^x$ 是减函数，因为 $-1.2>-1.5$，所以 $0.5^{-1.2}<0.5^{-3}$.

(3) 由指数函数的性质知，$1.5^{0.3}>1.5^0=1$，$0.8^{1.2}<0.8^0=1$，所以 $1.5^{0.3}>0.8^{0.2}$.

例 2　求下列函数的定义域.

(1) $y=2^{x^2-1}$.

(2) $y=3^{\sqrt{3-x}}$.

(3) $y=\sqrt{2^x-1}$.

解：(1) 当 x 取任何实数时，y 都有唯一确定的值，故所求函数的定义域为 $\mathbf{R}$.

(2) 要使函数 $y=3^{\sqrt{3-x}}$ 有意义，则 $3-x\geqslant0$，即 $x\leqslant3$，故函数 $y=3^{\sqrt{3-x}}$ 的定义域为 $(-\infty,\ 3]$.

(3) 要使函数 $y=\sqrt{2^x-1}$ 有意义，则 $2^x-1\geqslant0$，又因为 $y=2^x$ 在 $\mathbf{R}$ 上是增函数，所以

$2^x \geqslant 2^0 = 1$，即 $x \geqslant 0$，故函数 $y = \sqrt{2^x - 1}$ 的定义域为 $[0, +\infty)$．

例 3 已知函数 $y = (a^2 - 3a + 3)a^x$ 是指数函数，求 a 的值．

解： 由 $y = (a^2 - 3a + 3)a^x$ 是指数函数，可得 $\begin{cases} a^2 - 3a + 3 = 1, \\ a > 0, \\ a \neq 1, \end{cases}$ 解得 $a = 2$．

例 4 我们生活在高速发展的数字时代．目前，数据的量已经从 TB（1 TB＝1024 GB）级别跃升到 PB（1 PB＝1024 TB），EB（1 EB＝1024 PB）乃至 ZB（1 ZB＝1024 EB）级别．国际数据公司（IDC）的研究结果表明，2008 年起全球每年产生的数据量如表 2－8－4 所示．

表 2－8－4

年份	2008	2009	2010	2011	…	2020
数据量/ZB	0.49	0.8	1.2	1.82	…	80

（1）设 2008 年为第一年，为较好地描述 2008 年起第 x 年全球生产的数据量 y（单位：ZB）与 x 的关系，根据上述信息，试从 $y = ab^x\,(a > 0, b > 0 且 b \neq 1)$，$y = ax + b\,(a > 0)$，$y = a\log_b x\,(a > 0, b > 0 且 b \neq 1)$ 三种函数模型中选择合适的模型（不用说明理由）．

（2）根据（1）中所选的函数模型，若选取 2009 年和 2020 年的数据量来估计模型中的参数，预计到哪一年，全球生产的数据量将达到 2020 年的 100 倍？

解：（1）由数据量随年份增长呈爆炸增长可得，选择 $y = ab^x$ 更合适．

（2）依题意 $\begin{cases} 0.8 = ab^2, \\ 80 = ab^{13}, \end{cases}$ 故 $b^{11} = 100$，即 $b = 100^{\frac{1}{11}}$，代入可得 $a = 0.8 \times 100^{-\frac{2}{11}}$，故 $y = 0.8 \times 100^{\frac{x-2}{11}}$．设在第 n 年，全球生产的数据量将达到 2020 年的 100 倍，则 $\dfrac{0.8 \times 100^{\frac{n-2}{11}}}{80} = 100$，即 $100^{\frac{n-2}{11}} = 10000 = 100^2$，解得 $n = 24$，此时为 2031 年，即预计到 2031 年，全球生产的数据量将达到 2020 年的 100 倍．

【巩固练习】

1. 若函数 $f(x) = (2a^2 - 3a + 2)a^x$ 是指数函数，则 a 的值为（　　）．

A. 2　　B. 1　　C. 1 或 $\dfrac{1}{2}$　　D. $\dfrac{1}{2}$

2. 给出下列函数，其中为指数函数的是（　　）．

A. $y = x^4$　　B. $y = x^x$　　C. $y = \pi^x$　　D. $y = -4^x$

3. 若指数函数 $f(x)$ 的图像过点 $(3, 8)$，则 $f(x)$ 的解析式为（　　）．

A. $f(x) = x$　　B. $f(x) = x^{\frac{1}{3}}$　　C. $f(x) = 2^x$　　D. $f(x) = \left(\dfrac{1}{2}\right)^x$

4. 若 $a = 3^{0.5}$，$b = 0.8^2$，$c = 1$，则 a，b，c 的大小关系是（　　）．

A. $c > b > a$　　B. $a > c > b$　　C. $a > b > c$　　D. $b > c > a$

5. 函数 $f(x)=a^{x-1}+2(a>0, a\neq1)$ 的图像过定点________.

6. 函数 $f(x)=\sqrt{4-2^x}$ 的定义域为________.

7. 已知指数函数 $f(x)=a^x(a>0$ 且 $a\neq1)$，过点 (2，4).

(1) 求 $f(x)$ 的解析式.

(2) 若 $f(2m-1)-f(m+3)<0$，求实数 m 的取值范围.

8. 解不等式 $\left(\frac{1}{2}\right)^{3x+2}>2^{2x+3}$.

2.9　对数运算

【情境创设】

地震发生后，常用震级表示地震的强度，目前国际通用的里氏震级的计算公式为 $M=\lg A-\lg A_0$，其中，A 表示地震的最大振幅，A_0 表示地震的标准振幅，里氏震级的计算公式就涉及对数的运算.

【知识探究】

设 $M>0$，$N>0$，$a>0$ 且 $a\neq1$，$\log_a M=p$，$\log_a N=q$，根据对数式和指数式的关系有

$$a^p=M,\ a^q=N,$$

所以

$$MN=a^p\cdot a^q=a^{p+q},$$

其对数式

$$\log_a(MN)=p+q=\log_a M+\log_a N.$$

同样地，仿照上述过程

$$\frac{M}{N}=\frac{a^p}{a^q}=a^{p-q},$$

所以，其对数式

$$\log_a\frac{M}{N}=p-q=\log_a M-\log_a N.$$

同理

$$M^n=(a^p)^n=a^{np}\ (n \text{ 为任意实数}),$$

所以，其对数式

$$\log_a M^n=np=n\log_a M.$$

综上，对数运算有如下**运算法则**.

(1) $\log_a(MN)=\log_a M+\log_a N$.

(2) $\log_a\frac{M}{N}=\log_a M-\log_a N$.

（3）$\log_a M^n = n\log_a M$.

其中，$M>0$，$N>0$，$a>0$ 且 $a\neq 1$，n 为任意实数.

此外，还有对数的**换底公式**也经常使用，其式为

$$\log_a b = \frac{\log_c b}{\log_c a}\text{（其中 } a>0 \text{ 且 } a\neq 1;\ b>0;\ c>0 \text{ 且 } c\neq 1\text{）}.$$

推论：$\log_a b\log_b a = 1$.

【应用举例】

例 1　计算：$\lg 2\times \lg 50 + (\lg 5)^2$.

解： 原式 $=\lg 2(\lg 5+1)+(\lg 5)^2=\lg 2\cdot \lg 5+\lg 2+(\lg 5)^2=\lg 5(\lg 2+\lg 5)+\lg 2=\lg 5+\lg 2=1$.

例 2　求下列各式中 x 的值.

（1）$\log_2(\lg x)=1$.

（2）$3^{\log_3\sqrt{x}}=9$.

解：（1）因为$\log_2(\lg x)=1$，得 $\lg x=2$，故 $x=10^2=100$；

（2）由 $3^{\log_3\sqrt{x}}=9$，得 $\log_3\sqrt{x}=2\Rightarrow\sqrt{x}=3^2\Rightarrow x=81$.

例 3　计算：$\lg 4+\lg 25-\log_2 3\times\log_3 4$.

解： 原式 $=\lg(4\times 25)-\log_2 3\times\log_3 2^2=\lg 100-2\log_2 3\times\log_3 2=2-2=0$.

例 4　在 20 世纪 30 年代，美国地震学家里克特制定了一种表明地震能量大小的尺度，就是使用测震仪衡量地震能量的等级，地震能量越大，测震仪记录的地震曲线的振幅越大，就是我们常说的里氏震级 M，其计算公式为 $M=\lg A-\lg A_0$. 其中，A 是被测地震的最大振幅，A_0 是标准振幅（使用标准振幅是为了修正测震仪距实际震中的距离造成的偏差）.

（1）假设在一次地震中，测震仪记录到地震的最大振幅是 1000，此时标准地震的振幅是 0.001，求这次地震的震级.

（2）5 级地震给人的震感已比较明显，求 7.6 级地震的最大振幅约是 5 级地震的最大振幅的多少倍？（精确到 1 倍，参考数据：$10^{0.6}\approx 3.981$.）

解：（1）依题意 $M=\lg 1000-\lg 0.001=\lg 10^3-\lg 10^{-3}=3-(-3)=6$，所以这次地震的震级是 6 级.

（2）依题意$\begin{cases}5=\lg A_5-\lg A_0,\\ 7.6=\lg A_{7.6}-\lg A_0,\end{cases}$其中 A_5，$A_{7.6}$分别表示 5 级地震、7.6 级地震的最大振幅，两式相减得 $\lg A_{7.6}-\lg A_5=\lg\frac{A_{7.6}}{A_5}=2.6$，所以$\frac{A_{7.6}}{A_5}=10^{2.6}=10^2\times 10^{0.6}\approx 100\times 3.981\approx 398$ 倍. 所以 7.6 级地震的最大振幅约是 5 级地震的最大振幅的 398 倍.

【巩固练习】

1. $\log_2 4=$（　　）.

A. -1　　B. 0　　C. 1　　D. 2

2. 计算$\log_5 4-2\log_5 10=$(　　).

A. 2　　B. -1　　C. -2　　D. -5

3. 计算 $\lg 2+\lg 5=$(　　).

A. 1　　B. 0　　C. -1　　D. -2

4. 设 $a=\lg 2$，$b=\lg 3$，则 $\lg 6=$ (　　).

A. $a+b$　　B. $a-b$　　C. ab　　D. $b-a$

5. $2^{\log_2 3}+\log_2\sqrt{2}=$________.

6. 若 $4^a=6^b=24$，则$\frac{1}{a}+\frac{1}{b}=$________.

7. 计算.

(1) $\log_3 1+\log_2 4-\log_2\frac{1}{2}$.

(2) $(\lg 2)^3+(\lg 5)^3+3\lg 2\times\lg 5$.

8. 计算$\log_2 5\times\log_3 2\times\log_5 3$ 的值.

2.10　对数函数

【情境创设】

某种细胞分裂时，由 1 个分裂成 2 个，2 个分裂成 4 个，……，得到的细胞个数 y 是分裂次数 x 的函数，函数表示为 $y=2^x$，$x\in\mathbf{N}^*$，可以根据分裂的次数，求得细胞个数．反过来，如果知道细胞个数，也能得到细胞分裂次数，那么分裂次数 x 与细胞个数 y 的关系是什么？

【知识探究】

> 探究：在同一平面直角坐标系中作出对数函数 $y=\log_2 x$ 与 $y=\log_{\frac{1}{2}}x$ 的图像，并借助图像研究对数函数的性质．

一般地，形如 $y=\log_a x(a>0$ 且 $a\neq 1)$ 的函数称为**对数函数**.

先给出一些 x 的特殊值，通过函数式 $y=\log_2 x$ 与 $y=\log_{\frac{1}{2}}x$ 分别计算出相应的 y 值，如表 2－10－1 所示.

表 2－10－1

x	…	$\frac{1}{4}$	$\frac{1}{2}$	1	2	4	…
$y=\log_2 x$	…	-2	-1	0	1	2	…
$y=\log_{\frac{1}{2}}x$	…	2	1	0	-1	-2	…

根据对应关系依次描点、连线，分别得到对数函数 $y=\log_2 x$ 与 $y=\log_{\frac{1}{2}}x$ 的图像（见图 2－10－1）.

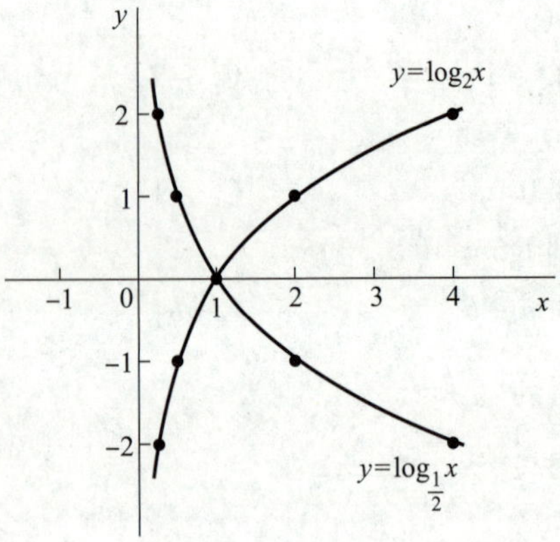

图 2-10-1

通过实例归纳得出指数函数 $y=\log_a x$($a>0$ 且 $a\neq 1$)的图像和性质如表 2-10-2 所示.

表 2-10-2

$y=\log_a x$ ($a>0$ 且 $a\neq 1$)	$a>1$	$0<a<1$
图像	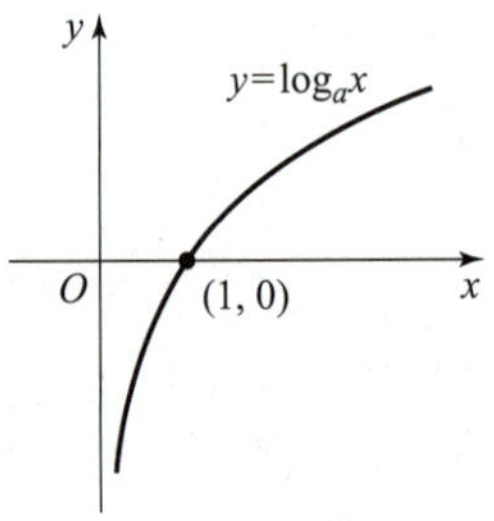	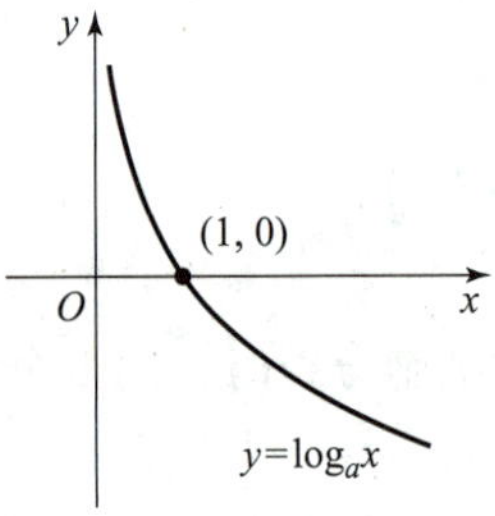
性质	定义域:$(0,+\infty)$,值域:$(-\infty,+\infty)$	
	图像过定点 $(1,0)$	
	在 $(0,+\infty)$ 上是增函数	在 $(0,+\infty)$ 上是减函数
	当 $0<x<1$ 时,$y<0$, 当 $x>1$ 时,$y>0$	当 $0<x<1$ 时,$y>0$, 当 $x>1$ 时,$y<0$

【应用举例】

例 1 比较下列各组数中两个数的大小.

(1) $\log_2 3.4$,$\log_2 3.8$.

(2) $\log_{0.5} 1.8$,$\log_{0.5} 2.1$.

解:(1) 因为函数 $y=\log_2 x$ 在 $(0,+\infty)$ 上是增函数,$3.4<3.8$,所以 $\log_2 3.4<\log_2 3.8$.

(2) 因为函数 $y=\log_{0.5} x$ 在 $(0,+\infty)$ 上是减函数,$1.8<2.1$,所以 $\log_{0.5} 1.8>\log_{0.5} 2.1$.

例 2　解不等式：$\log_3(2x-1)<2$.

解： 因为$\log_3(2x-1)<2=\log_3 9$，函数 $y=\log_3 x$ 在 $(0,+\infty)$ 上是增函数，所以 $0<2x-1<9$，解得$\frac{1}{2}<x<5$，故不等式的解集为$\left(\frac{1}{2},5\right)$.

例 3　已知函数$f(x)=\log_a x$（$a>0$ 且 $a\neq1$）的图像过点 $(4,2)$.

（1）求 a 的值；

（2）求不等式$f(1+x)<f(1-x)$ 的解集.

解：（1）依题意有$\log_a 4=2\log_a 2=2$，故 $a=2$；

（2）易知函数$f(x)=\log_2 x$ 在 $(0,+\infty)$ 上单调递增，

又$f(1+x)<f(1-x)$，可得$\begin{cases}1+x<1-x,\\1+x>0,\\1-x>0,\end{cases}$ 解得 $-1<x<0$.

故不等式$f(1+x)<f(1-x)$的解集为 $(-1,0)$.

例 4　某公司制定了一个激励销售人员的奖励方案：当销售利润不超过 20 万元时，按销售利润的 10% 进行奖励；当销售利润超过 20 万元时，若超出 A 万元，则超出部分按 $2\log_2(A+5)$ 进行奖励，记奖金为 y（单位：万元），销售利润为 x（单位：万元）.

（1）写出奖金 y 关于销售利润 x 的关系式.

（2）如果业务员老江获得 10 万元的奖金，那么他的销售利润是多少万元？

解：（1）根据题意可知，当销售利润满足 $0\leqslant x\leqslant20$ 时，$y=0.1x$，

当 $x>20$ 时，$y=0.1\times20+2\log_2(x-20+5)=2+2\log_2(x-15)$，

所以可得奖金 y 关于销售利润 x 的关系式为 $y=\begin{cases}0.1x, & 0\leqslant x\leqslant20,\\2+2\log_2(x-15), & x>20.\end{cases}$

（2）易知当 $0\leqslant x\leqslant20$ 时，奖金不可能为 10 万元，所以令 $2+2\log_2(x-15)=10$，即 $\log_2(x-15)=4$，解得 $x=31$，即业务员老江的销售利润是 31 万元.

【巩固练习】

1. 已知函数$f(x)=\log_a(x+2)$，若图像过点 $(6,3)$，则$f(2)$ 的值为（　　）.

A. -2　　B. 2　　C. $\frac{1}{2}$　　D. $-\frac{1}{2}$

2. 函数$f(x)=\frac{1}{x}+\ln(3+x)$ 的定义域为（　　）.

A. $(-\infty,-3]$　　B. $(-\infty,-3)$

C. $(-3,+\infty)$　　D. $(-3,0)\cup(0,+\infty)$

3. 函数 $y=\log_{\frac{1}{2}}x$ 在区间 $[1,2]$ 上的值域是（　　）.

A. $[-1,0]$　　B. $[0,1]$

C. $[1,+\infty)$　　D. $(-\infty,-1]$

4. 当 $0<a<1$ 时，在同一坐标系中，函数 $y=a^{-x}$ 与 $y=\log_a x$ 的图像是（　　）.

A. 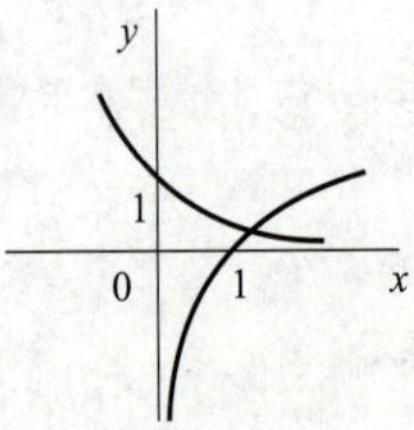

B. 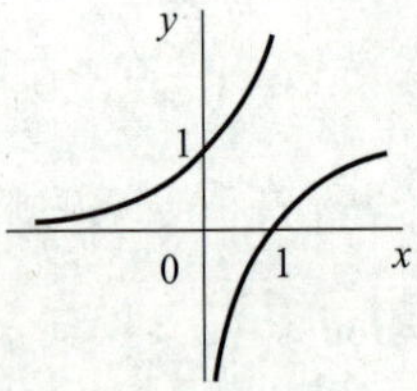

C. 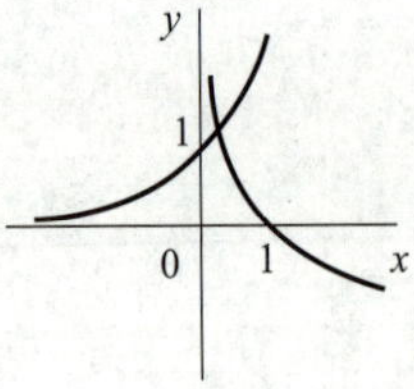

D. 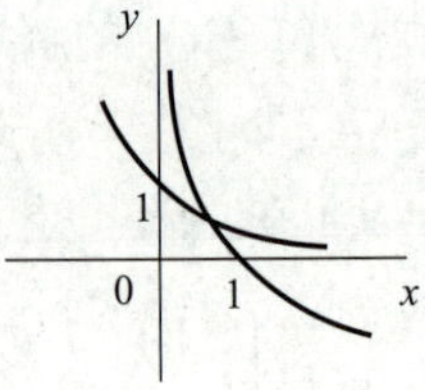

5. 函数 $y=\log_a x+1$（$a>0$ 且 $a\neq 1$）的图像必经过一个定点，则这个定点的坐标是________.

6. 若$\log_a 3<1$，则实数 a 的取值范围是________.

7. 比较下列各组数中两个数的大小.

（1）$\log_2 3.4$，$\log_2 3.8$.

（2）$\log_{0.5} 1.8$，$\log_{0.5} 2.1$.

（3）$\log_7 5$，$\log_6 7$.

8. 在同一直角坐标系中画出函数 $y=\log_3 x$ 和 $y=\log_{\frac{1}{3}} x$ 的图像，并说明它们的关系.

【章复习题】

1. 以下图形中，不是函数图像的是（　　）.

A. 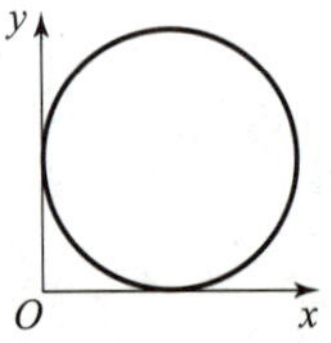

B. 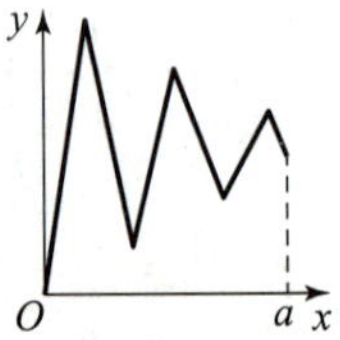

C. 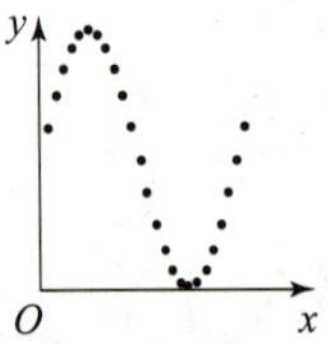

D. 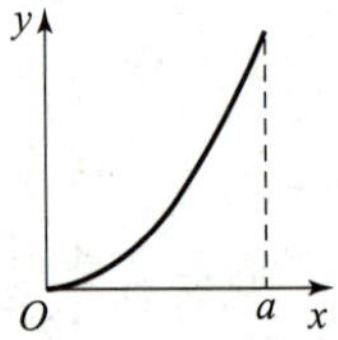

2. 将$\log_3 0.81=x$ 化成指数式可表示为（　　）.

A. $3^x=0.81$　　B. $x^{0.81}=3$　　C. $3^{0.81}=x$　　D. $0.81^3=x$

3. 函数 $y=-x^2+8x(0\leqslant x\leqslant 5)$ 的值域是（　　）.

A. $[0, 15]$　　B. $[0, 16]$　　C. $[15, 16]$　　D. $(-\infty, 16]$

4. 函数 $y=\sqrt{2x-3}+\dfrac{1}{x-3}$的定义域为（　　）.

A. $\left[-\frac{3}{2},\ +\infty\right)$　　B. $\left[\frac{3}{2},\ 3\right)\cup(3,\ +\infty)$

C. $(-\infty,\ 3)\cup(3,\ +\infty)$　　D. $(3,\ +\infty)$

5. 下列函数图像中，为偶函数的是（　　）.

A.
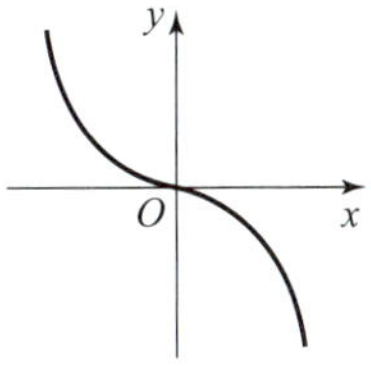

B.
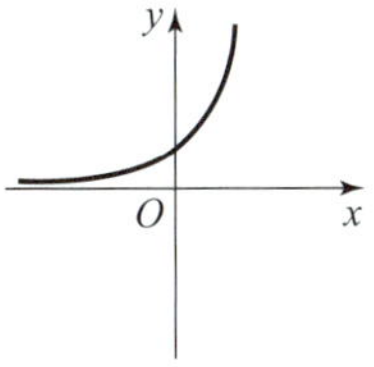

C.
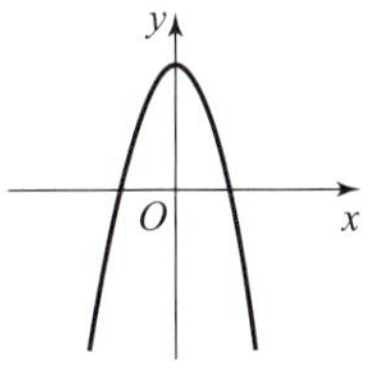

D.
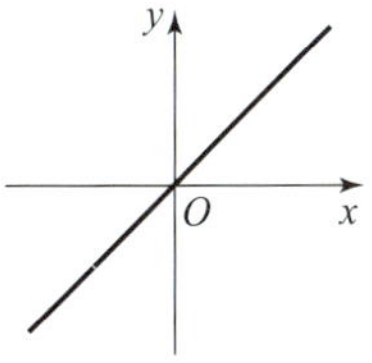

6. 若函数 $f(x)=(a-2)x^3$ 是幂函数，则实数 $a=$（　　）.

A. 0　　B. 1　　C. 2　　D. 3

7. 已知定义在 **R** 上的函数 $f(x)$ 满足 $f(x+2)=f(x)$，当 $x\in[-1,\ 1]$ 时，$f(x)=x^2+1$，则 $f(2020.5)=$（　　）.

A. $\frac{17}{16}$　　B. $\frac{5}{4}$　　C. 2　　D. 1

8. 已知函数 $y=a^{x-1}+4$（$a>0$，且 $a\neq 1$）的图像恒过定点 P，则点 P 的坐标为（　　）.

A. $(0,\ 5)$　　B. $(0,\ 4)$　　C. $(1,\ 5)$　　D. $(1,\ 4)$

9. 函数 $y=x^2+2x-3$，$x\in(-2,\ 2]$ 的单调递减区间为________.

10. 函数 $f(x)=\log_2 x$ 的反函数为________.

11. 函数 $y=12^x$，$x\in[-1,\ 2]$的值域为________.

12. $\sqrt{(\pi-3.1)^2}+2.1=$________.

13. 计算：$\left(\frac{1}{4}\right)^0+\log_2 2=$________.

14. 已知$\log_a 3=m$，$\log_a 4=n$，计算 $a^{2m-n}=$________.

15. 计算下列各式的值.

（1）$\lg\frac{5}{2}+2\lg 2+\log_2 5\times\log_5 4$.

（2）$\left(\frac{1}{2}\right)^{-1}-4\times(-2)^{-3}+\left(\frac{1}{4}\right)^0-9^{-\frac{1}{2}}$.

16. 已知 $f(x)=3x^2-1$，$g(x)=\frac{1}{x+2}$.

（1）求 $f(1)$，$g(1)$ 的值.

（2）求 $f(g(1))$，$g(f(1))$ 的值.

17. 设 $f(x)=\ln(x+1)$.

（1）求函数 $f(x)$的定义域.

（2）若函数 $f(x)\geqslant 0$，求 x 的取值范围．

18. 直播购物逐渐走进了人们的生活．某电商在抖音上对一款成本价为 40 元的小商品进行直播销售，如果按每件 60 元销售，每天可卖出 20 件．通过市场调查发现，每件小商品售价每降低 5 元，日销售量增加 10 件．

（1）若日利润保持不变，商家想尽快销售完该商品，每件售价应定为多少元？

（2）每件售价定为多少元时，每天的销售利润最大？最大利润是多少？

【阅读拓展】

函数发展史

中国古代定义："凡是公式中含有变量 x，则该式子称为 x 的函数．"所以"函数"是指公式里含有变量的意思．我们所说的方程的确切定义是指含有未知数的等式．方程一词在我国早期的数学专著《九章算术》中，意思是包含多个未知量的联立一次方程，即所说的线性方程组．

1. 早期函数概念——几何观念下的函数

17 世纪伽利略在《关于两门新科学的对话》一书中，对包含函数或称为变量关系的这一概念，用文字和比例的语言表达函数的关系．之后笛卡尔在他的解析几何中，注意到一个变量对另一个变量的依赖关系，但因当时尚未意识到需要提炼函数概念，因此直到 17 世纪后期牛顿、莱布尼茨建立微积分时还没有人明确函数的一般意义，大部分函数是被当作曲线来研究的．1673 年，莱布尼茨首次使用"function"一词表示"幂"，后来他用该词表示曲线上点的横坐标、纵坐标、切线长等有关几何量．

2. 18 世纪函数概念——代数观念下的函数

1718 年，约翰·伯努利在莱布尼茨函数概念的基础上对函数概念进行了定义："由任一变量和常数的任一形式所构成的量．"他的意思是凡变量 x 和常数构成的式子都称为 x 的函数，并强调函数要用公式来表示．

1748 年，欧拉在其《无穷小分析引论》一书中把函数定义："一个变量的函数是由该变量的一些数或常数与任何一种方式构成的解析表达式．"他把约翰·伯努利给出的函数定义称为解析函数，并进一步把它区分为代数函数和超越函数，还考虑了"随意函数"．不难看出，欧拉给出的函数定义比约翰·伯努利的定义更普遍、更具有广泛意义．

1755 年，欧拉给出了另一个定义："如果某些变量，以某一种方式依赖于另一些变量，即当后面这些变量变化时，前面这些变量也随着变化，我们把前面的变量称为后面变量的函数．"

3. 19 世纪函数概念——对应关系下的函数

1821 年，柯西从定义变量起给出了函数定义："在某些变数间存在着一定的关系，当一经给定其中某一变数的值，其他变数的值可随之而确定时，则将最初的变数称为自变量，其他各变数称为函数．"在柯西的定义中，首先出现了自变量一词，同时指出对函数来说不一定要有解析表达式．

1822 年，傅里叶发现某些函数可以用曲线表示，也可以用一个式子表示，或用多个式子表示，从而结束了函数概念是否以唯一一个式子表示的争论，把对函数的认识又推进了一个新层次．

1837 年，狄利克雷认为怎样去建立 x 与 y 之间的关系无关紧要．他推广了函数概念，并指出："对于在某区间上的每一个确定的 x 值，都有一个或多个确定的 y 值，那么 y 称为 x 的函数．"这个定义避免了函数定义中对依赖关系的描述，以清晰的方式被数学家们接受．这就是人们常说的经典函数定义．

4. 现代函数概念

1930 年，新的现代函数定义："若对集合 M 的任意元素 x，总有集合 N 确定的元素 y 与之对应，则称在集合 M 上定义一个函数，记为 $y=f(x)$．元素 x 称为自变量，元素 y 称为因变量．"

随着数学的发展，函数的定义和应用领域不断拓展．函数不仅在数学学科内部有着广泛的应用，还渗透到物理、工程、经济等各个领域．现代数学中，函数的概念已经扩展到复数域、向量空间等更广泛的数学结构中．

总之，函数的发展反映了数学家们对变量之间关系认识的不断深化和拓展．从早期的模糊概念到现代的精确定义，函数的概念经历了从抽象到具体、从复杂到简单的演变过程．如今，函数已经成为数学学科中的一个核心概念，并在各个领域发挥着重要作用．

第 3 章

三角函数

三角函数是研究周期性现象的基础数学工具．如简谐振动、潮涨潮落等都是按一定规律周而复始的现象．第 2 章学习了函数的一般概念，并研究了幂函数、指数函数、对数函数等，知道了函数的研究内容、过程和方法及如何选取某类函数表示相应现实问题的变化规律．本章我们将利用这些经验，学习表示周期变化规律的三角函数．

3.1 任意角的概念与弧度制

【情境创设】

情景 1 万物皆变，万物皆动．有平动、有旋转．思考：时钟现在的时间为 9：30（见图 3－1－1），经过 30 min 后时钟的分针转过了多少度？经过 80 min 后时钟的分针转过了多少度？

情景 2 假如教室钟表快了 30 min，如何校准？当时间校准后，分钟旋转了多少度？

通过上述实例，可以发现，要准确描述这些现象，不仅要知道旋转的角度，还要知道旋转的方向，这就需要对角的概念进行推广．

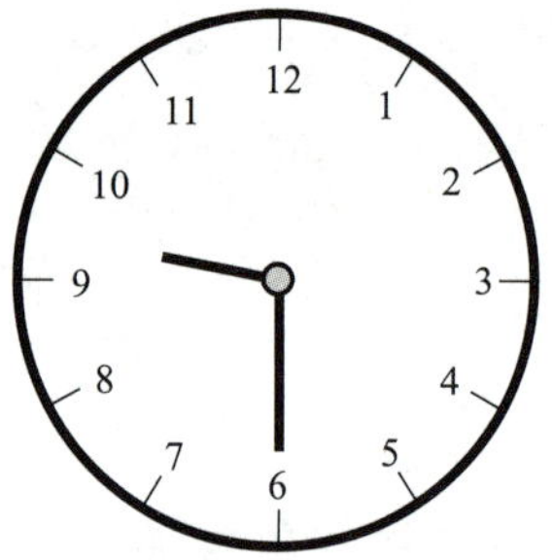

图 3－1－1

【知识探究一】任意角

角的概念的推广：一条射线绕其端点旋转到另一条射线所形成的图形称为角，这两条射线分别称为角的始边和终边．射线的旋转有两个相反的方向，按照逆时针方向旋转而成的角称为正角；按照顺时针方向旋转而成的角称为负角；当射线没有旋转时的角称为零角．

角的概念推广后，可以有任意大小的正角、负角及零角．

图 3－1－2（a）所示的角是一个正角，等于 750°；图 3－1－2（b）所示正角 $\alpha=210°$，负角 $\beta=-150°$，$\gamma=-660°$．正常情况下，如果以零时为起始位置，那么钟表的时针或分针在旋转时形成的角总是负角．

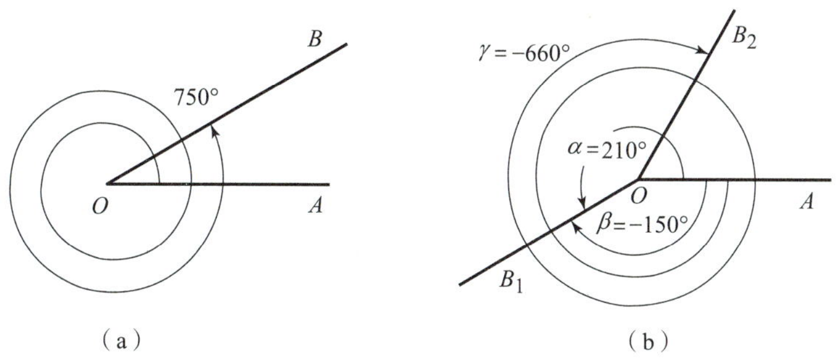

图 3－1－2

【知识探究二】象限角

通常在平面直角坐标系中研究角，让角的顶点与坐标原点重合，始边与 x 轴的非负半轴重合.

此时，角的终边在第几象限，就称这个角为**第几象限角**.

如图 3－1－3 所示，420°角是第一象限角，－135°角是第三象限角.

终边在坐标轴上的角称为**界限角**，这个角不属于任何一个象限，如 0°，90°，180°，360°，－90°都是界限角.

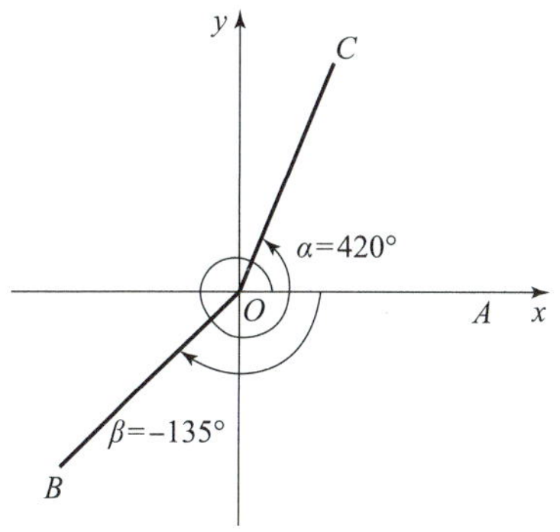

图 3－1－3

1. 锐角是第一象限角，钝角是第二象限角. 直角的终边在坐标轴上，它不属于任何一个象限（界限角）.
2. 每一个象限都含有正角和负角.

【知识探究三】终边相同的角

一般地，所有与角 α 终边相同的角，连同角 α 在内，可构成一个集合，即

$$S=\{\beta \mid \beta=\alpha+k\cdot 360°,\ k\in \mathbf{Z}\},$$

即任一与角 α 终边相同的角，都可以表示成角 α 与整数个周角的和.

【知识探究四】弧度制

在数学和其他科学研究中经常采用的另一种度量角的单位制——弧度制.

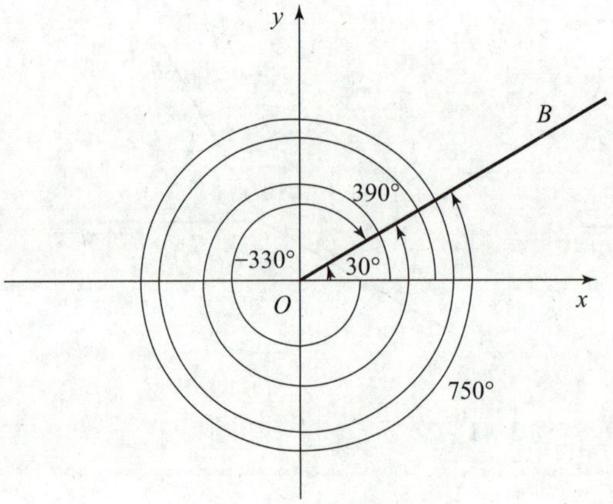

图 3－1－4

探究：如图 3－1－4 所示，度数为 x 的圆心角所对的弧长 l_1，l_2 与半径 r_1，r_2 的比值分别是多少？能得出什么结论？

规定：长度等于半径长的圆弧所对的圆心角称为 1 弧度的角，弧度单位用符号 rad 表示，读作**弧度**.

把半径为 1 的圆称为单位圆．如图 3－1－5 所示，在单位圆 O 中，AB 的长等于 1，$\angle AOB$ 就是 1 rad 的角.

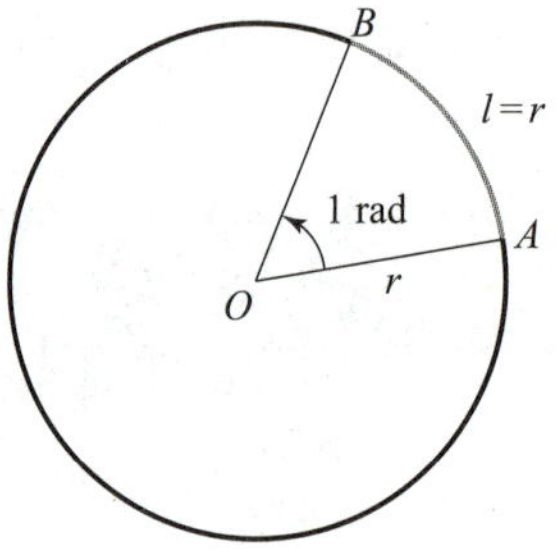

图 3－1－5

用弧度制表示角时，可以省略单位“rad”．如“2 rad”可以写成“2”．但是，在用角度制表示角时，不能省略单位“°”．

根据上述规定，在半径为 r 的圆中，弧长为 l 的弧所对的圆心角为 α rad，那么有

$$|\alpha|=\frac{l}{r}.$$

其中，α 的正负由角 α 的终边的旋转方向决定，即逆时针旋转为正，顺时针旋转为负．当角的终边旋转一周后继续旋转，就可以得到弧度数大于 2π 或小于 -2π 的角．这样就可以得到任意大小的角.

一般的，正角的弧度数是一个正数，负角的弧度数是一个负数，零角的弧度数是 0.

因为周角的弧度数是 2π，而在角度制下的度数是 $360°$，所以

$$360°=2\pi\ \text{rad},\ 180°=\pi\ \text{rad}.$$

探究：角度制、弧度制都是角的度量制，它们之间如何换算呢？

故有

$$1°=\frac{\pi}{180}\ \text{rad}\approx 0.01745\ \text{rad},$$

$$1\ \text{rad} = \left(\frac{180}{\pi}\right)^\circ \approx 57.30^\circ = 57^\circ 18'.$$

角的概念推广后，在弧度制下，角的集合 **R** 与实数集建立起一一对应关系，每一个角都有唯一的一个实数（等于这个角的弧度数）与它对应．反过来，每一个实数也有唯一一个角（即弧度数等于这个实数的角）与它对应．

【应用举例】

例 1　已知角的顶点与直角坐标系的原点重合，始边与 x 轴的非负半轴重合，作出下列各角，并指出它们是第几象限角．

（a）150°．（b）-50°．（c）490°．（d）-650°．

解： 如图 3－1－6 所示，150°是第二象限角，-50°是第四象限角，490°是第二象限角，-650°是第一象限角．

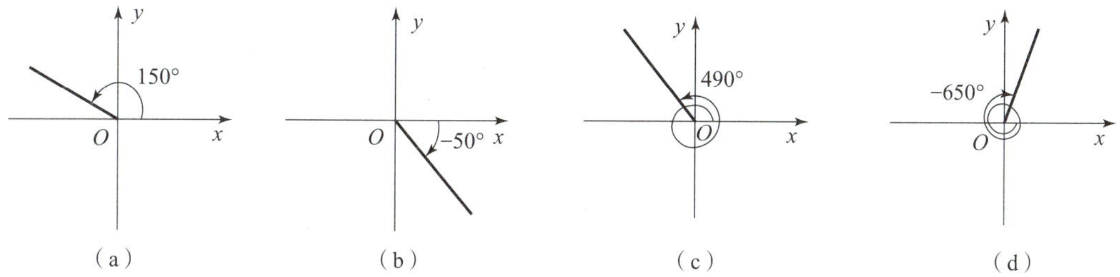

图 3－1－6

例 2　在 0°～360°范围内，找出与 -790° 角终边相同的角，并判断这个角是第几象限角.

解： $-790^\circ = 290^\circ - 3\times360^\circ$，所以在 0°～360°范围内，与 -790° 角终边相同的角是 290°，这个角是第四象限角．

例 3　写出终边在 x 轴上的角的集合．

解： 在 0°～360°范围内，终边在 x 轴上的角有两个，即 0°角和 180°角．

因此，所有与 0°角终边相同的角构成集合为

$$S_1 = \{\beta \mid \beta = 0^\circ + k\cdot360^\circ,\ k\in\mathbf{Z}\},$$

而所有与 180°角终边相同的角构成集合为

$$S_2 = \{\beta \mid \beta = 180^\circ + k\cdot360^\circ,\ k\in\mathbf{Z}\}.$$

于是，终边在 x 轴上的角的集合为

$$S = S_1\cup S_2 = \{\beta \mid \beta = 0^\circ + 2k\cdot180^\circ,\ k\in\mathbf{Z}\}\cup\{\beta \mid \beta = 0^\circ + (2k+1)\cdot180^\circ,\ k\in\mathbf{Z}\} = \{\beta \mid \beta = n\cdot180^\circ,\ n\in\mathbf{Z}\}.$$

> 终边在 y 轴上的角的集合为 $S = \{\beta \mid \beta = 45^\circ + n\cdot180^\circ,\ n\in\mathbf{Z}\}$．

例 4　角度与弧度的换算．

（1）$38^\circ30'$．（2）-85°．（3）780°．（4）$\frac{\pi}{6}$．（5）$-\frac{4\pi}{3}$．（6）3.

解：（1）因为 $38^\circ30' = \left(\frac{77}{2}\right)^\circ$，所以 $38^\circ30' = \frac{77}{2}\times\frac{\pi}{180}\ \text{rad} = \frac{77}{360}\ \text{rad}.$

（2） $-85° = -85 \times \frac{\pi}{180}$ rad $= -\frac{17\pi}{36}$ rad.

（3） $780° = 780 \times \frac{\pi}{180}$ rad $= \frac{13\pi}{3}$ rad.

（4） $\frac{\pi}{6} = \frac{\pi}{6} \times \left(\frac{180}{\pi}\right)° = 30°$.

（5） $-\frac{4\pi}{3} = -\frac{4\pi}{3} \times \left(\frac{180}{\pi}\right)° = -240°$.

（6） $3 = 3 \times \left(\frac{180}{\pi}\right)° = \left(\frac{540}{\pi}\right)° \approx 171.9°$.

例 5 某蒸汽机飞轮的直径为 1.5 m，以 600 周/分的速度作逆时针旋转.

（1）求飞轮每 1 s 转过的弧度数.

（2）求轮周上一点每一秒所转过的弧长.

解：（1）因为蒸汽机的飞轮每分钟转 600 周，故每秒钟应转 $\frac{600}{60} = 10$ 周，因此飞轮每 1 s转过的弧度数为 20π.

（2）由弧长公式 $l = |\alpha| R = 20\pi \times \frac{1.5}{2}$ m $= 15\pi$ m，所以轮周上一点每 1 s 所转过的弧长为 15π m.

【巩固练习】

1. 下列命题正确的是（　　）.

A. 三角形的内角是第一象限角或第二象限角

B. 钝角是第二象限角

C. 第二象限角比第一象限角大

D. 小于 180°的角是钝角、直角或锐角

2. 下列转化结果正确的是（　　）.

A. 90°化成弧度是 $\frac{\pi}{2}$　　　　B. $-\frac{2}{3}\pi$ 化成角度是 $-60°$

C. $-120°$化成弧度是 $-\frac{5}{6}\pi$　　　　D. $\frac{\pi}{10}$化成角度是 20°

3. 如图 3－1－7 所示，终边落在阴影部分（包括边界）的角的集合是（　　）.

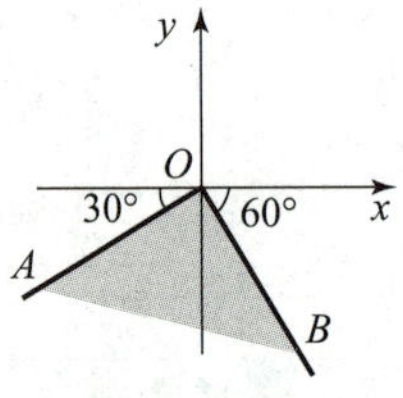

图 3－1－7

A. $\{\alpha \mid 210° + k \cdot 360° \leqslant \alpha \leqslant 300° + k \cdot 360°, k \in \mathbf{Z}\}$

B. $\{\alpha \mid -210° + k \cdot 360° \leqslant \alpha \leqslant 300° + k \cdot 360°, k \in \mathbf{Z}\}$

C. $\{\alpha \mid -300° + k \cdot 360° \leqslant \alpha \leqslant 210° + k \cdot 360°, k \in \mathbf{Z}\}$

D. $\{\alpha \mid -300° + k \cdot 360° \leqslant \alpha \leqslant -210° + k \cdot 360°, k \in \mathbf{Z}\}$

4. 已知某扇形的周长是 4 cm，面积为 1 cm^2，则该扇形的圆心角的弧度数是（　　）.

A. $\frac{1}{2}$　　B. $\frac{\pi}{2}$　　C. 1　　D. 2

5. 完成下列填空.

(1) $-60°$是第________象限角；　　(2) $2040°$是第________象限角；

(3) $-225°$是第________象限角；　　(4) $920°$是第________象限角.

6. 已知角 $\alpha=\frac{14\pi}{45}$，$\beta=\frac{3\pi}{10}$，$\gamma=1$，$\theta=55°$，则 α，β，γ，θ 从小到大排列为________.

7. 已知角 $\alpha=2024°$，将 α 改写成 $\beta+2k\pi$（$k\in\mathbf{Z}$，$0\leqslant\beta\leqslant2\pi$）的形式，并指出 α 是第几象限角.

8. 已知扇形的周长为 8 cm，圆心角为 2，求扇形的面积.

3.2　三角函数的概念

【情境创设】

水轮是一种人造机械，人们借助水轮可以将自然力量转化成机械运动，为生产活动提供动力，如图 3－2－1 所示.

图 3－2－1

如图 3－2－2 所示，水轮的半径为 1 m，以水轮的轴心 O 为原点，以射线 OA 为 x 轴的非负半轴，建立直角坐标系，点 A 的坐标为 $(1,0)$，点 A'的坐标为 (x,y)，射线 OA 从 x 轴的非负半轴开始，绕点 O 按逆时针方向旋转角 α，终止位置为 OA'.

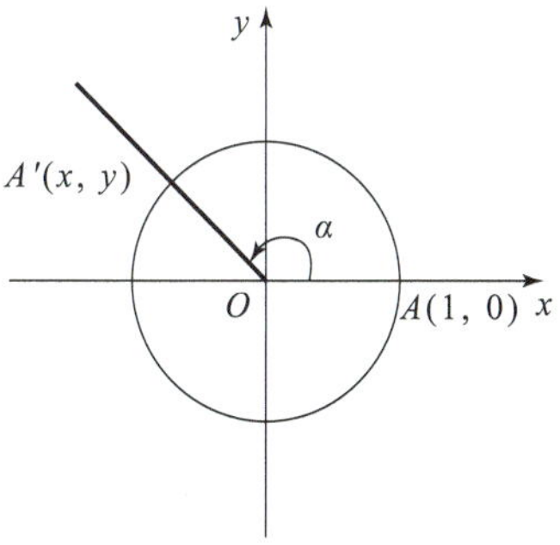

图 3－2－2

思考：当 $\alpha=\frac{\pi}{6}$时，点 A'的坐标是什么？当 $\alpha=\frac{\pi}{2}$或 $\alpha=\frac{2\pi}{3}$时，点 A'的坐标又是什么？它们是唯一确定的吗？

利用勾股定理可以发现，当 $\alpha=\frac{\pi}{6}$时，点 A'的坐标是$\left(\frac{\sqrt{3}}{2},\frac{1}{2}\right)$，当 $\alpha=\frac{\pi}{2}$或 $\alpha=\frac{2\pi}{3}$时，

点 A' 的坐标分别是（0，1）和 $\left(-\dfrac{1}{2}, \dfrac{\sqrt{3}}{2}\right)$. 它们都是唯一确定的.

【知识探究】

一般地，任意给定一个角 $\alpha \in \mathbf{R}$，它的终边 OA' 与单位圆交点 A' 的坐标，无论是横坐标 x 还是纵坐标 y，都是唯一确定的，所以，点 A' 的横坐标 x，纵坐标 y 都是角 α 的函数．下面给出这些函数的定义.

设 α 是一个任意角，$\alpha \in \mathbf{R}$，它的终边 OA' 与单位圆相交于点 $A'(x, y)$.

（1）把点 A' 的纵坐标 y 称为 α 的**正弦函数**，记作 $\sin\alpha$，即

$$y = \sin\alpha.$$

（2）把点 A' 的横坐标 x 称为 α 的**余弦函数**，记作 $\cos\alpha$，即

$$x = \cos\alpha.$$

（3）把点 A' 的纵坐标与横坐标的比值 $\dfrac{y}{x}$ 称为 α 的正切，记作 $\tan\alpha$，即

$$\frac{y}{x} = \tan\alpha(\alpha \neq 0).$$

显然，$\dfrac{y}{x} = \tan\alpha(\alpha \neq 0)$ 是以角 α 为自变量，以单位圆上点的纵坐标与横坐标的比值为函数值的函数，称为**正切函数**.

（4）把点 A' 的横坐标与纵坐标的比值 $\dfrac{x}{y}$ 称作 α 的余切，记作 $\cot\alpha$，即

$$\frac{x}{y} = \cot\alpha(y \neq 0).$$

显然，$\dfrac{x}{y} = \cot\alpha(y \neq 0)$ 是以角 α 为自变量，以单位圆上点的横坐标与纵坐标的比值为函数值的函数，称为**余切函数**.

（5）把点 A' 的横坐标的倒数 $\dfrac{1}{x}$ 称为 α 的正割，记作 $\sec\alpha$，即

$$\frac{1}{x} = \sec\alpha(x \neq 0).$$

$\dfrac{1}{x} = \sec\alpha(x \neq 0)$ 是以角 α 为自变量，以单位圆上点的横坐标的倒数为函数值的函数，称为**正割函数**.

（6）把点 A' 的纵坐标的倒数 $\dfrac{1}{y}$ 称为 α 的余割，记作 $\csc\alpha$，即

$$\frac{1}{y} = \csc\alpha(x \neq 0).$$

$\dfrac{1}{y} = \csc\alpha(x \neq 0)$ 是以角 α 为自变量，以单位圆上点的纵坐标的倒数为函数值的函数，称为**余割函数**.

我们将正弦函数、余弦函数、正切函数、余切函数、正割函数和余割函数统称为三角函数，通常将它们记为以下形式.

正弦函数 $y=\sin x$，$x\in\mathbf{R}$.

余弦函数 $y=\cos x$，$x\in\mathbf{R}$.

正切函数 $y=\tan x$，$x\neq\dfrac{\pi}{2}+k\pi$ $(k\in\mathbf{Z})$.

余切函数 $y=\cot x$，$x\neq k\pi$ $(k\in\mathbf{Z})$.

正割函数 $y=\sec x$，$x\neq\dfrac{\pi}{2}+k\pi$ $(k\in\mathbf{Z})$.

余割函数 $y=\csc x$，$x\neq k\pi$ $(k\in\mathbf{Z})$.

根据任意角的三角函数定义，可以知道正弦、余弦、正切、余切、正割、余割函数的值在各象限的符号（见图 3－2－3）.

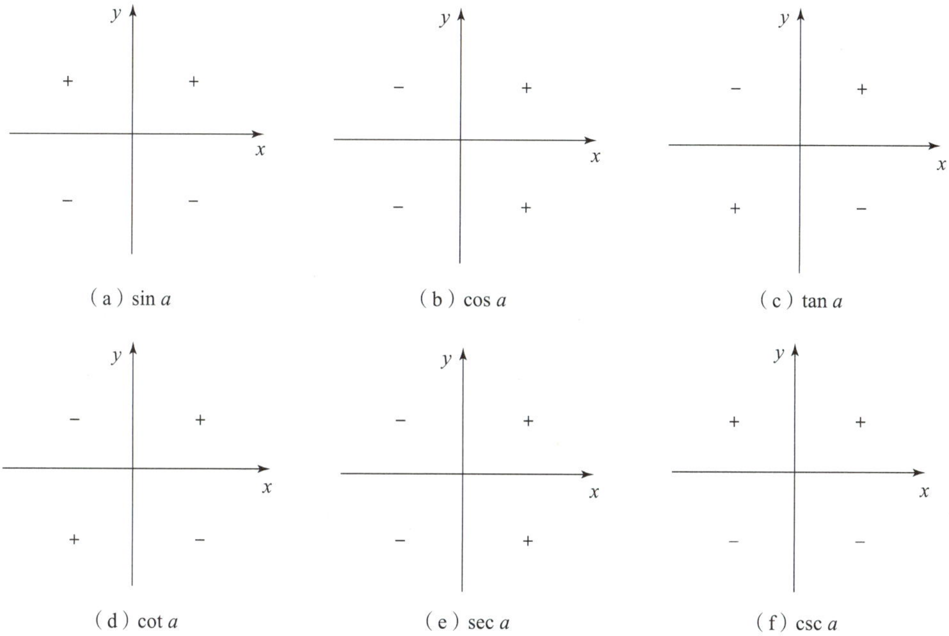

图 3－2－3

【应用举例】

例 1　求$\dfrac{5\pi}{3}$的正弦、余弦、正切、余切、正割和余割值.

解： 在直角坐标系中，作$\angle AOB=\dfrac{5\pi}{3}$（见图 3－2－4）. 易得$\angle AOB$的终边与单位圆的交点坐标为$\left(\dfrac{1}{2},\ -\dfrac{\sqrt{3}}{2}\right)$. 所以，

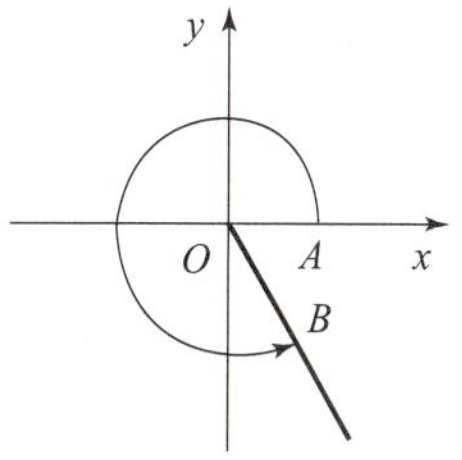

图 3－2－4

$\sin\frac{5\pi}{3}=-\frac{\sqrt{3}}{2}$，$\cos\frac{5\pi}{3}=\frac{1}{2}$，$\tan\frac{5\pi}{3}=-\sqrt{3}$，$\cot\frac{5\pi}{3}=-\frac{\sqrt{3}}{3}$，$\sec\frac{5\pi}{3}=2$，$\csc\frac{5\pi}{3}=-\frac{2\sqrt{3}}{3}$.

例 2 如图 3-2-5 所示，设 α 是一个任意角，它的终边上任意一点 P（不与原点 O 重合）的坐标为（x，y），点 P 与原点的距离为 r.

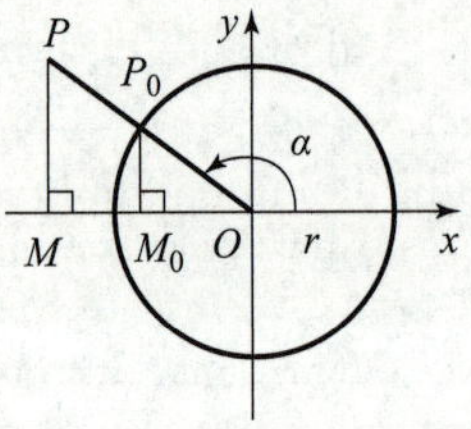

图 3-2-5

求证：$\sin\alpha=\frac{y}{r}$，$\cos\alpha=\frac{x}{r}$，$\tan\alpha=\frac{y}{x}$，$\cot\alpha=\frac{x}{y}$，$\sec\alpha=\frac{r}{x}$，$\csc\alpha=\frac{r}{y}$.

证明： 如图 3-2-5 所示，设角 α 的终边与单位圆交于点 $P_0(x_0, y_0)$．分别过点 P，P_0 作 x 轴的垂线得到 PM，P_0M_0，垂足分别为点 M，M_0，则

$$|P_0M_0|=|y_0|,\quad |PM|=|y|,$$
$$|OM_0|=|x_0|,\quad |OM|=|x|,$$

又

$$\triangle OMP\backsim\triangle OM_0P_0.$$

于是

$$\frac{|P_0M_0|}{1}=\frac{|PM|}{r},$$

即

$$|y_0|=\frac{|y|}{r}.$$

因为 y_0 与 y 同号，所以

$$y_0=\frac{y}{r},$$

即

$$\sin\alpha=\frac{y}{r}.$$

同理可得

$$\cos\alpha=\frac{x}{r},\quad \tan\alpha=\frac{y}{x},\quad \cot\alpha=\frac{x}{y},\quad \sec\alpha=\frac{r}{x},\quad \csc\alpha=\frac{r}{y}.$$

根据勾股定理，$r=\sqrt{x^2+y^2}$，由例 2 可知，只要知道角 α 终边上任意一点 P 的坐标，就可以求得角 α 的各个三角函数值，并且这些函数值不会随点 P 位置的改变而改变．

由例 2 进一步可知，$\cot\alpha=\frac{1}{\tan\alpha}$，$\csc\alpha=\frac{1}{\sin\alpha}$，$\sec\alpha=\frac{1}{\cos\alpha}$.

【巩固练习】

1. 已知角 α 的终边经过点 $P(\sqrt{2}, m)$，若 $\alpha=-\frac{\pi}{3}$，则 $m=$（　　）．

A. $\sqrt{6}$　　B. $\frac{\sqrt{6}}{3}$　　C. $-\sqrt{6}$　　D. $-\frac{\sqrt{6}}{3}$

2. 已知角 α 的顶点在原点，始边与 x 轴非负半轴重合，终边与单位圆相交于点 $A\left(-\frac{3}{5}, \frac{4}{5}\right)$，则 $\cot\alpha=$（　　）.

A. $\frac{3}{4}$　　B. $-\frac{3}{4}$　　C. $\frac{4}{5}$　　D. $-\frac{4}{5}$

3. 若 $\alpha=3$，则下列选项正确的是（　　）.

A. $\sin\alpha>0$，$\sec\alpha>0$　　B. $\sin\alpha>0$，$\sec\alpha<0$

C. $\sin\alpha<0$，$\sec\alpha>0$　　D. $\sin\alpha<0$，$\sec\alpha<0$

4. 已知角 α 的终边与单位圆的交点为 $P\left(-\frac{1}{2}, y\right)$，则 $\sin\alpha\tan\alpha=$（　　）.

A. $-\frac{\sqrt{3}}{3}$　　B. $\pm\frac{\sqrt{3}}{3}$　　C. $-\frac{3}{2}$　　D. $\pm\frac{3}{2}$

5. 完成下列填空.

（1）$\sin\left(-\frac{\pi}{3}\right)=$________；　　（2）$\cos\frac{7\pi}{6}=$________；

（3）$\tan\frac{\pi}{3}=$________；　　（4）$\cot\frac{2\pi}{3}=$________；

（5）$\sec\frac{\pi}{4}=$________；　　（6）$\csc\frac{4\pi}{3}=$________.

6. 若角 α 的终边经过点 $P(-1, 2)$，则 $\sin\alpha-\cos\alpha+\tan\alpha=$________.

7. 对于①$\csc\theta>0$，②$\csc\theta<0$，③$\sec\theta>0$，④$\sec\theta<0$，选择恰当的关系式序号填空.

（1）角 θ 为第一象限角的充分条件是________.

（2）角 θ 为第二象限角的充分条件是________.

（3）角 θ 为第三象限角的充分条件是________.

（4）角 θ 为第四象限角的充分条件是________.

8. 已知角 α 终边上一点 P 的横坐标为 -3，点 P 到原点的距离为 $\sqrt{10}$，求角 α 的正弦、余弦、正切.

3.3　同角三角函数的基本关系式

【情境创设】

如图 3-3-1 所示，设坡角为 α，若 $\tan\alpha=0.8$，小明沿着斜坡走了 10 m，则他升高了多少米？

该问题可转化为已知 $\tan\alpha$ 如何求 $\sin\alpha$.

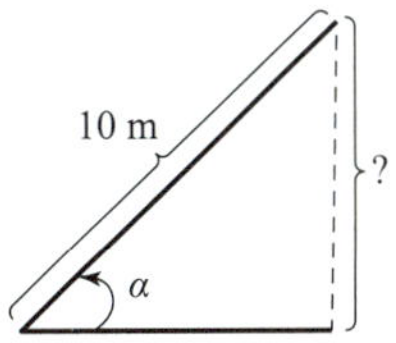

图 3-3-1

【知识探究】

如图 3-3-2 所示，设点 $P(x, y)$ 是角 α 的终边与单位圆的交点．过点 P 作 x 轴的垂线，交 x 轴于点 M，则 $\triangle OMP$ 是直角三角形，由勾股定理有

$$OM^2+MP^2=1.$$

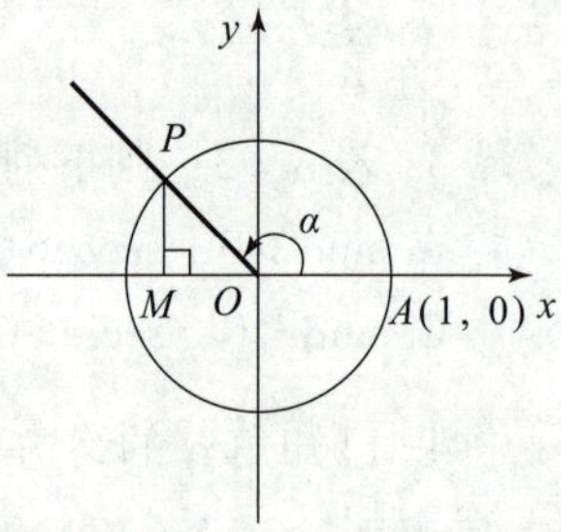

图 3-3-2

因此，$x^2+y^2=1$，即

$$\sin^2\alpha+\cos^2\alpha=1.$$

显然，当 α 的终边与坐标轴重合时，这个公式成立．

根据三角函数的定义，当 $\alpha\neq\frac{\pi}{2}+k\pi$ （$k\in\mathbf{Z}$） 时，有

$$\frac{\sin\alpha}{\cos\alpha}=\tan\alpha.$$

由 $\cot\alpha=\frac{1}{\tan\alpha}$，$\csc\alpha=\frac{1}{\sin\alpha}$，$\sec\alpha=\frac{1}{\cos\alpha}$进一步可得到以下关系．

同角三角函数的倒数关系有以下三个式子．

$\tan\alpha\cot\alpha=1.$

$\sin\alpha\csc\alpha=1.$

$\cos\alpha\sec\alpha=1.$

同角三角函数的商的关系有以下两个式子．

$\frac{\sin\alpha}{\cos\alpha}=\tan\alpha=\frac{\sec\alpha}{\csc\alpha}.$

$\frac{\cos\alpha}{\sin\alpha}=\cot\alpha=\frac{\csc\alpha}{\sec\alpha}.$

同角三角函数的平方关系有以下三个式子．

$\sin^2\alpha+\cos^2\alpha=1.$

$1+\tan^2\alpha=\sec^2\alpha.$

$1+\cot^2\alpha=\csc^2\alpha.$

【应用举例】

例 1 已知 $\cos\alpha=-\frac{12}{13}$，$\alpha$ 是第三象限角，求 $\sin\alpha$，$\tan\alpha$，$\cot\alpha$，$\sec\alpha$，$\csc\alpha$ 的值．

解： 因为 $\cos\alpha=-\frac{12}{13}$，$\alpha$ 是第三象限角，所以

$\sin\alpha=-\sqrt{1-\cos^2\alpha}=-\sqrt{1-\left(-\frac{12}{13}\right)^2}=-\frac{5}{13}$，

$\tan\alpha=\frac{\sin\alpha}{\cos\alpha}=\frac{-\frac{5}{13}}{-\frac{12}{13}}=\frac{5}{12}$，

$\cot\alpha=\frac{1}{\tan\alpha}=\frac{12}{5}$,

$\sec\alpha=\frac{1}{\cos\alpha}=-\frac{13}{12}$,

$\csc\alpha=\frac{1}{\sin\alpha}=-\frac{13}{5}$.

例 2　求证$\frac{1-2\sin x\cos x}{\cos^2x-\sin^2x}=\frac{1-\tan x}{1+\tan x}$.

证明： 左边 $=\frac{\sin^2x-2\sin x\cos x+\cos^2x}{\cos^2x-\sin^2x}=\frac{\tan^2x-2\tan x+1}{1-\tan^2x}=\frac{(\tan x-1)^2}{(1-\tan x)((1+\tan x)}=\frac{1-\tan x}{1+\tan x}=$右边，所以原式成立.

例 3　化简 $a^2\cos2\pi-b^2\sin\frac{3\pi}{2}+ab\cos\pi-ab\sin\frac{\pi}{2}$.

解： 原式 $=a^2\times1-b^2\times(-1)+ab\times(-1)-ab\times1=a^2+b^2-2ab=(a-b)^2$.

【巩固练习】

1. 已知 $\sin\alpha=\frac{3}{5}$，且 α 为第二象限角，则$\frac{\sin\alpha+\cos\alpha}{\sin\alpha-2\cos\alpha}$的值为（　　）.

A. $-\frac{1}{11}$　　B. $\frac{1}{11}$　　C. $-\frac{7}{5}$　　D. $\frac{7}{5}$

2. 若 θ 为 $\triangle ABC$ 的一个内角，且 $\sin\theta\cdot\cos\theta=-\frac{1}{8}$，则 $\sin\theta-\cos\theta=$（　　）.

A. $\pm\frac{\sqrt{5}}{2}$　　B. $\frac{\sqrt{3}}{2}$　　C. $-\frac{\sqrt{5}}{2}$　　D. $\frac{\sqrt{5}}{2}$

3. 已知 $\sin\alpha\cos\alpha=-\frac{12}{25}$，$\alpha\in\left(-\frac{\pi}{4},0\right)$，则 $\sin\alpha+\cos\alpha=$（　　）.

A. $-\frac{1}{5}$　　B. $\frac{1}{5}$　　C. $-\frac{7}{5}$　　D. $\frac{7}{5}$

4. 已知 $\tan\alpha=-2$，则$\frac{\sin2\alpha}{\cos^2\alpha-2}=$（　　）.

A. $\frac{4}{9}$　　B. $-\frac{4}{9}$　　C. $\pm\frac{4}{9}$　　D. $\frac{2}{3}$

5. 若 $\tan\alpha=k$，且 α 为钝角，则 $\sec\alpha=$________.

6. 已知 $\sin\theta+\cos\theta=\frac{1}{5}$，则 $\tan\theta+\frac{\cos\theta}{\sin\theta}$的值是________.

7. 已知 $\tan\alpha=2$，且 α 为第三象限角，求 $\sin\alpha$，$\cos\alpha$，$\cot\alpha$，$\sec\alpha$，$\csc\alpha$.

8. 已知$\frac{2\sin\alpha+\cos\alpha}{3\cos\alpha-\sin\alpha}=5$，求$\frac{4\cos\left(\alpha-\frac{\pi}{2}\right)-2\cos\alpha}{5\sin\left(\alpha-\frac{3\pi}{2}\right)+3\sin\alpha}$的值.

3.4　诱导公式

【情境创设】

“南京眼”和辽宁的“生命之环”是利用完美的数学对称展现和谐之美（见图 3－4－1），而三角函数与单位圆是紧密联系的，它的基本性质是圆的几何性质的代数表示．圆有很好的对称性，它不仅是以圆心为对称中心的中心对称图形，也是以任意直径所在直线为对称轴的轴对称图形．

图 3－4－1

能利用这种对称性并借助单位圆，讨论任意角 α 的终边与 $\pi\pm\alpha$，$-\alpha$ 的对称关系吗？$\sin(\pi+\alpha)$，$\sin(\pi-\alpha)$，$\sin(-\alpha)$ 与 $\sin\alpha$ 又有怎样的关系？

【知识探究】

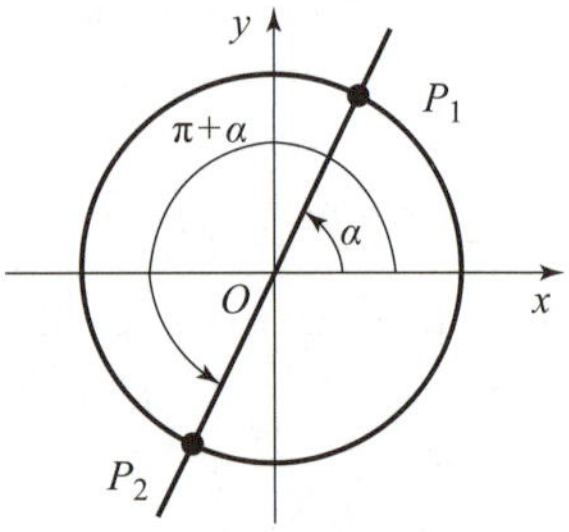

图 3－4－2

下面，借助单位圆的对称性进行探究．

如图 3－4－2 所示，α 与单位圆交于点 P_1，$\pi+\alpha$ 与单位圆交于点 P_2.

设 $P_1(x_1, y_1)$，$P_2(x_2, y_2)$．因为点 P_2 是点 P_1 关于原点的对称点，所以

$$x_2=-x_1,\ y_2=-y_1.$$

根据三角函数的定义，得

$$\sin\alpha=y_1,\ \cos\alpha=x_1,\ \tan\alpha=\frac{y_1}{x_1},$$

$$\sin(\pi+\alpha)=y_2,\ \cos(\pi+\alpha)=x_2,\ \tan(\pi+\alpha)=\frac{y_2}{x_2},$$

因此有如下诱导公式.

公式一为

$\sin(\pi+\alpha)=-\sin\alpha$.

$\cos(\pi+\alpha)=-\cos\alpha$.

$\tan(\pi+\alpha)=\tan\alpha$.

角 $\pi+\alpha$ 还可以看作是角 α 的终边按逆时针方向旋转角 π 得到的.

根据对称性，还可得到如下诱导公式.

公式二为

$\sin(-\alpha)=-\sin\alpha$.

$\cos(-\alpha)=\cos\alpha$.

$\tan(-\alpha)=-\tan\alpha$.

公式三为

$\sin(\pi-\alpha)=\sin\alpha$.

$\cos(\pi-\alpha)=-\cos\alpha$.

$\tan(\pi-\alpha)=-\tan\alpha$.

公式四为

$\sin\left(\frac{\pi}{2}-\alpha\right)=\cos\alpha$.

$\cos\left(\frac{\pi}{2}-\alpha\right)=\sin\alpha$.

$\tan\left(\frac{\pi}{2}-\alpha\right)=\cot\alpha$.

$\frac{\pi}{2}-\alpha$ 与 α 的终边关于 $y=x$ 对称.

将公式四中 α 用 $-\alpha$ 代入，可得公式五.

公式五为

$\sin\left(\frac{\pi}{2}+\alpha\right)=\cos\alpha$.

$\cos\left(\frac{\pi}{2}+\alpha\right)=-\sin\alpha$.

$\tan\left(\frac{\pi}{2}+\alpha\right)=-\cot\alpha$.

【应用举例】

例 1　利用诱导公式求下列三角函数值.

（1）$\sin150°$.　　（2）$\tan\left(-\frac{3\pi}{4}\right)$.

（3）$\cos\left(-\frac{31\pi}{6}\right)$.　　（4）$\cos(-2040°)$.

解：（1）$\sin150°=\sin(180°-30°)=\sin30°=\frac{1}{2}$.

（2）$\tan\left(-\frac{3\pi}{4}\right)=-\tan\frac{3\pi}{4}=-\tan\left(\pi-\frac{\pi}{4}\right)=\tan\frac{\pi}{4}=1$.

(3) 方法一，$\cos\left(-\frac{31\pi}{6}\right)=\cos\frac{31\pi}{6}=\cos\left(4\pi+\frac{7\pi}{6}\right)=\cos\left(\pi+\frac{\pi}{6}\right)=-\frac{\sqrt{3}}{2}$.

方法二，$\cos\left(-\frac{31\pi}{6}\right)=\cos\left(-6\pi+\frac{5\pi}{6}\right)=\cos\left(\pi-\frac{\pi}{6}\right)=-\cos\frac{\pi}{6}=-\frac{\sqrt{3}}{2}$.

(4) $\cos(-2040°)=\cos2040°=\cos(5\times360°+240°)=\cos240°=\cos(180°+60°)=-\cos60°=-\frac{1}{2}$.

例 2 化简$\frac{\tan(2\pi-\alpha)\ \sin(-2\pi-\alpha)\ \cos(6\pi-\alpha)}{\cos(\alpha-\pi)\ \sin(5\pi-\alpha)}$.

解： 原式$=\frac{-\tan\alpha\sin(-\alpha)\ \cos(-\alpha)}{\cos(\pi-\alpha)\ \sin(\pi-\alpha)}=\frac{-\tan\alpha(-\sin\alpha)\ \cos\alpha}{-\cos\alpha\sin\alpha}=-\tan\alpha$.

例 3 已知$f(\alpha)=\frac{\sin\left(\alpha-\frac{\pi}{2}\right)\cos\left(\frac{3\pi}{2}-\alpha\right)\tan(2\pi-\alpha)}{\tan(-\alpha-\pi)\ \sin(\pi+\alpha)}$.

(1) 若 α 是第三象限角，$\sin\alpha=-\frac{1}{5}$，求 $f(\alpha)$ 的值.

(2) 若 $\alpha=-\frac{34\pi}{3}$，求 $f(\alpha)$ 的值.

解： $f(\alpha)=\frac{\sin\left(\alpha-\frac{\pi}{2}\right)\cos\left(\frac{3\pi}{2}-\alpha\right)\tan(2\pi-\alpha)}{\tan(-\alpha-\pi)\sin(\pi+\alpha)}=\frac{-\cos\alpha(-\sin\alpha)(-\tan\alpha)}{-\tan\alpha(-\sin\alpha)}=-\cos\alpha$.

(1) 因为 α 是第三象限角，$\sin\alpha=-\frac{1}{5}<0$，所以 $\cos\alpha<0$，

所以 $\cos\alpha=-\sqrt{1-\sin^2\alpha}=-\frac{2\sqrt{6}}{5}$，则 $f(\alpha)=-\cos\alpha=\frac{2\sqrt{6}}{5}$.

(2) $f\left(-\frac{34\pi}{3}\right)=-\cos\left(\frac{34\pi}{3}\right)=-\cos\left(11\pi+\frac{\pi}{3}\right)=\cos\frac{\pi}{3}=\frac{1}{2}$.

【巩固练习】

1. 下列选项中，错误的是（　　）.

A. $\sin(\alpha-3\pi)=\sin\alpha$　　B. $\cos\left(\alpha-\frac{7\pi}{2}\right)=-\sin\alpha$

C. $\tan(-\alpha-\pi)=-\tan\alpha$　　D. $\sin\left(\frac{5\pi}{2}-\alpha\right)=\cos\alpha$

2. 已知 $\sin37°=k$，则 $\cos593°=$（　　）.

A. k　　B. $\sqrt{1-k^2}$　　C. $-k$　　D. $-\sqrt{1-k^2}$

3. 若 $\cos\left(\frac{3\pi}{2}-\alpha\right)=-2\cos(\pi+\alpha)$，则 $\tan\alpha=$（　　）.

A. -3　　B. -2　　C. 2　　D. 3

4. 已知 $\cos\left(\frac{\pi}{6}-\alpha\right)=\frac{\sqrt{3}}{3}$，则 $\cos\left(\frac{5\pi}{6}+\alpha\right)-\sin^2\left(\alpha-\frac{\pi}{6}\right)=$（　　）.

A. $\frac{2-\sqrt{3}}{3}$　　B. $\frac{-2+\sqrt{3}}{3}$

C. $\frac{2+\sqrt{3}}{3}$　　D. $-\frac{2+\sqrt{3}}{3}$

5. 已知 α 是锐角，且 $\sin\alpha=\frac{1}{2}$，则 $\cos(-\alpha)$ 的值为________.

6. 计算 $2\sin\frac{5\pi}{6}+2\cos\frac{7\pi}{6}-\tan\left(-\frac{\pi}{3}\right)=$________.

7. 化简求值.

(1) $\frac{\sin(2\pi-\alpha)\ \cos(3\pi+\alpha)\ \cos\left(\frac{3\pi}{2}+\alpha\right)}{\sin(-\pi+\alpha)\ \sin(3\pi-\alpha)\ \cos(-\alpha-\pi)}$.

(2) $\frac{\tan315°+\tan570°}{\tan(-60°)-\tan675°}$.

8. 已知 $\sin\alpha+\cos\alpha=-\frac{\sqrt{3}}{3}$，求 $\sin\left(\frac{\pi}{2}+\alpha\right)\cos\left(\frac{3\pi}{2}-\alpha\right)$的值.

3.5　两角和差公式与倍角公式

【情境创设】

某城市的电视信号发射塔建在市郊的一座小山 AB 上，如图 3－5－1 所示，在地面上有一点 P，测得 B，P 两点间距离约为 30 m，从 P 点观测电视发射塔顶端的仰角（$\angle BPC$）约为 45°，观测山顶 B 的仰角（$\angle BPA$）约为 15°，求电视信号发射端 C 到地面的距离.

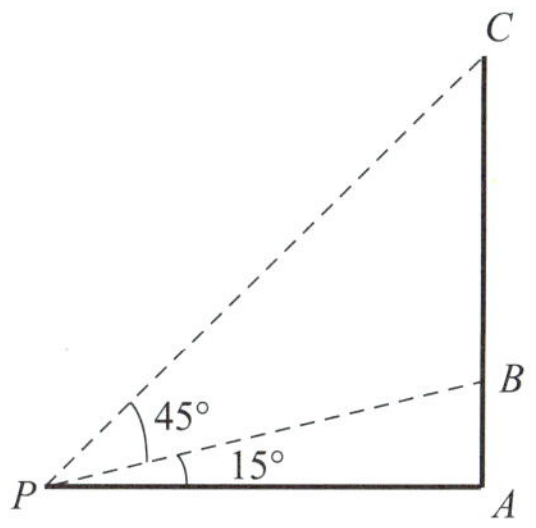

图 3－5－1

由题设易得$\frac{AP}{PB}=\cos15°$，所以 $AP=PB\cdot\cos15°=30\cos15°$，同理$\frac{AC}{AP}=\tan(15°+45°)=\tan60°=\sqrt{3}$，从而 $AC=30\sqrt{3}\cos15°$.

思考：如何计算 cos15°?

【知识探究一】两角和差公式

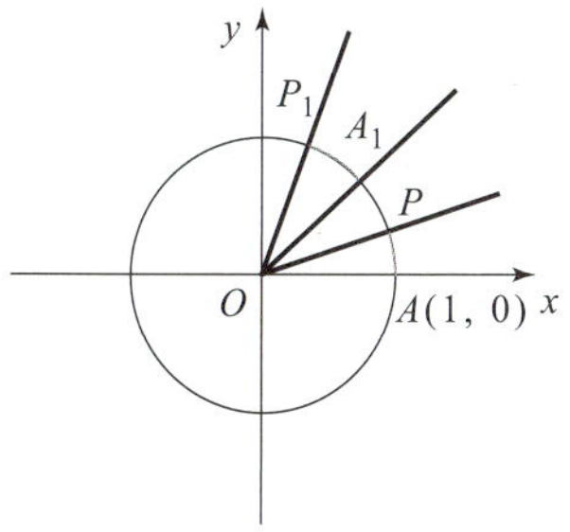

图 3－5－2

下面我们探究 $\cos(\alpha-\beta)$ 与角 α，β 的正弦、余弦之间的关系.

如图 3－5－2 所示，设单位圆与 x 轴的正半轴相交于点 $A(1,0)$，以 x 轴的非负半轴为始边，作角 α，β，$\alpha-\beta$，且 α，β，$\alpha-\beta$ 的终边与单位圆的交点 $P_1(\cos\alpha,\ \sin\alpha)$，

$A_1(\cos\beta,\ \sin\beta)$，$P(\cos(\alpha-\beta),\ \sin(\alpha-\beta))$，$\angle POA=\angle P_1OA_1=\alpha-\beta$.

连接 PA，P_1A_1，则 $\triangle AOP\cong\triangle A_1OP_1$，

那么 $A_1P_1=AP$，

根据两点间的距离公式得

$$\sqrt{(\cos\alpha-\cos\beta)^2+(\sin\alpha-\sin\beta)^2}=\sqrt{(\cos(\alpha-\beta)-1)^2+\sin^2(\alpha-\beta)},$$

化简得

$$\cos(\alpha-\beta)=\cos\alpha\cos\beta+\sin\alpha\sin\beta.$$

此公式给出了任意角 α，β 的正弦、余弦与其差角 $\alpha-\beta$ 的余弦之间的关系，称为**两角差的余弦公式**，记作 $C_{(\alpha-\beta)}$.

根据 $C_{(\alpha-\beta)}$，可以求得

$$\cos15°=\cos(45°-30°)=\cos45\cos30°+\sin45°\sin30°=\frac{\sqrt{6}+\sqrt{3}}{4}.$$

从而求得电视信号发射端 C 到地面的距离为

$$AC=30\sqrt{3}\cos15°=30\sqrt{3}\times\frac{\sqrt{6}+\sqrt{3}}{4}=\frac{45\ (\sqrt{2}+1)}{2}\text{m}.$$

将 $C_{(\alpha-\beta)}$ 中 β 用 $-\beta$ 代入，得

$$\cos(\alpha+\beta)=\cos[\alpha-(-\beta)]=\cos\alpha\cos(-\beta)+\sin\alpha\sin(-\beta)=\cos\alpha\cos\beta-\sin\alpha\sin\beta.$$

于是，得到**两角和的余弦公式**，记作 $C_{(\alpha+\beta)}$，即

$$\cos(\alpha+\beta)=\cos\alpha\cos\beta-\sin\alpha\sin\beta.$$

由诱导公式四和 $C_{(\alpha-\beta)}$ 可知

$$\begin{aligned}\sin(\alpha+\beta)&=\cos\left[\frac{\pi}{2}-(\alpha+\beta)\right]=\cos\left[\left(\frac{\pi}{2}-\alpha\right)-\beta\right]\\&=\cos\left(\frac{\pi}{2}-\alpha\right)\cos\beta+\sin\left(\frac{\pi}{2}-\alpha\right)\sin\beta\\&=\sin\alpha\cos\beta+\cos\alpha\sin\beta.\end{aligned}$$

于是，得到**两角和的正弦公式**，记作 $S_{(\alpha+\beta)}$，即

$$\sin(\alpha+\beta)=\sin\alpha\cos\beta+\cos\alpha\sin\beta.$$

将 $S_{(\alpha+\beta)}$ 中 β 用 $-\beta$ 代入，得到**两角差的正弦公式**，记作 $S_{(\alpha-\beta)}$，即

$$\sin(\alpha-\beta)=\sin\alpha\cos\beta-\cos\alpha\sin\beta.$$

由同角三角函数的基本关系式可知 $\tan(\alpha+\beta)=\dfrac{\sin\alpha\cos\beta+\cos\alpha\sin\beta}{\cos\alpha\cos\beta-\sin\alpha\sin\beta}$，将分子分母同时除以 $\cos\alpha\cos\beta$，得到**两角和的正切公式**，记作 $T_{(\alpha+\beta)}$，即

$$\tan(\alpha+\beta)=\frac{\tan\alpha+\tan\beta}{1-\tan\alpha\tan\beta}.$$

将 $T_{(\alpha+\beta)}$ 中 β 用 $-\beta$ 代入，得到**两角差的正切公式**，记作 $T_{(\alpha-\beta)}$，即

$$\tan(\alpha-\beta)=\frac{\tan\alpha-\tan\beta}{1+\tan\alpha\tan\beta}.$$

公式 $S_{(\alpha+\beta)}$，$C_{(\alpha+\beta)}$，$T_{(\alpha+\beta)}$ 给出了任意角 α，β 的三角函数值与其角 $\alpha+\beta$ 的三角函数值之间的关系，为了方便起见，我们把这三个公式都称为**和角公式**.

类似地，$S_{(\alpha-\beta)}$，$C_{(\alpha-\beta)}$，$T_{(\alpha-\beta)}$都称为**差角公式**.

【知识探究二】倍角公式

在$S_{(\alpha+\beta)}$，$C_{(\alpha+\beta)}$，$T_{(\alpha+\beta)}$公式中，令$\alpha=\beta$，可以得到以下三个式子.

> 这里的“倍角”专指“二倍角”，描述两个变量之间关系，例如2α是α的二倍，4α是2α的二倍，α是$\frac{\alpha}{2}$的二倍. 遇到“三倍角”等名词时，“三”字等不可省略.

$S_{2\alpha}$：$\sin2\alpha=\sin\alpha\cos\alpha+\cos\alpha\sin\alpha=2\sin\alpha\cos\alpha$.

$C_{2\alpha}$：$\cos2\alpha=\cos^2\alpha-\sin^2\alpha=\cos^2\alpha-\sin^2\alpha$.

$T_{2\alpha}$：$\tan2\alpha=\dfrac{\tan\alpha+\tan\alpha}{1-\tan\alpha\cdot\tan\alpha}=\dfrac{2\tan\alpha}{1-\tan^2\alpha}$.

如果要求二倍角的余弦公式（$C_{2\alpha}$）中仅含α的正弦（余弦），那么又可得到以下两个式子.

$\cos2\alpha=1-2\sin^2\alpha$.

$\cos2\alpha=2\cos^2\alpha-1$.

将$S_{2\alpha}$和$T_{2\alpha}$变形，进一步可推得以下三个式子.

$1\pm\sin2\alpha=\sin^2\alpha+\cos^2\alpha\pm2\sin\alpha\cos\alpha=(\sin\alpha\pm\cos\alpha)^2$.

$\cos^2\alpha=\dfrac{1}{2}(1+\cos2\alpha)$.

$\sin^2\alpha=\dfrac{1}{2}(1-\cos2\alpha)$.

> 一般情况下$\sin2\alpha\neq2\sin\alpha$，$\cos2\alpha\neq2\cos2\alpha$，$\tan2\alpha\neq2\tan\alpha$.

以上这些公式都称为**倍角公式**. 倍角公式给出了α的三角函数与2α的三角函数之间的关系.

学习了和（差）角公式、二倍角公式以后，就有了进行三角恒等变换的新工具，从而使三角恒等变换的内容、思路和方法更加丰富.

【应用举例】

例1　已知$f(\alpha)=\dfrac{\tan(\pi-\alpha)\cos(2\pi-\alpha)\sin\left(\dfrac{\pi}{2}+\alpha\right)}{\cos(-\alpha-\pi)}$.

（1）化简$f(\alpha)$.

（2）若$f(\alpha)=\dfrac{4}{5}$，且α是第二象限角，求$\cos\left(2\alpha+\dfrac{\pi}{4}\right)$的值.

解：（1）$f(\alpha)=\dfrac{-\tan\alpha\cos\alpha\cos\alpha}{-\cos\alpha}=\sin\alpha$.

（2）$f(\alpha)=\sin\alpha=\dfrac{4}{5}$，且$\alpha$为第二象限角，则$\cos\alpha=-\dfrac{3}{5}$，因为$\sin2\alpha=2\sin\alpha\cos\alpha=-\dfrac{24}{25}$，$\cos2\alpha=\cos^2\alpha-\sin^2\alpha=-\dfrac{7}{25}$，所以$\cos\left(2\alpha+\dfrac{\pi}{4}\right)=\cos2\alpha\cos\dfrac{\pi}{4}-\sin2\alpha\sin\dfrac{\pi}{4}=\left(-\dfrac{7}{25}\right)\times\dfrac{\sqrt{2}}{2}+\dfrac{24}{25}\times\dfrac{\sqrt{2}}{2}=\dfrac{17\sqrt{2}}{50}$.

例 2 已知 $\tan(\alpha-\beta)=\frac{1}{2}$，$\tan\beta=-\frac{1}{7}$，且 α，$\beta\in(0,\pi)$.

（1）求 $\tan\alpha$ 的值.
（2）求 $2\alpha-\beta$ 的值.

解：（1）$\tan\alpha=\tan[(\alpha-\beta)+\beta]=\frac{\tan(\alpha-\beta)+\tan\beta}{1-\tan(\alpha-\beta)\tan\beta}=\frac{\frac{1}{2}-\frac{1}{7}}{1-\frac{1}{2}\times\left(-\frac{1}{7}\right)}=\frac{1}{3}$.

（2）因为 $\tan\alpha=\frac{1}{3}$，$\alpha\in(0,\pi)$，所以 $\alpha\in\left(0,\frac{\pi}{2}\right)$.

因为 $\tan\beta=-\frac{1}{7}$，$\beta\in(0,\pi)$，所以 $\beta\in\left(\frac{\pi}{2},\pi\right)$，故 $-\pi<\alpha-\beta<0$.

又 $\tan(\alpha-\beta)=\frac{1}{2}>0$，故 $-\pi<\alpha-\beta<-\frac{\pi}{2}$，

所以
$$2\alpha-\beta\in(-\pi,0).$$

又
$$\tan(2\alpha-\beta)=\tan[(\alpha-\beta)+\alpha]=\frac{\tan(\alpha-\beta)+\tan\alpha}{1-\tan(\alpha-\beta)\tan\alpha}=\frac{\frac{1}{2}+\frac{1}{3}}{1-\frac{1}{2}\times\frac{1}{3}}=1,$$

所以
$$2\alpha-\beta=-\frac{3\pi}{4}.$$

例 3 已知 $\sin2\alpha=\frac{5}{13}$，$\frac{\pi}{4}<\alpha<\frac{\pi}{2}$，求 $\sin4\alpha$，$\cos4\alpha$，$\tan4\alpha$ 的值.

解：由 $\frac{\pi}{4}<\alpha<\frac{\pi}{2}$，得

$$\frac{\pi}{2}<2\alpha<\pi.$$

又
$$\sin2\alpha=\frac{5}{13},$$

所以
$$\cos2\alpha=-\sqrt{1-\left(\frac{5}{13}\right)^2}=-\frac{12}{13}.$$

于是

$$\sin4\alpha=\sin[2\times(2\alpha)]=2\sin2\alpha\cos2\alpha=2\times\frac{5}{13}\times\left(-\frac{12}{13}\right)=-\frac{120}{169},$$

$$\cos4\alpha=\cos[2\times(2\alpha)]=1-2\sin^22\alpha=1-2\times\left(\frac{5}{13}\right)^2=\frac{119}{169},$$

$$\tan4\alpha=\frac{\sin4\alpha}{\cos4\alpha}=-\frac{120}{169}\times\frac{169}{119}=-\frac{120}{119}.$$

例 4 求证以下等式.

（1）$\sin\alpha\cos\beta=\frac{1}{2}[\sin(\alpha+\beta)+\sin(\alpha-\beta)]$.

（2）$\cos\alpha\sin\beta=\frac{1}{2}[\cos(\alpha+\beta)-\sin(\alpha-\beta)]$.

(3) $\cos\alpha\cos\beta=\frac{1}{2}[\cos(\alpha+\beta)+\cos(\alpha-\beta)]$.

(4) $\sin\alpha\sin\beta=-\frac{1}{2}[\cos(\alpha+\beta)-\cos(\alpha-\beta)]$.

(5) $\sin\alpha+\sin\beta=2\sin\frac{\alpha+\beta}{2}\cos\frac{\alpha-\beta}{2}$.

(6) $\sin\alpha-\sin\beta=2\cos\frac{\alpha+\beta}{2}\sin\frac{\alpha-\beta}{2}$.

(7) $\cos\alpha+\cos\beta=2\cos\frac{\alpha+\beta}{2}\cos\frac{\alpha-\beta}{2}$.

(8) $\cos\alpha-\cos\beta=-2\sin\frac{\alpha+\beta}{2}\sin\frac{\alpha-\beta}{2}$.

> 这些式子的左右两边在结构形式上有什么不同？

> (1) ~ (4) 称为积化和差公式.
> (5) ~ (6) 称为和差化积公式.

证明： (1) 因为

$$\sin(\alpha+\beta)=\sin\alpha\cos\beta+\cos\alpha\sin\beta, \quad ①$$

$$\sin(\alpha-\beta)=\sin\alpha\cos\beta-\cos\alpha\sin\beta. \quad ②$$

将以上①②两式的左右两边分别相加，得

$$\sin(\alpha+\beta)+\sin(\alpha-\beta)=2\sin\alpha\cos\beta.$$

即

$$\sin\alpha\cos\beta=\frac{1}{2}[\sin(\alpha+\beta)+\sin(\alpha-\beta)].$$

(2)(3)(4) 过程略.

(5) 由 (1) 可得

$$\sin\delta\cos\gamma=\frac{1}{2}[\sin(\delta+\gamma)+\sin(\delta-\gamma)]. \quad ③$$

设 $\delta+\gamma=\alpha$，$\delta-\gamma=\beta$，那么

$$\delta=\frac{\alpha+\beta}{2}, \quad \gamma=\frac{\alpha-\beta}{2}.$$

把 δ，γ 的值代入③式，即得

$$\sin\alpha+\sin\beta=2\sin\frac{\alpha+\beta}{2}\cos\frac{\alpha-\beta}{2}.$$

(6)(7)(8) 过程略.

该例题的证明用到了换元的方法，如把 $\delta+\gamma$ 看作 α，$\delta-\gamma$ 看作 β，从而把包含 δ，γ 的三角函数式转化为 α，β 的三角函数式．或者，把 $\sin\delta\cos\gamma$ 看作 x，$\cos\delta\sin\gamma$ 看作 y，把等式看作 x，y 的方程，则原问题转化为解方程（组）求 x，它们都体现了化归思想.

对于形如 $f(\theta)=a\sin\theta+b\cos\theta$（$a$，$b$ 不同时为零）的式子可做变换为

$$a\sin\theta+b\cos\theta=\sqrt{a^2+b^2}\left(\frac{a}{\sqrt{a^2+b^2}}\sin\theta+\frac{b}{\sqrt{a^2+b^2}}\cos\theta\right).$$

令 $\cos\varphi=\frac{a}{\sqrt{a^2+b^2}}$，$\sin\varphi=\frac{b}{\sqrt{a^2+b^2}}$，$\varphi$ 是辅助表达该式的角，称为辅助角.

$\sqrt{a^2+b^2}\left(\dfrac{a}{\sqrt{a^2+b^2}}\sin\theta+\dfrac{b}{\sqrt{a^2+b^2}}\cos\theta\right)=\sqrt{a^2+b^2}(\cos\varphi\sin\theta+\sin\varphi\cos\theta)=\sqrt{a^2+b^2}\sin(\varphi+\theta)$，其中 $\tan\varphi=\dfrac{b}{a}$.

故 $a\sin\theta+b\cos\theta=\sqrt{a^2+b^2}\sin(\varphi+\theta)$，其中 $\tan\varphi=\dfrac{b}{a}$.

将其称为**辅助角公式**，φ 是辅助我们表达该公式的角，称为辅助角.

【巩固练习】

1. 若 $\tan\alpha=3$，则 $\tan\left(\alpha-\dfrac{\pi}{4}\right)=$（　　）.

A. 2　　B. -2　　C. $-\dfrac{1}{2}$　　D. $\dfrac{1}{2}$

2. $2\cos 80°-\cos 20°=$（　　）.

A. $\sqrt{3}\sin 20°$　　B. $\sin 20$　　C. $-\sqrt{3}\sin 20°$　　D. $-\sin 20°$

3. $\sin\dfrac{5\pi}{12}\cos\dfrac{5\pi}{12}$的值为（　　）.

A. $\dfrac{1}{4}$　　B. $-\dfrac{1}{4}$　　C. $\dfrac{\sqrt{3}}{4}$　　D. $-\dfrac{\sqrt{3}}{4}$

4. 已知 $\sin\alpha=\dfrac{3}{5}$，$\cos(\alpha+\beta)=\dfrac{5}{13}$，$\alpha$，$\beta$ 均为锐角，则 $\cos\dfrac{\beta}{2}=$（　　）.

A. $-\dfrac{11\sqrt{130}}{130}$　　B. $\dfrac{11\sqrt{130}}{130}$

C. $\dfrac{3\sqrt{130}}{130}$　　D. $-\dfrac{3\sqrt{130}}{130}$

5. 化简：$\sin\left(\dfrac{\pi}{6}-\alpha\right)\cos\alpha+\cos\left(\dfrac{\pi}{6}-\alpha\right)\sin\alpha=$________.

6. 已知 $\sin\alpha+\cos\alpha=\dfrac{7}{5}$，且 α 是第一象限角，则 $\tan\dfrac{\alpha}{2}=$________.

7. 已知 $\sin\alpha=\dfrac{3}{5}$，$\alpha\in\left(\dfrac{\pi}{2},\ \pi\right)$.

（1）求 $\cos\alpha$，$\tan\alpha$ 的值.

（2）求 $\sin 2\alpha$，$\cos 2\alpha$ 的值.

（3）求 $\cos\left(\alpha-\dfrac{\pi}{3}\right)$的值.

8. 已知$\dfrac{\pi}{2}<\beta<\alpha<\dfrac{3\pi}{4}$，$\cos(\alpha-\beta)=\dfrac{12}{13}$，$\sin(\alpha+\beta)=-\dfrac{3}{5}$，求 $\sin 2\alpha$ 的值.

3.6　正余弦函数的图像与性质

【情境创设】

生活中有很多交变量，最典型的就是交流电．如图 3－6－1（a）所示，可以看到绕组在空间中的旋转情况，绕组感应出来的电压是空间角度的函数，当然也是时间的函数（见图 3－6－1（b））．由此可知，电压值与时间与频率都有关系，并且呈现一种周而复始的变化规律．

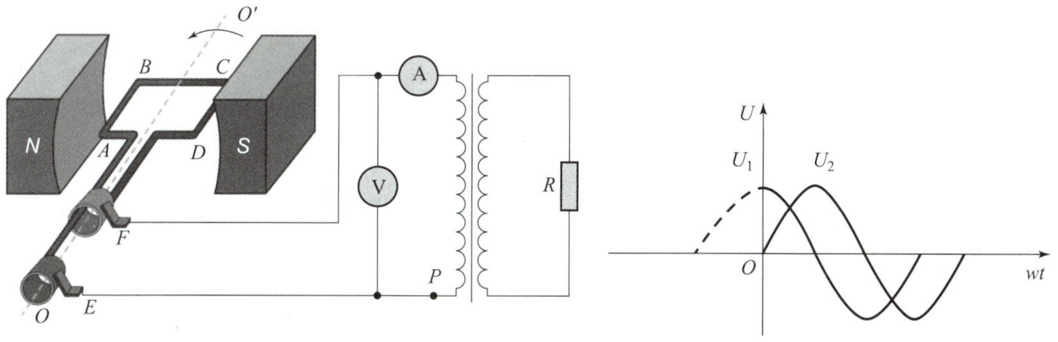

（a）　（b）

图 3－6－1

那么如何用数学语言刻画？本节所学习的三角函数图像就是刻画这个规律的模型．

【知识探究一】正弦函数的图像

由所学知识可知，单位圆上任意一点在圆周上旋转一周就回到原来的位置，这一现象可以用公式 $\sin(x\pm 2\pi)=\sin x$ 来表示．这说明，自变量每增加或减少 2π，正弦函数值就会重复出现．利用这一特性，就可以简化正弦函数的图像与性质的研究过程．

本节用描点法作出正弦函数 $y=\sin x$，$x\in[0, 2\pi]$ 的图像．

（1）列表．把区间 $[0, 2\pi]$ 分成 12 等份，分别求出 $y=\sin x$ 在各分点及区间端点的正弦函数值，如表 3－6－1 所示．

表 3－6－1

x	…	0	$\frac{\pi}{6}$	$\frac{\pi}{3}$	$\frac{\pi}{2}$	$\frac{2\pi}{3}$	$\frac{5\pi}{6}$	π	$\frac{7\pi}{6}$	$\frac{4\pi}{3}$	$\frac{3\pi}{2}$	$\frac{5\pi}{3}$	$\frac{11\pi}{6}$	2π	…
$y=\sin x$	…	0	$\frac{1}{2}$	$\frac{\sqrt{3}}{2}$	1	$\frac{\sqrt{3}}{2}$	$\frac{1}{2}$	0	$-\frac{1}{2}$	$-\frac{\sqrt{3}}{2}$	-1	$-\frac{\sqrt{3}}{2}$	$-\frac{1}{2}$	0	…

（2）描点作图．根据表 3－6－1 中 x，y 的数值，在平面直角坐标系内描点 (x, y)，再用光滑曲线顺次连接各点，就得到正弦函数 $y=\sin x$ 在 $[0, 2\pi]$ 上的图像，如图 3－6－2 所示．

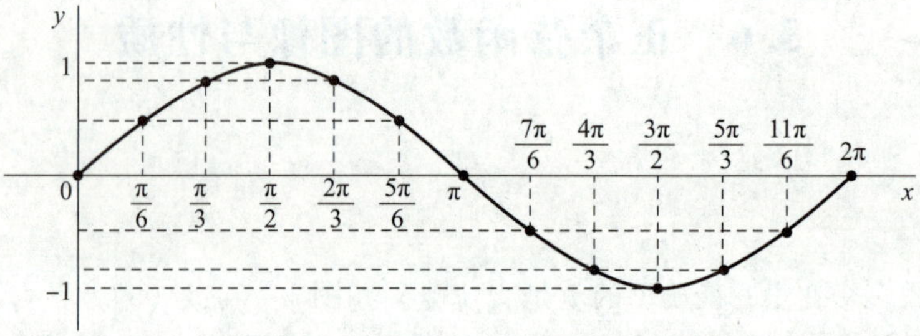

图 3-6-2

观察函数 $y=\sin x$ 在 $[0, 2\pi]$ 上的图像发现，在确定图像的形状时，起关键作用的点有以下五个.

$$(0, 0), \left(\frac{\pi}{2}, 1\right), (\pi, 0) \left(\frac{3\pi}{2}, -1\right), (2\pi, 0).$$

描出这五个点后，正弦函数 $y=\sin x$ 在 $[0, 2\pi]$ 上的图像就基本确定了. 因此，在精确度要求不高时，常常先找出这五个关键点，再用光滑的曲线将它们连接起来，就得到 $[0, 2\pi]$ 上正弦函数的图像简图，这种作图方法称为**五点法**.

因为正弦函数的周期是 2π，所以正弦函数值每隔 2π 重复出现一次. 于是，我们只要将函数 $y=\sin x$ 在 $[0, 2\pi]$ 上的图像沿 x 轴向左或向右平移 $2k\pi$ $(k\in\mathbf{Z})$，就可得到正弦函数 $y=\sin x$，$x\in\mathbf{R}$ 的图像，如图 3-6-3 所示.

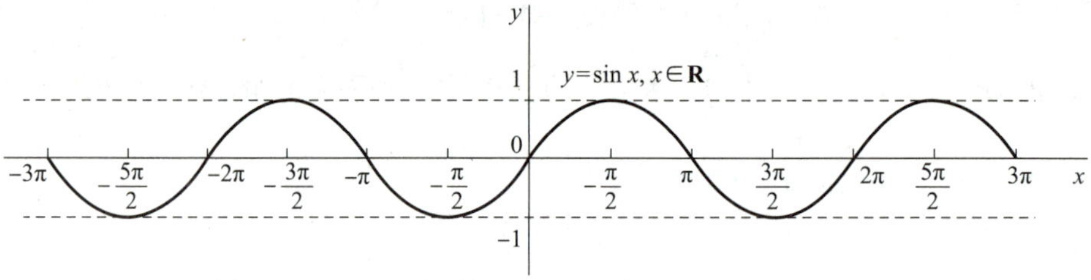

图 3-6-3

正弦函数的图像也称正弦曲线，它是一条“波浪起伏”的连续光滑曲线.

【知识探究二】正弦函数的性质

1）周期性

观察正弦函数的图像，可以发现，在图像上，横坐标每隔 2π 个单位长度，就会出现纵坐标相同的点，这就是正弦函数值具有的“周而复始”的变化规律. 实际上，这一点既可从定义上看出，也能从诱导公式 $\sin(x+2k\pi)=\sin x(k\in\mathbf{Z})$ 中得到反映，即自变量 x 的值增加 2π 整数倍时所对应的函数值，与 x 所对的函数值相等. 数学上，用周期性这样一个概念来定量地刻画这种“周而复始”的变化规律.

一般地，设函数 $f(x)$ 的定义域为 D，如果存在一个非零常数 T，使对每一个 $x\in D$ 都有 $x+T\in D$，且 $f(x+T)=f(x)$，那么函数 $f(x)$ 就称为**周期函数**. 非零常数 T 称为这个函数的周期．

周期函数的周期不止一个．事实上，任意 $k\in\mathbf{Z}$ 且 $k\neq 0$，常数 $2k\pi$ 都是它的周期．

如果在周期函数 $f(x)$ 的所有周期中存在一个最小的正数，那么这个最小的正数就称为 $f(x)$ 的**最小正周期**．

本书中所涉及的周期，如果不加特别说明，一般都是指函数的最小正周期．

根据上述定义，可知，正弦函数是周期函数，$2k\pi$（$k\in\mathbf{Z}$ 且 $k\neq 0$）都是它的周期，最小正周期是 2π.

2）奇偶性

观察正弦曲线，可以看到正弦函数关于原点对称，也可由诱导公式 $\sin(-x)=-\sin x$ 得到. 所以正弦函数是奇函数．

3）单调性

由于正弦函数是周期函数，所以可以先在它的一个周期的区间$\left(\text{如}\left[-\frac{\pi}{2},\frac{3\pi}{2}\right]\right)$上讨论它的单调性，再利用它的周期性，将单调性扩展到整个定义域．

如图 3-6-3 所示，可知：当 x 由 $-\frac{\pi}{2}$ 增大到 $\frac{\pi}{2}$ 时，曲线逐渐上升，$\sin x$ 的值由 -1 增大到 1；当 x 由 $\frac{\pi}{2}$ 增大到 $\frac{3\pi}{2}$ 时，曲线逐渐下降，$\sin x$ 的值由 -1 减小到 1.

正弦函数 $y=\sin x$ 在区间 $\left[-\frac{\pi}{2},\frac{\pi}{2}\right]$ 上单调递增，在区间 $\left[\frac{\pi}{2},\frac{3\pi}{2}\right]$ 上单调递减．

由正弦函数的周期性可得，正弦函数在每一个闭区间 $\left[-\frac{\pi}{2}+2k\pi,\frac{\pi}{2}+2k\pi\right]$（$k\in\mathbf{Z}$）上都单调递增，其值从 -1 增大到 1；在每一个闭区间 $\left[\frac{\pi}{2}+2k\pi,\frac{3\pi}{2}+2k\pi\right]$（$k\in\mathbf{Z}$）上都单调递减，其值从 1 减小到 -1.

4）最大值与最小值

从上述对正弦函数的单调性的讨论中得到，正弦函数当且仅当 $x=\frac{\pi}{2}+2k\pi$（$k\in\mathbf{Z}$）时取得最大值 1，当且仅当 $x=-\frac{\pi}{2}+2k\pi(k\in\mathbf{Z})$ 时取得最小值 -1.

【知识探究三】余弦函数的图像

对于函数 $y=\cos x$，由诱导公式 $\cos x=\sin\left(x+\frac{\pi}{2}\right)$ 得

$$\cos(2\pi+x)=\cos x=\sin\left(x+\frac{\pi}{2}\right),$$

而函数 $y=\sin\left(x+\frac{\pi}{2}\right)$ 的图像可以通过正弦函数 $y=\sin x$ 的图像向左平移 $\frac{\pi}{2}$ 个单位长度而得到．所以，将正弦函数的图像向左平移 $\frac{\pi}{2}$ 个单位长度，就得到余弦函数的图像，如

图 3-6-4 所示.

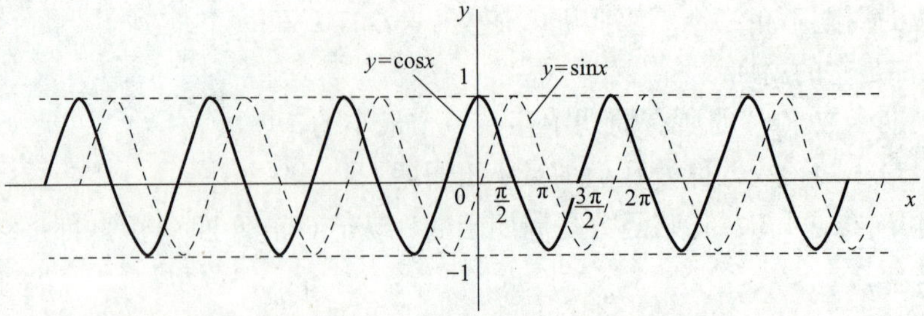

图 3-6-4

余弦函数 $y=\cos x$，$x\in\mathbf{R}$ 的图像称为余弦曲线，它是与正弦曲线具有相同形状的“波浪起伏”的连续光滑曲线.

观察余弦曲线，可以发现其关于 $x=k\pi(k\in\mathbf{Z})$ 对称，对称中心为 $\left(k\pi+\dfrac{\pi}{2},0\right)$ $(k\in\mathbf{Z})$.

【知识探究四】余弦函数的性质

根据研究正弦函数图像的经验，我们来研究余弦函数的周期性、奇偶性、单调性、最大（小）值.

1）周期性

观察余弦函数的图像，可以发现余弦函数是周期函数，$2k\pi(k\in\mathbf{Z}$ 且 $k\neq0)$ 都是它的周期，最小正周期是 2π.

2）奇偶性

观察余弦曲线，可以看到余弦曲线关于 y 轴对称．这也以可由诱导公式 $\cos(-x)=\cos x$ 得到．所以余弦函数是**偶函数**.

3）单调性

由余弦函数的周期性可知，余弦函数在每一个闭区间 $[-\pi+2k\pi,2k\pi]$ $(k\in\mathbf{Z})$ 上都单调递增，其值从 -1 增大到 1，在每一个闭区间 $[2k\pi,\pi+2k\pi]$ $(k\in\mathbf{Z})$ 上都单调递减，其值从 1 减小到 -1.

4）最大值与最小值

从上述对余弦函数的单调性的讨论中可知，余弦函数当且仅当 $x=2k\pi$ $(k\in\mathbf{Z})$ 时取得最大值 1，当且仅当 $x=\pi+2k\pi$ $(k\in\mathbf{Z})$ 时取得最小值 -1.

【应用举例】

例 1 用“五点法”画出正弦函数 $y=\dfrac{1}{2}+\sin x$ 在 $[0,2\pi]$ 上的简图.

解： 首先按五个关键点列表（见表 3-6-2）.

表 3-6-2

x	0	$\frac{\pi}{2}$	π	$\frac{3\pi}{2}$	2π
$\sin x$	0	1	0	-1	0
$\frac{1}{2}+\sin x$	$\frac{1}{2}$	$\frac{3}{2}$	$\frac{1}{2}$	$-\frac{1}{2}$	$\frac{1}{2}$

其次描点，最后将所描的点用光滑的曲线连接起来（见图 3-6-5）.

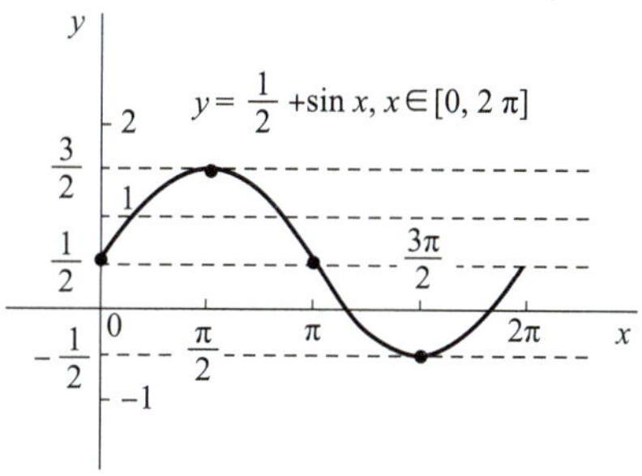

图 3-6-5

描点法画正弦函数图像的关键：

（1）列表时，自变量 x 的数值要适当选取；

（2）在函数定义域内取值；

（3）按由小到大的顺序取值；

（4）取的个数应分布均匀；

（5）应注意图形中的特殊点（如：端点、交点、顶点）；

（6）尽量取特殊角.

例 2　求函数 $y=\sqrt{\cos x}$ 的定义域.

解： 要使函数 $y=\sqrt{\cos x}$ 有意义，必须使 $\cos x\geqslant 0$. 观察余弦函数 $y=\cos x$ 在 $[0,2\pi]$ 上的图像（如图 3-6-4）发现，在 $[0,2\pi]$ 上符合题意的 x 满足 $0\leqslant x\leqslant \pi$ 由函数的周期性得

$$2k\pi\leqslant x\leqslant \pi+2k\pi\ (k\in\mathbf{Z}),$$

故函数的定义域为 $\{x\mid 2k\pi\leqslant x\leqslant\pi+2k\pi,\ k\in\mathbf{Z}\}$.

例 3　求下列函数的最大值和最小值，并写出取得最大值、最小值时自变量 x 的取值集合.

（1）$y=\frac{3}{4}\sin x$，$x\in\mathbf{R}$.（2）$y=2-3\sin x$，$x\in\mathbf{R}$.

解：（1）由正弦函数的性质知，$-1\leqslant\sin x\leqslant 1$，所以

$$-\frac{3}{4}\leqslant\frac{3}{4}\sin x\leqslant\frac{3}{4},$$

即 $-\frac{3}{4}\leqslant y\leqslant\frac{3}{4}$，故函数的最大值为 $\frac{3}{4}$，最小值为 $-\frac{3}{4}$.

使函数 $y=\frac{3}{4}\sin x$，$x\in\mathbf{R}$ 取得最大值的 x 的集合，就是使函数 $y=\sin x$，$x\in\mathbf{R}$ 取得最大值的 x 的集合 $\left\{x\,\middle|\,x=\frac{\pi}{2}+2k\pi,\ k\in\mathbf{Z}\right\}$.

使函数 $y=\frac{3}{4}\sin x$，$x\in\mathbf{R}$ 取得最小值的 x 的集合，就是使函数 $y=\sin x$，$x\in\mathbf{R}$ 取得最小值的 x 的集合 $\left\{x\,\middle|\,x=-\frac{\pi}{2}+2k\pi,\ k\in\mathbf{Z}\right\}$.

（2）由正弦函数的性质知，$-1\leqslant \sin x\leqslant 1$，所以

$$-3\leqslant -3\sin x\leqslant 3,$$

$$-1\leqslant 2-3\sin x\leqslant 5,$$

即 $-1\leqslant y\leqslant 5$，故函数的最大值为 5，最小值为 -1.

使函数 $y=2-3\sin x$，$x\in \mathbf{R}$ 取得最大值的 x 的集合，就是使函数 $y=\sin x$，$x\in \mathbf{R}$ 取得最小值的 x 的集合 $\left\{x \,\middle|\, x=-\dfrac{\pi}{2}+2k\pi,\ k\in \mathbf{Z}\right\}$.

使函数 $y=2-3\sin x$，$x\in \mathbf{R}$ 取得最小值的 x 的集合，就是使函数 $y=\sin x$，$x\in \mathbf{R}$ 取得最大值的 x 的集合 $\left\{x \,\middle|\, x=\dfrac{\pi}{2}+2k\pi,\ k\in \mathbf{Z}\right\}$.

【巩固练习】

1. 用五点法作 $y=2\sin 2x$ 的图像时，首先应描出的五点的横坐标可以是（　　）.

A. $0,\ \dfrac{\pi}{2},\ \pi,\ \dfrac{3\pi}{2},\ 2\pi$　　B. $0,\ \dfrac{\pi}{4},\ \dfrac{\pi}{2},\ \dfrac{3\pi}{4},\ \pi$

C. $0,\ \pi,\ 2\pi,\ 3\pi,\ 4\pi$　　D. $0,\ \dfrac{\pi}{6},\ \dfrac{\pi}{3},\ \dfrac{\pi}{2},\ \dfrac{3\pi}{2}$

2. 下列对 $y=\cos x$ 的图像描述错误的是（　　）.

A. 在 $[0,\ 2\pi]$ 和 $[4\pi,\ 6\pi]$ 上的图像形状相同，只是位置不同

B. 介于直线 $y=1$ 与直线 $y=-1$ 之间

C. 关于 x 轴对称

D. 与 y 轴仅有一个交点

3. 若 $a=\sin 47°$，$b=\cos 37°$，$c=\cos 47°$，则 a，b，c 的大小关系为（　　）.

A. $a>b>c$　　B. $b>c>a$　　C. $b>a>c$　　D. $c>b>a$

4. 若 $\sin x>\dfrac{\sqrt{3}}{2}$，且 $x\in [0,\ 2\pi]$，则满足题意的 x 的集合是（　　）.

A. $(0,\ \pi)$　　B. $\left(\dfrac{\pi}{3},\ \dfrac{2\pi}{3}\right)$　　C. $\left(\dfrac{4\pi}{3},\ \dfrac{5\pi}{3}\right)$　　D. $\left(0,\ \dfrac{\pi}{3}\right)$

5. 已知余弦函数 $y=\cos x$，$x\in \mathbf{R}$ 的图像过点 $\left(-\dfrac{\pi}{6},\ m\right)$，则 m 的值为________.

6. 方程 $\sin x=\lg x$ 的解的个数为________.

7. 已知函数 $y=a-b\cos x\ (b>0)$ 的最大值为 $\dfrac{3}{2}$，最小值为 $-\dfrac{1}{2}$. 求 a，b 的值.

8. 当 $x\in [-2\pi,\ 2\pi]$ 时，作出下列函数的图像，把这些图像与 $y=\sin x$ 的图像进行比较，你能发现图像变换的什么规律？

（1）$y=-\sin x$.（2）$y=|\sin x|$.（3）$y=\sin |x|$.

3.7　正切函数的图像与性质

【情境创设】

孔子东游，见两小儿辩斗，问其故．

一儿曰："我以日始出时去人近，而日中时远也．"一儿以日初出远，而日中时也．

一儿曰："日初出大如车盖，及日中，则如盘盂，此不为远者小而近者大乎?"

一儿曰："日初出沧沧凉凉，及其日如探汤，此不为近者热而远者凉乎?"

孔子不能决也．两小儿笑曰："孰为汝多知乎?"（出自《列子·汤问》，见图 3－7－1）

事实上，中午的气温较早晨高，主要原因是早晨太阳斜射大地，中午太阳直射大地．在相同的时间、相等的面积里，物体在直射状态下比在斜射状态下吸收的热量多，这就涉及太阳光和地面的角度问题．研究太阳光和地面的角度问题常需要用到正切函数的性质与图像．

图 3－7－1

由正切的定义可知，对于任意一个给定的实数 x，只要 $x \neq k\pi + \frac{\pi}{2}(k \in \mathbf{Z})$，都有唯一确定的正切值 $\tan x$ 与之对应，按照这个对应关系所建立的函数称为正切函数，表示为 $y = \tan x$. 正切函数的定义域是 $\{x \mid x \in \mathbf{R}$ 且 $x \neq k\pi + \frac{\pi}{2},\ k \in \mathbf{Z}\}$．本节探讨正切函数的图像和性质．

【知识探究】正切函数的图像

由 $\tan(\pi + x) = \tan x$ 可得到正切函数 $y = \tan x$ 的最小正周期为 π，因此作其在 $\left(-\frac{\pi}{2},\ \frac{\pi}{2}\right)$ 上的图像，再由周期性得到其在定义域内的图像．将表 3－7－1 所示对应点 $(x,\ y)$ 描到平面直角坐标系中，并用光滑的曲线连接得到 $y = \tan x$ 在 $\left(-\frac{\pi}{2},\ \frac{\pi}{2}\right)$ 内图像，只需将图像的位置向左平移 π，2π，…就可得到函数 $y = \tan x$ 的整个图像（见图 3－7－2）．

表 3－7－1

x	$-\frac{\pi}{3}$	$-\frac{\pi}{4}$	$-\frac{\pi}{6}$	0	$\frac{\pi}{6}$	$\frac{\pi}{4}$	$\frac{\pi}{3}$
$y = \tan x$	$-\sqrt{3}$	-1	$-\frac{\sqrt{3}}{3}$	0	$\frac{\sqrt{3}}{3}$	1	$\sqrt{3}$

因为 $y = \tan x$ 的定义域是 $\left\{x \mid x \neq \frac{\pi}{2} + k\pi,\ k \in \mathbf{Z}\right\}$，其图像由无穷多支曲线所组成，它们

被直线 $x=\pm\frac{\pi}{2}$，$x=\pm\frac{3\pi}{2}$，$x=\pm\frac{5\pi}{2}$等即 $x=k\pi+\frac{\pi}{2}(k\in\mathbf{Z})$ 所隔开．

正切函数的图像称为**正切曲线**，是由通过点 $\left(\frac{\pi}{2}+k\pi,\ 0\right)$ $(k\in\mathbf{Z})$ 且与 y 轴相互平行的直线隔开的无穷多条曲线组成．

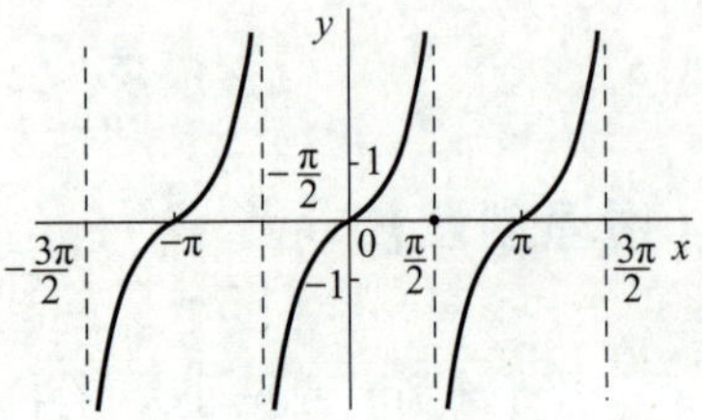

图 3-7-2

【知识探究二】正切函数的性质

1）周期性

由诱导公式 $\tan(x+k\pi)=\tan x$，可知正切函数是周期函数，最小正周期是 π.

2）奇偶性

由诱导公式 $\tan(-x)=-\tan x$，可知正切函数是奇函数．

3）单调性

观察正切曲线可知，正切函数在区间 $\left(-\frac{\pi}{2},\ \frac{\pi}{2}\right)$ 上单调递增．由正切函数的周期性可得，正切函数在每一个区间 $\left(-\frac{\pi}{2}+k\pi,\ \frac{\pi}{2}+k\pi\right)$ $(k\in\mathbf{Z})$ 上都单调递增．

4）值域

当 $x\in\left(-\frac{\pi}{2},\ \frac{\pi}{2}\right)$ 时，$\tan x$ 在 $(-\infty,\ +\infty)$ 内可取到任意实数值，但没有最大值、最小值．因此，正切函数的值域是实数集 $\mathbf{R}$.

【应用举例】

例 1 求函数 $y=\frac{1}{\tan x-1}$ 的定义域．

解： 要使 $y=\frac{1}{\tan x-1}$ 有意义，必须使 $\tan x-1\neq0$，即 $\tan x\neq1$，求得

$$x\neq\frac{\pi}{4}+k\pi\ (k\in\mathbf{Z}).$$

> 不仅要考虑到使函数有意义，也要考虑到 $\tan x$ 自身的限制．

因此，函数的定义域为

$$\left\{x\ \middle|\ x\neq\frac{\pi}{4}+k\pi \text{ 且 } x\neq\frac{\pi}{2}+k\pi,\ k\in\mathbf{Z}\right\}.$$

例 2 不通过求值，比较下列各组中两个正切函数值的大小．

(1) $\tan 138^\circ$ 与 $\tan 143^\circ$.

(2) $\tan\left(-\frac{13\pi}{4}\right)$ 与 $\tan\left(-\frac{17\pi}{5}\right)$.

解：（1）因为$138°<143°$，且函数 $y=\tan x$ 在每一个区间$\left(-\dfrac{\pi}{2}+k\pi,\ \dfrac{\pi}{2}+k\pi\right)$（$k\in\mathbf{Z}$）上都单调递增，所以 $\tan 138°<\tan 143°$.

（2）$\tan\left(-\dfrac{13\pi}{4}\right)=-\tan\dfrac{13\pi}{4}$，$\tan\left(-\dfrac{17\pi}{5}\right)=-\tan\dfrac{17\pi}{5}$，

因为 $\tan(x+k\pi)=\tan x$，所以 $\tan\dfrac{13\pi}{4}=\tan\left(3\pi+\dfrac{\pi}{4}\right)=\tan\dfrac{\pi}{4}$，$\tan\dfrac{17\pi}{5}=\tan\left(3\pi+\dfrac{2\pi}{5}\right)=\tan\dfrac{2\pi}{5}$. 又因为$\dfrac{\pi}{4}<\dfrac{2\pi}{5}$，且函数 $y=\tan x$ 在每一个区间$\left(-\dfrac{\pi}{2}+k\pi,\ \dfrac{\pi}{2}+k\pi\right)$（$k\in\mathbf{Z}$）上都单调递增，所以

> 比较两个正切值大小，关键是把相应的角化到 $y=\tan x$ 的同一单调区间内，再利用 $y=\tan x$ 的单调递增性解决.

$$\tan\frac{\pi}{4}<\tan\frac{2\pi}{5},$$

即

$$\tan\left(-\frac{13\pi}{4}\right)>\tan\left(-\frac{17\pi}{5}\right).$$

例 3　求 $y=\tan 3x$ 的最小正周期.

解：因为 $\tan(3x+\pi)=\tan 3x$，即

$$\tan\left[3\left(x+\frac{\pi}{3}\right)\right]=\tan 3x,\ f\left(x+\frac{\pi}{3}\right)=f(x),$$

这说明自变量 x，至少要增加$\dfrac{\pi}{3}$，函数的值才能重复取得，所以函数 $y=\tan 3x$ 的最小正周期是$\dfrac{\pi}{3}$.

【巩固练习】

1. 函数 $y=\tan 5x$ 的定义域是（　　）.

A. $\left\{x\,|\,x\neq\dfrac{k\pi}{10}+\dfrac{\pi}{5},\ k\in\mathbf{Z}\right\}$　　B. $\left\{x\,|\,x=\dfrac{k\pi}{10}+\dfrac{\pi}{5},\ k\in\mathbf{Z}\right\}$

C. $\left\{x\,|\,x\neq\dfrac{k\pi}{5}+\dfrac{\pi}{10},\ k\in\mathbf{Z}\right\}$　　D. $\left\{x\,|\,x=\dfrac{k\pi}{5}+\dfrac{\pi}{10},\ k\in\mathbf{Z}\right\}$

2. 函数 $y=\dfrac{1}{\tan x}\left(-\dfrac{\pi}{4}<x<\dfrac{\pi}{4}\right)$，且 $x\neq 0$ 的值域是（　　）.

A. $(-1,1)$　　B. $(-\infty,-1)\cup(1,+\infty)$

C. $(-\infty,1)$　　D. $(-1,+\infty)$

3. 函数 $f(x)=\dfrac{\tan x}{2-\cos x}$的奇偶性是（　　）.

A. 是奇函数　　B. 是偶函数

C. 既是奇函数又是偶函数　　D. 既不是奇函数又不是偶函数

4. 函数 $y=\tan(\sin x)$ 的值域是（　　）

A. $\left[-\frac{\pi}{4}, \frac{\pi}{4}\right]$　　B. $\left[-\frac{\sqrt{2}}{2}, \frac{\sqrt{2}}{2}\right]$

C. $[-\tan 1, \tan 1]$　　D. $[-1, 1]$

5. 函数 $y=-\tan^2 x+4\tan x+1$，$x\in\left[-\frac{\pi}{4}, \frac{\pi}{4}\right]$的值域为________.

6. 不通过求值，比较下列各组中两个正切值的大小.

（1）$\tan 167°$与$\tan 173°$.

（2）$\tan\left(-\frac{11\pi}{4}\right)$与$\tan\left(-\frac{13\pi}{5}\right)$.

7. 若函数$f(x)=\tan^2 x-a\tan x\left(|x|\leqslant\frac{\pi}{4}\right)$的最小值为6，则实数$a$的值为________.

8. 设函数$f(x)=\tan\left(\frac{x}{2}-\frac{\pi}{3}\right)$.

（1）求函数$f(x)$的定义域、最小正周期.

（2）求不等式$-1\leqslant f(x)\leqslant\sqrt{3}$的解集.

3.8　正弦函数的图像与性质

【情境创设】

图3-8-1所示为一水平放置的弹簧振子. 将小球拉离平衡位置后释放，则小球将左右运动，从某一时刻开始，如果记x（单位：s）后小球的位移为y（单位：cm），则由物理知识可得到y与x的关系，可以写成$y=A\sin(\omega x+m)$的形式，其中A，ω，m都是常数.

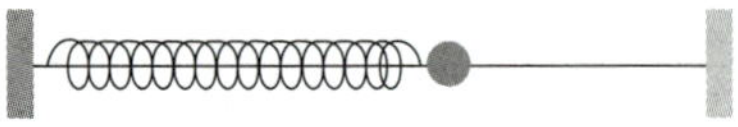

图3-8-1

你知道场景蕴含着的三角函数的变化规律吗？本节将探讨这个问题.

【知识探究一】正弦型函数的定义

一般地，形如$y=A\sin(\omega x+\varphi)$的函数，称为正弦型函数，其中$A$，$\omega$，$\varphi$都是常数，且$A\neq0$，$\omega\neq0$.

通常把A称为振动的振幅，函数的最大值$y_{max}=A$，最小值$y_{min}=-A$. 往复振动一次所需的时间$T=\frac{2\pi}{\omega}$称为这个振动的周期，单位时间内往复振动的次数$f=\frac{1}{T}=\frac{\omega}{2\pi}$称为振动的频率，$\omega x+\varphi$称为相位，$x=0$时的相位$\varphi$称为初相.

显然，正弦型函数由参数A，ω，φ所确定. 因此，只要了解这些参数的意义，知道它们的变化对函数图像的影响，就能把握这个函数的性质.

【知识探究二】正弦型函数图像的性质

1）探究 φ 对 $y=A\sin(\omega x+\varphi)$ 图像的影响

下面观察 $y=\sin x$，$y=\sin\left(x+\frac{\pi}{2}\right)$ 与 $y=\sin\left(x-\frac{\pi}{2}\right)$ 的图像间的关系.

列表（见表 3－8－1）.

表 3－8－1

x	$-\frac{\pi}{2}$	0	$\frac{\pi}{2}$	π	$\frac{3\pi}{2}$	x	$\frac{\pi}{2}$	π	$\frac{3\pi}{2}$	2π	$\frac{5\pi}{2}$
$x+\frac{\pi}{2}$	0	$\frac{\pi}{2}$	π	$\frac{3\pi}{2}$	2π	$x-\frac{\pi}{2}$	0	$\frac{\pi}{2}$	π	$\frac{3\pi}{2}$	2π
$\sin\left(x+\frac{\pi}{2}\right)$	0	1	0	-1	0	$\sin\left(x-\frac{\pi}{2}\right)$	0	1	0	-1	0

描点并将它们用光滑的曲线连接起来（见图 3－8－2）.

如图 3－8－2 所示，把正弦曲线 $y=\sin x$ 上的所有点向左平移$\frac{\pi}{2}$个单位长度，就得到$y=\sin\left(x+\frac{\pi}{2}\right)$的图像；把正弦曲线 $y=\sin x$ 上的所有点向右平移$\frac{\pi}{2}$个单位长度，就得到 $y=\sin\left(x-\frac{\pi}{2}\right)$ 的图像.

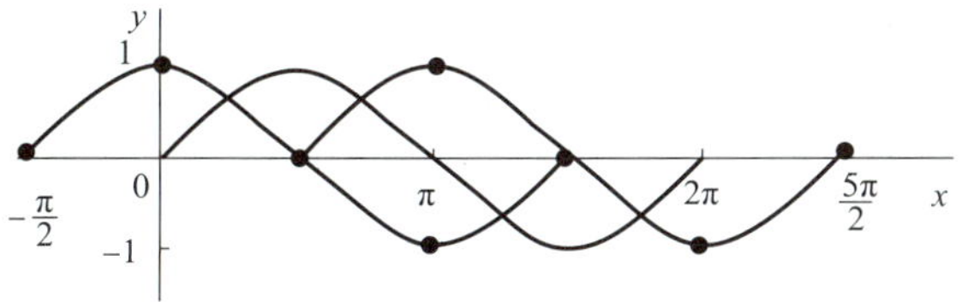

图 3－8－2

$y=\sin(x+\varphi)$ $(\varphi\neq0)$ 的图像是由 $y=\sin x$ 的图像向左（当 $\varphi>0$）或向右（当 $\varphi<0$）平移 $|\varphi|$ 个单位而成.

2）探究 ω 对 $y=A\sin(\omega x+\varphi)$ 图像的影响

下面观察 $y=\sin x$，$y=\sin\frac{1}{2}x$ 与 $y=\sin2x$ 的图像间的关系.

首先，用“五点法”画函数 $y=\sin x$ 在 $[0,2\pi]$ 的简图.

按五个关键点列表（见表 3－8－2）.

表 3－8－2

x	0	$\frac{\pi}{2}$	π	$\frac{3\pi}{2}$	2π
$y=\sin x$	0	1	0	-1	0

描点并将它们用光滑的曲线连接起来（见图 3-8-3）.

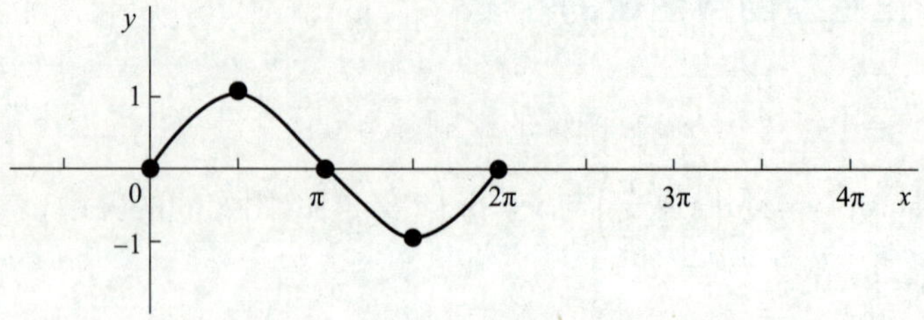

图 3-8-3

其次，在同一直角坐标系内用“五点法”画函数 $y=\sin 2x$ 在 $[0, 2\pi]$ 的简图.

按五个关键点列表（见表 3-8-3）.

表 3-8-3

$2x$	0	$\frac{\pi}{2}$	π	$\frac{3\pi}{2}$	2π
x	0	$\frac{\pi}{4}$	$\frac{\pi}{2}$	$\frac{3\pi}{2}$	π
$\sin 2x$	0	1	0	-1	0

描点并将它们用光滑的曲线连接起来（见图 3-8-4）.

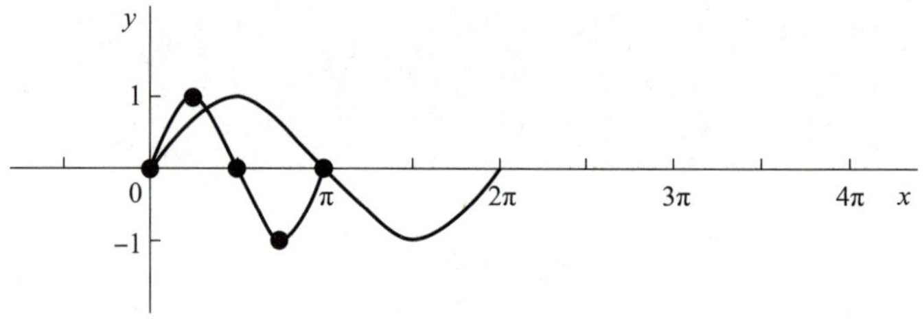

图 3-8-4

如图 3-8-3 和图 3-8-4 所示，把 $y=\sin x$ 的图像上所有的点的横坐标缩短到原来的 $\frac{1}{2}$ 倍（纵坐标不变），就得到 $y=\sin 2x$ 的图像. $y=\sin 2x$ 的周期为 π，是 $y=\sin 2x$ 周期的 $\frac{1}{2}$ 倍.

最后，在同一直角坐标系内用“五点法”画函数 $y=\sin\frac{1}{2}x$ 在 $[0, 2\pi]$ 的简图.

按五个关键点列表（见表 3-8-4）.

表 3-8-4

$\frac{1}{2}x$	0	$\frac{\pi}{2}$	π	$\frac{3\pi}{2}$	2π
x	0	π	2π	3π	4π
$\sin\frac{1}{2}$	0	1	0	-1	0

描点并将它们用光滑的曲线连接起来（见图 3－8－5）.

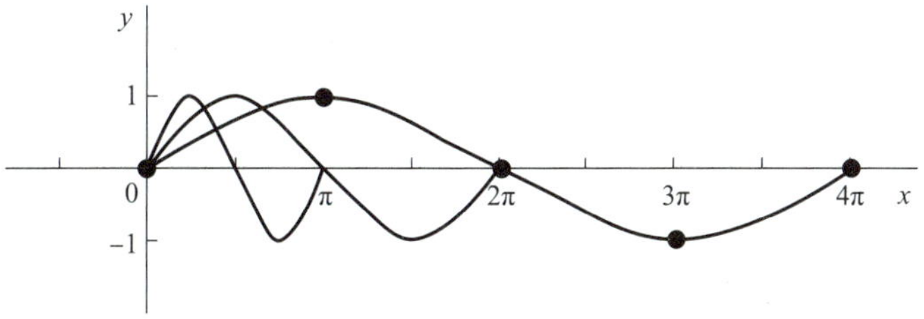

图 3－8－5

如图 3－8－5 所示，把 $y=\sin x$ 的图像上所有的点的横坐标扩大到原来的 2 倍（纵坐标不变），就得到 $y=\sin\frac{1}{2}x$ 的图像．$y=\sin\frac{1}{2}x$ 的周期为 4π，是 $y=\sin x$ 周期的 2 倍．

3）探究 A 对 $y=A\sin(\omega x+\varphi)$ 图像的影响

为了更加直观地观察参数 A 对函数图像的影响，下面观察 $y=\sin x$，$y=2\sin x$ 与 $y=\frac{1}{2}\sin x$的图像间的关系．首先我们用“五点法”画简图．因为这两个函数都是周期函数，且周期为 2π，所以我们先画它们在 $[0,\ 2\pi]$ 上的简图．

按五个关键点列表（见表 3－8－5）.

表 3－8－5

x	0	$\frac{\pi}{2}$	π	$\frac{3\pi}{2}$	2π
$\sin x$	0	1	0	-1	0
$2\sin x$	0	2	0	-2	0
$\frac{1}{2}\sin x$	0	$\frac{1}{2}$	0	$-\frac{1}{2}$	0

描点并将它们用光滑的曲线连接起来（见图 3－8－6）.

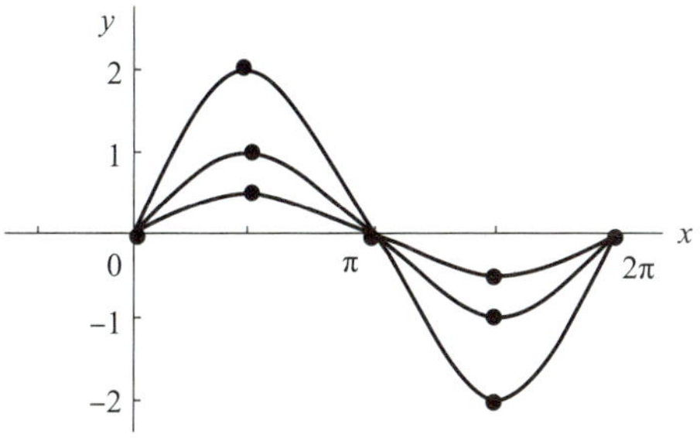

图 3－8－6

观察图像可以发现：A 使正弦函数相应的函数值发生变化．$y=A\sin x$（$A>0$，$A\neq1$）的图像是由 $y=\sin x$ 的图像沿 y 轴方向伸长（当 $A>1$ 时）或缩短（当 $0<A<1$ 时）A 倍而成．

一般地，函数 $y=A\sin(\omega x+\varphi)$ 的图像，可以看作是把 $y=\sin(\omega x+\varphi)$ 图像上所有点的纵坐标伸长（当 $A>1$ 时）或缩减（当 $0<A<1$ 时）到原来的 A 倍（横坐标不变）而得到．从而，函数 $y=A\sin(\omega x+\varphi)$ 的值域是 $[-A,\ A]$，最大值是 A，最小值是 $-A$.

思考：你能总结一下从正弦函数图像出发，通过图像变换得到 $y=A\sin(\omega x+\varphi)$（$A>0$，$\omega>0$）的图像的过程与方法吗？

一般地，函数 $y=A\sin(\omega x+\varphi)$（$A>0$，$\omega>0$）的图像，可以用以下方法得到：先画出函数 $y=\sin x$ 的图像；再把正弦曲线向左（或右）平移 $|\varphi|$ 个单位，得到函数 $y=\sin(x+\varphi)$ 的图像；然后把曲线上各点的横坐标变为原来的 $\frac{1}{\omega}$ 倍（纵坐标不变），得到函数 $y=\sin(\omega x+\varphi)$ 的图像；最后把曲线上各点的纵坐标变为原来的 A 倍（横坐标不变），这时的曲线就是函数 $y=A\sin(\omega x+\varphi)$ 的图像．

这一过程的步骤如图 3－8－7 所示．

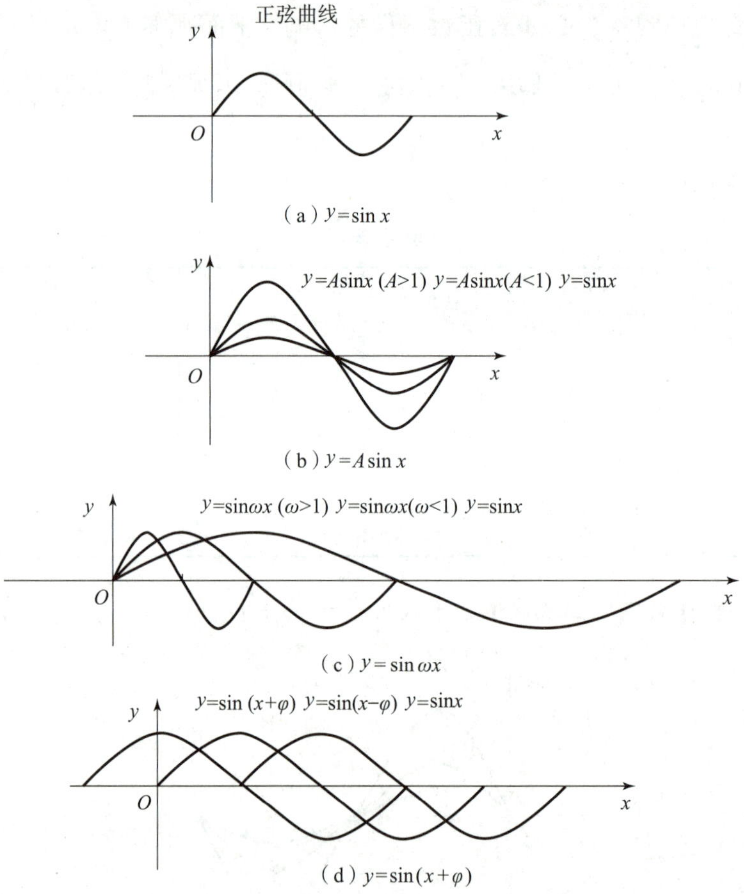

图 3－8－7

从上述步骤可以清楚地看到，参数 A，ω，φ 是如何对函数图像产生影响的．

【应用举例】

例 1　画出函数 $y=3\sin\left(2x+\frac{\pi}{3}\right)$ 的简图．

解： 先画出函数 $y=\sin x$ 的图像；再把正弦曲线向左平移 $\frac{\pi}{3}$ 个单位长度，得到函数 $y=\sin\left(x+\frac{\pi}{3}\right)$ 的图像；然后使曲线上各点的横坐标变为原来的 $\frac{1}{2}$ 倍，得到函数 $y=\sin\left(2x+\frac{\pi}{3}\right)$ 的图像；最后把曲线上各点的横坐标变为原来的 3 倍，这时的曲线就是函数 $y=3\sin\left(2x+\frac{\pi}{3}\right)$ 的图像，如图 3－8－8 所示．

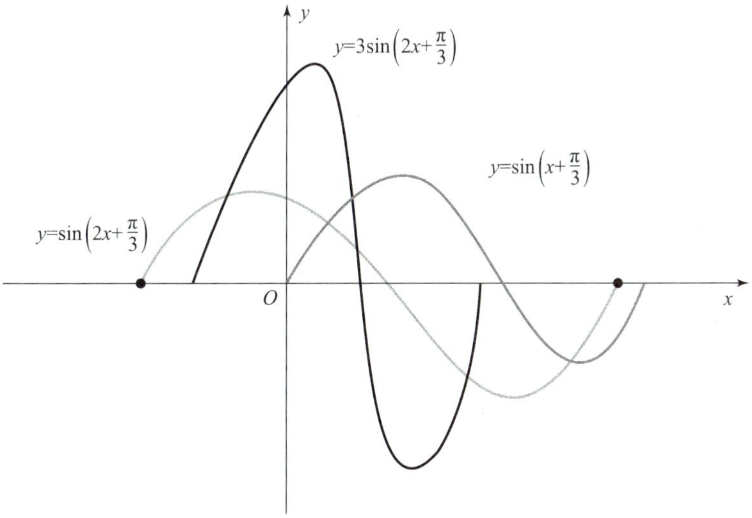

图 3－8－8

下面用“五点法”画函数 $y=3\sin\left(2x+\frac{\pi}{3}\right)$ 在一个周期（π）内的图像．

令 $X=2x+\frac{\pi}{3}$，则 $x=\frac{1}{2}\left(X-\frac{\pi}{3}\right)$. 列表（见表 3－8－6），描点画图（见图 3－8－9）．

表 3－8－6

X	0	$\frac{\pi}{2}$	π	$\frac{3\pi}{2}$	2π
x	$-\frac{\pi}{6}$	$\frac{\pi}{12}$	$\frac{\pi}{3}$	$\frac{7\pi}{12}$	$\frac{5\pi}{6}$
y	0	3	0	-3	0

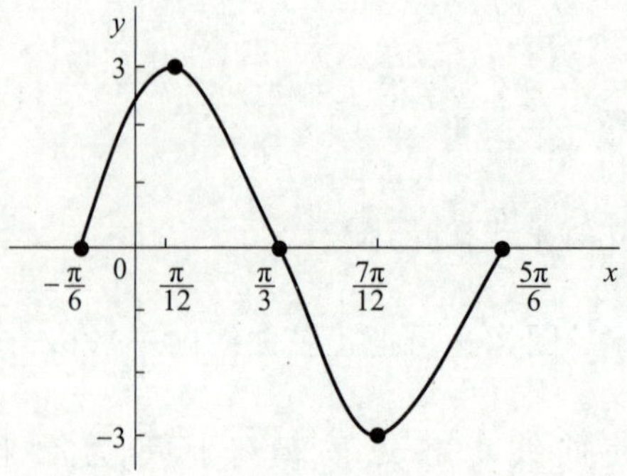

图 3-8-9

例 2 已知函数 $y=4\sin\left(2x-\frac{\pi}{3}\right)$.

（1）求值域及周期.

（2）由 $y=\sin x$ 图像怎样变换得到 $y=4\sin\left(2x-\frac{\pi}{3}\right)$ 图像.

解：（1）当 $2x-\frac{\pi}{3}=\frac{\pi}{2}+2k\pi$ 时，即 $x=\frac{5\pi}{12}+k\pi$ 时，$\sin\left(2x-\frac{\pi}{3}\right)$取最大值，$y_{\max}=4$，

当 $2x-\frac{\pi}{3}=-\frac{\pi}{2}+2k\pi$ 时，即 $x=-\frac{\pi}{12}+k\pi$ 时，$\sin\left(2x-\frac{\pi}{3}\right)$取最小值，$y_{\min}=-4$，

$y=4\sin\left(2x-\frac{\pi}{3}\right)$的周期 $T=\frac{2\pi}{2}=\pi$. 所以值域为［-4，4］，周期为 π.

（2）先把正弦曲线 $y=\sin x$ 向右平移$\frac{\pi}{3}$个单位长度，得到函数 $y=\sin\left(x-\frac{\pi}{3}\right)$的图像；然后使曲线上各点的横坐标变为原来的$\frac{1}{2}$倍，得到函数 $y=\sin\left(2x-\frac{\pi}{3}\right)$的图像；最后把曲线上各点的纵坐标变为原来的$\frac{1}{4}$倍，这时的曲线就是函数 $y=\frac{1}{4}\sin\left(2x-\frac{\pi}{3}\right)$的图像.

例 3 某景区每年都会接待大批游客，在景区的一家专门为游客提供食宿的客栈中，工作人员发现为游客准备的食物有些月份浪费严重. 为了控制经营成本，减少浪费，计划适时调整投入. 为此他们统计了每个月入住的游客人数，发现每年各个月份来客栈入住的游客人数呈周期性变化，并且有以下规律：

①每年相同的月份，入住客栈的游客人数基本相同；

②入住客栈的游客人数在 2 月份最少，在 8 月份最多，相差约 400 人；

③2 月份入住客栈的游客约有 100 人，随后逐月递增，在 8 月份达到最多.

（1）试用一个正弦型三角函数描述一年中入住客栈的游客人数与月份之间的关系.

（2）请问客栈在哪几个月份要准备 400 份以上的食物？

解：（1）设该函数为 $f(x)=A\sin(\omega x+\varphi)+B$（$A>0$，$\omega>0$，$|\varphi|<\pi$），其中 $x=1$，2，…，12. 根据①，可知这个函数的周期是 12；由②，可知 $f(2)$ 最小，$f(8)$ 最大，且 $f(8)-f(2)=400$，故该函数的振幅为 200；由③，可知 $f(x)$ 在［2，8］上单调递增，且 $f(2)=100$，所以 $f(8)=500$. 根据上述分析可得$\frac{2\pi}{\omega}=12$，故 $\omega=\frac{\pi}{6}$. 又 $A=200$，则 $B=$

$500-200=300$. 当 $x=2$ 时，$f(x)$ 最小，当 $x=8$ 时，$f(x)$ 最大，故 $\sin\left(2\times\frac{\pi}{6}+\varphi\right)=-1$，且 $\sin\left(8\times\frac{\pi}{6}+\varphi\right)=1$. 又 $|\varphi|<\pi$，故 $\varphi=-\frac{5\pi}{6}$. 所以入住客栈的游客人数与月份之间的函数关系式为 $f(x)=200\sin\left(\frac{\pi}{6}x-\frac{5\pi}{6}\right)+300(x=1,2,\cdots,12)$.

(2)由条件，可知 $f(x)\geqslant 400$，化简得 $\sin\left(\frac{\pi}{6}x-\frac{5\pi}{6}\right)\geqslant\frac{1}{2}$，即 $2k\pi+\frac{\pi}{6}\leqslant\frac{\pi}{6}x-\frac{5\pi}{6}\leqslant 2k\pi+\frac{5\pi}{6}$，$k\in\mathbf{Z}$，解得 $12k+6\leqslant x\leqslant 12k+10$，$k\in\mathbf{Z}$. 因为 $x\in\mathbf{N}^*$，且 $1\leqslant x\leqslant 12$，故 $x=6,7,8,9,10$. 即客栈在6，7，8，9，10这五个月份要准备400份以上的食物.

【巩固练习】

1. 函数 $y=5\sin\left(\frac{x}{2}-\frac{\pi}{6}\right)$ 的周期、振幅分别是（　　）.

A. 4π，5　　B. 4π，-5　　C. π，5　　D. π，-5

2. 要得到函数 $y=\sin x$ 的图像，只需将函数 $y=\sin\left(x-\frac{\pi}{3}\right)$ 的图像（　　）.

A. 向左平移 $\frac{\pi}{3}$　　B. 向右平移 $\frac{\pi}{3}$

C. 向左平移 $\frac{2\pi}{3}$　　D. 向右平移 $\frac{2\pi}{3}$

3. 某函数的图像向右平移 $\frac{\pi}{2}$ 后得到的图像的函数式是 $y=\sin\left(x+\frac{\pi}{4}\right)$，则此函数表达式为（　　）.

A. $y=\sin\left(x+\frac{3\pi}{4}\right)$　　B. $y=\sin\left(x+\frac{\pi}{2}\right)$

C. $y=\sin\left(x-\frac{\pi}{4}\right)$　　D. $y=\sin\left(x+\frac{\pi}{4}\right)$

4. 同时具有性质“（1）最小正周期是 π；（2）图像关于直线 $x=\frac{\pi}{3}$ 对称；（3）在 $\left[-\frac{\pi}{6},\frac{\pi}{3}\right]$ 上是增函数”的一个函数是（　　）.

A. $y=\sin\left(\frac{x}{2}+\frac{\pi}{6}\right)$　　B. $y=\cos\left(2x+\frac{\pi}{3}\right)$

C. $y=\sin\left(2x-\frac{\pi}{6}\right)$　　D. $y=\cos\left(2x-\frac{\pi}{6}\right)$

5. $y=\sin\left(2x-\frac{\pi}{4}\right)$ 的图像是由 $y=\sin\left(2x+\frac{\pi}{4}\right)$ 的图像向________平移________个单位得到的.

6. 函数 $y=A\sin(\omega x+\varphi)$ $\left(A>0,\ \omega>0,\ |\varphi|<\frac{\pi}{2}\right)$ 在一个周期内的图像如图3－8－10所示，此函数的解析式为________.

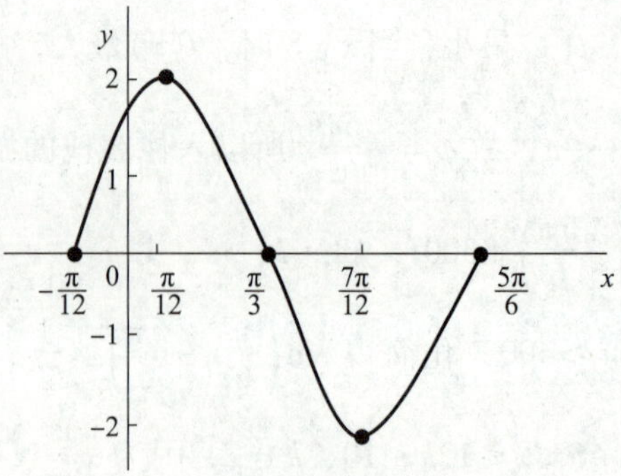

图 3-8-10

7. 已知函数 $y=A\sin(\omega x+\varphi)$（$A>0$，$\omega>0$，$|\varphi|<\pi$）的最小正周期是$\frac{2\pi}{3}$，最小值是 -2，且图像经过点$\left(\frac{5\pi}{9},0\right)$，求这个函数的解析式.

8. 筒车是我国古代利用水力驱动的灌溉工具，唐代陈廷章在《水轮赋》中写道："水能利物，轮乃曲成". 如图 3-8-11 所示，一个半径为 4 m 的筒车按逆时针方向每分钟转 1.5 圈，筒车的轴心 O 距离水面高度为 2 m. 设筒车上的某个盛水筒 P 到水面的距离 d（单位：m）（在水面下则 d 为负数），若以盛水筒 P 刚浮出水面时开始计算时间，则 d 与时间 t（单位：s）之间的关系为

$$d=A\sin(\omega t+\varphi)+K\left(A>0,\ \omega>0,\ -\frac{\pi}{2}<\varphi<\frac{\pi}{2}\right).$$

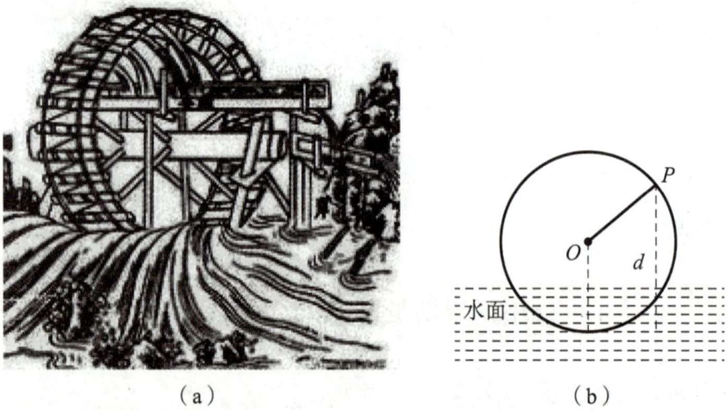

图 3-8-11

（1）求 A，ω，φ，K 的值.

（2）盛水筒出水后至少经过多少时间可以到达最高点（精准到 0.01 s）?

3.9 反三角函数的图像与性质

【情境创设】

三角学源自测量，天文测量、航海测量等都是利用三角形之间的边角关系来实现的，即

利用比值与角之间的关系得到距离、高度和角度．而在测量的实际计算过程中我们经常遇到以下两类相反的问题．

一类是已知角值求比值，这是已经学习过的．例如，函数 $y=\sin x$，自变量 x 可以看成某个角的弧度数，每一个 x 有唯一的正弦值 y 与之对应．例如以下两种情况．

（1）已知 $x=\frac{\pi}{4}$，则其正弦值 $y=\sin\frac{\pi}{4}=\frac{\sqrt{2}}{2}$.

（2）已知 $x=\frac{1}{2}$，则其正弦值 $y=\sin\frac{1}{2}$.

而另一类相反的问题是已知比值求角值．

例如以下两种情况．

（1）已知 $\sin x=\frac{\sqrt{3}}{2}$，$x=\frac{\pi}{3}$，$x=\frac{2\pi}{3}$，….

（2）已知 $\sin x=\frac{1}{5}$，$x=$＿＿＿＿＿＿＿＿.

这产生了怎样用正弦值表示相应角的问题，在正弦函数 $y=\sin x$ 中，角值是自变量，正弦值是因变量，而这类问题要解决的是已知正弦值，如何确定相应的角值？所以，这类问题需要反过来，由正弦函数的因变量去确定自变量，即需要考虑正弦函数的反函数．

【知识探究一】反函数的定义

思考：2.5 节学习了反函数，正弦函数 $y=\sin x$（$x\in\mathbf{R}$）的反函数是否存在？为什么？

第 3.3 节已经学习了正弦函数 $y=\sin x$ 和它的图像（如图 3－9－1 所示），可以看到，对于 x 在定义域 $\mathbf{R}$ 上的每一个值，y 都在 $[-1,1]$ 上有唯一的值和它对应．例如，对于 $x=\frac{\pi}{6}$，有 $y=\sin\frac{\pi}{6}=\frac{1}{2}$ 和它对应．

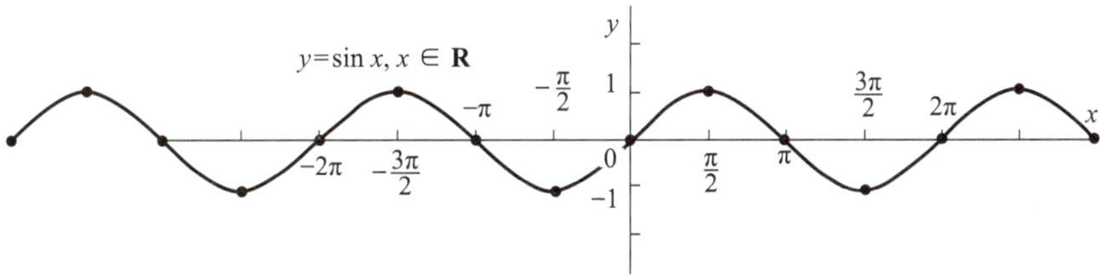

图 3－9－1

反过来，对于 y 在 $[-1,1]$ 上的每一个值，x 有无穷多个值和它对应．由此可见，对于 y 在 $[-1,1]$ 上的每一个值，没有唯一确定的 x 值和它对应．所以，函数 $y=\sin x$（$x\in\mathbf{R}$）没有反函数．因为三角函数具有很好的周期性、奇偶性，所以选取 $\mathbf{R}$ 中一个适当的子集，即 $y=\sin x$，$x\in\left[-\frac{\pi}{2},\frac{\pi}{2}\right]$，使它们的图像如图 3－9－2 所示．

这时的正弦函数在上述定义域内就存在反函数，包含锐角、最大的单调区间，称为三角函数的主值区间．本节只讨论三角函数在其主值区间上的反函数．

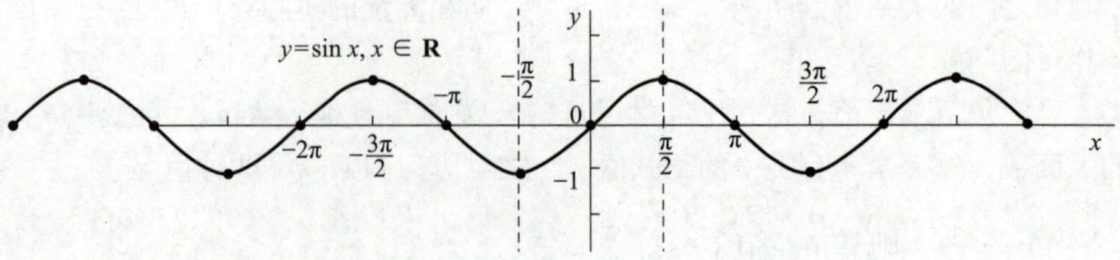

图 3 -9 -2

【知识探究二】反正弦函数

1）反正弦函数的定义

正弦函数 $y=\sin x$ 在主值区间 $x\in\left[-\frac{\pi}{2},\frac{\pi}{2}\right]$ 上的反函数，称为反正弦函数，记作 $y=\arcsin x$，或 $y=\sin^{-1}x$，$x\in[-1,1]$，$y\in\left[-\frac{\pi}{2},\frac{\pi}{2}\right]$.

根据反三角函数的定义可得到

$$\sin(\arcsin x)=x,\ x\in[-1,1].$$

$$\arcsin(-x)=-\arcsin x,\ x\in[-1,1].$$

> $y=\sin^{-1}x$ 是区间 $\left[-\frac{\pi}{2},\frac{\pi}{2}\right]$ 上正弦值等于 x 的一个角．注意区分：$(\sin x)^{-1}=\frac{1}{\sin x}$，$\sin^{-1}x=\arcsin x$.

2）反正弦函数的性质

（1）定义域和值域．

观察图 3 -9 -3，可以发现 $y=\arcsin x$ 的定义域是 $[-1,1]$，值域是 $\left[-\frac{\pi}{2},\frac{\pi}{2}\right]$，且在 $x=-1$ 时取到最小值 $-\frac{\pi}{2}$.

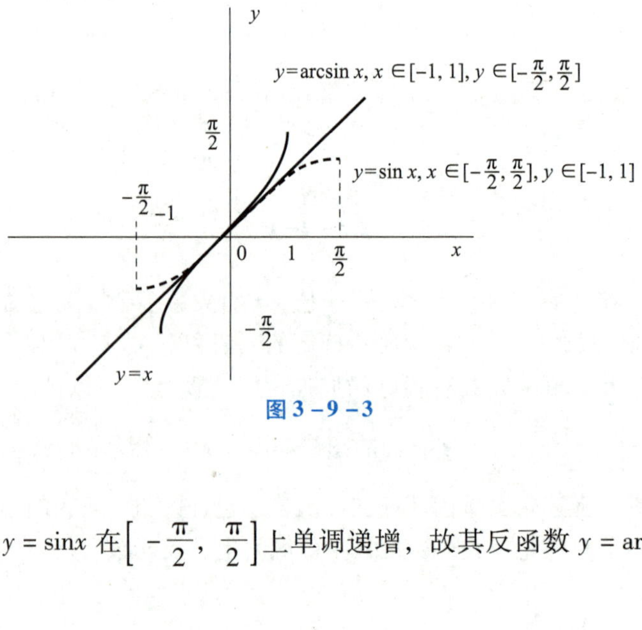

图 3 -9 -3

（2）单调性．

由于正弦函数 $y=\sin x$ 在 $\left[-\frac{\pi}{2},\frac{\pi}{2}\right]$ 上单调递增，故其反函数 $y=\arcsin x$ 在 $[-1,1]$

上也是单调递增的.

(3) 奇偶性.

由 $y=\arcsin x$, $x\in[-1, 1]$ 的图像可知，它的图像关于原点对称，且 $\arcsin(-x)=-\arcsin x$，则它是一个奇函数.

互为反函数的两个函数图像关于直线 $y=x$ 对称，函数 $y=\sin x$, $x\in\left[-\frac{\pi}{2}, \frac{\pi}{2}\right]$ 与函数 $y=\arcsin x$, $x\in[-1, 1]$ 的图像关于 $y=x$ 对称.

【知识探究三】反余弦函数

1) 反余弦函数的定义

函数 $y=\cos x$, $x\in[0, \pi]$ 的反函数称为反余弦函数，记作 $y=\arccos x$, $x\in[-1, 1]$, $y\in[0, \pi]$.

根据反三角函数的定义可得到

$$\cos(\arccos x)=x,\ x\in[-1, 1],$$

$$\arccos(-x)=\pi-\arccos x,\ x\in[-1, 1].$$

2) 反余弦函数的性质

反余弦函数的图像如图 3-9-4 所示.

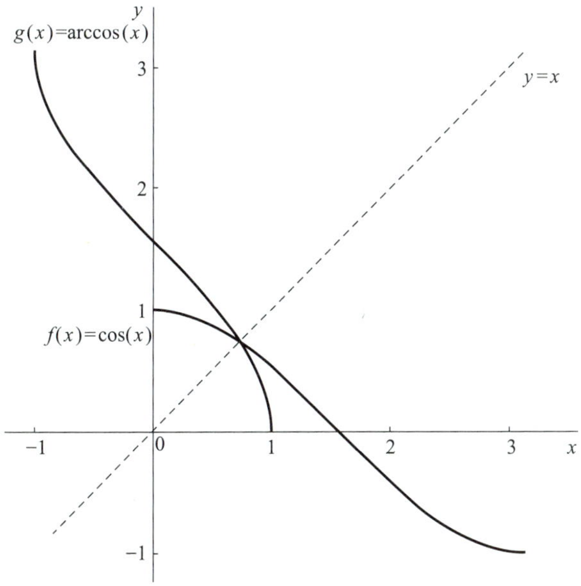

图 3-9-4

(1) 定义域和值域.

如图 3-9-4 所示，可以发现 $y=\arccos x$ 的定义域是 $[-1, 1]$，值域是 $[0, \pi]$，且在 $x=-1$ 时取到最大值 π.

(2) 单调性.

由于正弦函数 $y=\cos x$ 在 $[0, \pi]$ 上单调递减，故其反函数 $y=\arccos x$ 在 $[-1, 1]$ 上也是单调递减的.

（3）奇偶性．

由 $y=\arccos x$，$x\in[-1,1]$ 的图像可知，它是一个**非奇非偶函数**．

【知识探究四】反正切函数

> 对定义的理解．
> （1）$\arctan x$ 表示一个区间 $\left(-\frac{\pi}{2},\frac{\pi}{2}\right)$ 内的角．
> （2）这个角的正切值为 x.

1）反正切函数的定义

函数 $y=\tan x$，$x\in\left(-\frac{\pi}{2},\frac{\pi}{2}\right)$ 的反函数称为反正切函数，记作 $y=\arctan x$ 或 $y=\tan^{-1}x$，$x\in\mathbf{R}$，$y\in\left(-\frac{\pi}{2},\frac{\pi}{2}\right)$.

由反正切函数的定义有

$$\tan(\arctan x)=x，x\in\mathbf{R},$$

$$\arctan(-x)=-\arctan x，x\in\mathbf{R}.$$

所以 $\arctan(-x)=-\arctan x$，$x\in\mathbf{R}$.

2）反正切函数的性质

反正切函数的图像如图 3－9－5 所示．

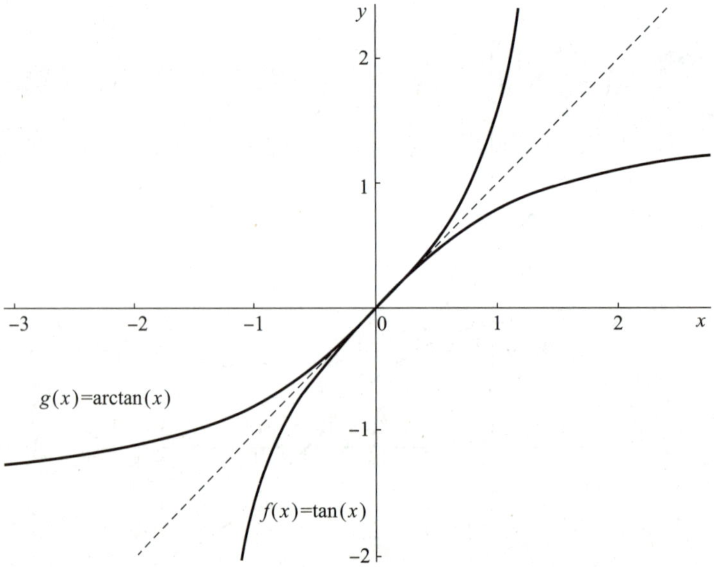

图 3－9－5

（1）定义域和值域．

如图 3－9－5 所示，可以发现 $y=\arctan x$ 的定义域是 $\mathbf{R}$，值域是 $\left(-\frac{\pi}{2},\frac{\pi}{2}\right)$.

（2）单调性．

$y=\arctan x$ 在 $\mathbf{R}$ 上单调递增．

（3）奇偶性．

由 $y=\arctan x$，$x\in\mathbf{R}$ 的图像可知，它的图像关于原点对称，且 $\arctan(-x)=-\arctan x$，

所以它是一个奇函数.

【知识探究五】反余切函数

1）反余切函数的定义

函数 $y=\cot x$，$x\in(0,\pi)$ 的反函数称为反余切函数，记作 $y=\text{arccot}x$ 或 $y=\cot^{-1}x$，$x\in\mathbf{R}$，$y\in(0,\pi)$.

由反余切函数的定义有

$$\cot(\text{arccot}x)=x\ (x\in\mathbf{R}).$$

2）反余切函数的性质

反余切函数的图像如图 3-9-6 所示.

（1）定义域和值域.

如图 3-9-6 所示，可以发现 $y=\text{arccot}x$ 的定义域是 $\mathbf{R}$，值域是 $(0,\pi)$.

（2）单调性.

$y=\text{arccot}x$ 在 $\mathbf{R}$ 上单调递减. 此外，$y=\text{arccot}x$ 为非奇非偶函数.

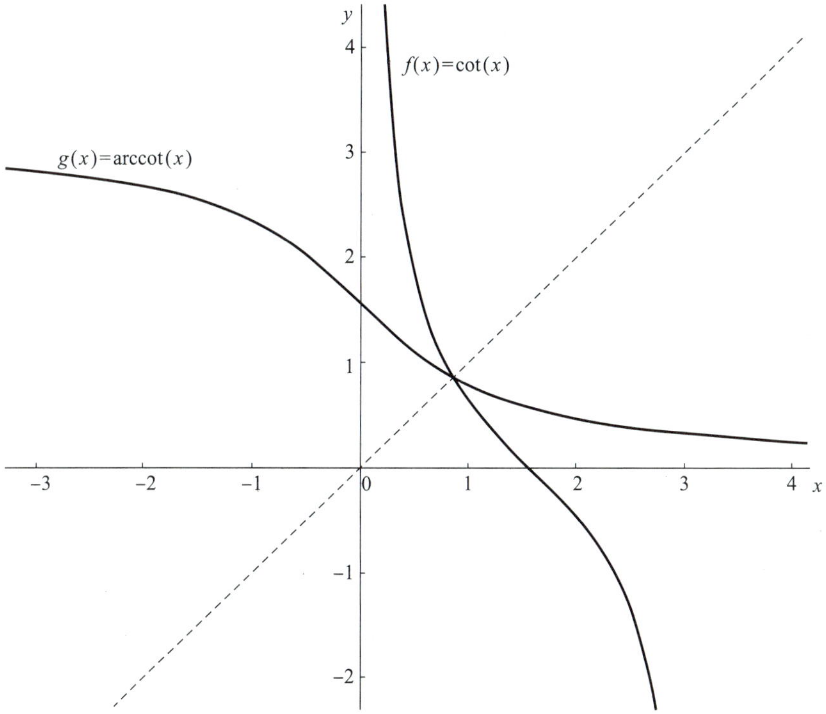

图 3-9-6

【应用举例】

例 1　用反三角函数值的形式表示下列各式中的 x.

（1）$\sin x=\frac{3}{5}$，$x\in\left[-\frac{\pi}{2},\frac{\pi}{2}\right]$.　　（2）$\sin x=-\frac{1}{4}$，$x\in\left[\frac{3\pi}{2},2\pi\right]$.

（3）$\cos x=-\frac{1}{3}$，$x\in[\pi,2\pi]$.　　（4）$\tan x=-2$，$x\in\left(-\frac{\pi}{2},\frac{\pi}{2}\right)$.

解：（1）因为 $x\in\left[-\frac{\pi}{2},\frac{\pi}{2}\right]$，由定义，可知 $x=\arcsin\frac{3}{5}$.

（2）因为 $x\in\left[\frac{3\pi}{2},2\pi\right]$，所以 $2\pi-x\in\left[0,\frac{\pi}{2}\right]$，$\sin(2\pi-x)=-\sin x=\frac{1}{4}$，所以 $2\pi-x=\arcsin\frac{1}{4}$，$x=2\pi-\arcsin\frac{1}{4}$.

（3）因为 $x\in[\pi,2\pi]$，所以 $\pi-x\in[0,\pi]$，$\cos(2\pi-x)=-\cos x=\frac{1}{3}$，所以 $2\pi-x=\arccos\frac{1}{3}$，$x=2\pi-\arccos\frac{1}{3}$.

（4）因为 $x\in\left(-\frac{\pi}{2},\frac{\pi}{2}\right)$，由定义，可知 $x=\arctan(-2)=-\arctan 2$.

注意：反正弦函数的值域为$\left[-\frac{\pi}{2},\frac{\pi}{2}\right]$，故反正弦函数的值仅能表示在$\left[-\frac{\pi}{2},\frac{\pi}{2}\right]$上的一个角．反余弦函数的值域为 $[0,\pi]$，故反余弦函数的值仅能表示在 $[0,\pi]$ 上的一个角.

例 2　求下列各式的值.

（1）$\arcsin\frac{\sqrt{3}}{2}$.（2）$\arccos\left(-\frac{\sqrt{3}}{2}\right)$.（3）$\arctan 1$.

解：（1）因为 $-\frac{\pi}{2}\leqslant\arcsin\frac{\sqrt{3}}{2}\leqslant\frac{\pi}{2}$，$\sin\frac{\pi}{3}=\frac{\sqrt{3}}{2}$，且$\frac{\pi}{3}\in\left[-\frac{\pi}{2},\frac{\pi}{2}\right]$，所以 $\arcsin\frac{\sqrt{3}}{2}=\frac{\pi}{3}$.

（2）因为 $0\leqslant\arccos\left(-\frac{\sqrt{3}}{2}\right)\leqslant\pi$，$\cos\frac{5\pi}{6}=-\frac{\sqrt{3}}{2}$，且$\frac{5\pi}{6}\in[0,\pi]$，所以 $\arccos\left(-\frac{\sqrt{3}}{2}\right)=\frac{5\pi}{6}$.

（3）因为 $-\frac{\pi}{2}\leqslant\arctan 1\leqslant\frac{\pi}{2}$，$\tan\frac{\pi}{4}=1$，且$\frac{\pi}{4}\in\left[-\frac{\pi}{2},\frac{\pi}{2}\right]$，所以 $\arctan 1=\frac{\pi}{4}$.

例 3　化简下列各式.

（1）$\arcsin\left(\sin\frac{\pi}{9}\right)$.　　（2）$\arcsin\left(\sin\frac{5\pi}{6}\right)$.

（3）$\arcsin(\sin 3.49\pi)$.

解：（1）因为$\frac{\pi}{9}\in\left[-\frac{\pi}{2},\frac{\pi}{2}\right]$，设 $\sin\frac{\pi}{9}=x$，所以 $\arcsin x=\frac{\pi}{9}$，即 $\arcsin\left(\sin\frac{\pi}{9}\right)=\frac{\pi}{9}$.

（2）因为$\frac{5\pi}{6}\notin\left[-\frac{\pi}{2},\frac{\pi}{2}\right]$，而$\frac{\pi}{6}\in\left[-\frac{\pi}{2},\frac{\pi}{2}\right]$，且 $\sin\frac{\pi}{6}=\sin\frac{5\pi}{6}$，设 $\sin\frac{\pi}{6}=\sin\frac{5\pi}{6}=$

x，所以 $\arcsin\left(\sin\frac{5\pi}{6}\right)=\arcsin\left(\sin\frac{\pi}{6}\right)=\arcsin x=\frac{\pi}{6}$.

（3）因为 $3.49\pi\notin\left[-\frac{\pi}{2},\frac{\pi}{2}\right]$，而 $0.49\pi\in\left[-\frac{\pi}{2},\frac{\pi}{2}\right]$，而 $\sin3.49\pi=\sin(1.49\pi+2\pi)=\sin1.49\pi=\sin(0.49\pi+\pi)=-\sin0.49\pi$，所以 $\arcsin(\sin3.49\pi)=\arcsin(-\sin0.49\pi)=-\arcsin(\sin0.49\pi)=-0.49\pi$.

【巩固练习】

1. 函数 $y=\cos x(\pi\leqslant x\leqslant2\pi)$ 的反函数是（　　）.

A. $y=\arccos x$，$x\in[-1,1]$　　B. $y=\pi+\arccos x$，$x\in[-1,1]$

C. $y=-\arccos x$，$x\in[-1,1]$　　D. $y=2\pi-\arccos x$，$x\in[-1,1]$

2. 函数 $y=2\arcsin(5-2x)$的定义域和值域分别为（　　）.

A. $[2,3]$，$[-\pi,\pi]$　　B. $[-3,-2]$，$[-\pi,\pi]$

C. $[2,3]$，$\left[-\frac{\pi}{2},\frac{\pi}{2}\right]$　　D. $[-3,-2]$，$\left[-\frac{\pi}{2},\frac{\pi}{2}\right]$

3. 在$\left[-1,\frac{3}{2}\right]$上与函数 $y=x$ 相同的函数为（　　）.

A. $y=\arccos(\cos x)$　　B. $y=\arcsin(\sin x)$

C. $y=\sin(\arcsin x)$　　D. $y=\cos(\arccos x)$

4. $\cos\left[\arccos\left(-\frac{3}{5}\right)+\arcsin\left(-\frac{5}{13}\right)\right]$为（　　）.

A. $\frac{16}{65}$　　B. $-\frac{16}{65}$　　C. $\frac{17}{63}$　　D. $-\frac{17}{63}$

5. 函数 $y=\frac{1}{3}\arcsin\frac{1}{x}$的定义域为________，值域为________.

6.（1）$\arcsin\left(-\frac{1}{2}\right)=-\arcsin\frac{1}{2}$.（2）$\arccos\left(-\frac{\sqrt{2}}{2}\right)=-\arccos\frac{\sqrt{2}}{2}$.

（3）$\arctan(-1)=-\arctan1$.（4）$\arcsin1=\frac{\pi}{2}$.（5）$\arccos0=0$.

（6）$\arctan(-\sqrt{3})=\frac{2\pi}{3}$. 上述各式中，正确的有________（填编号）.

7. 求下列各式的值.

（1）$\sin\left(\arccos\left(-\frac{\sqrt{2}}{3}\right)\right)$.

（2）$\tan\left[\arccos\left(-\frac{\sqrt{2}}{2}\right)-\frac{\pi}{3}\right]$.

（3）$\cos^2\left(\frac{1}{2}\arccos\frac{3}{5}\right)$.

（4）$\sin\left[\arctan\frac{12}{5}-\arcsin\frac{3}{5}\right]$.

8. 画函数 $y=\arccos(\cos x)$，$x\in[0,2\pi]$ 的图像.

【章复习题】

一、选择题

1. 已知 $\sin\left(\frac{\pi}{2}+\alpha\right)=\frac{3}{5}$，$\alpha\in\left(0,\frac{\pi}{2}\right)$，则 $\sin(\pi+\alpha)$ 等于（　　）.

A. $\frac{3}{5}$　　B. $-\frac{3}{5}$　　C. $\frac{4}{5}$　　D. $-\frac{4}{5}$

2. $\frac{\sqrt{3}-\sqrt{3}\tan 15^\circ}{1+\tan 15^\circ}$ 的值为（　　）.

A. $\frac{\sqrt{3}}{3}$　　B. 1　　C. $\sqrt{3}$　　D. 2

3. 已知某扇形的周长是 4 cm，面积为 1 cm^2，则该扇形的圆心角的弧度数是（　　）.

A. $\frac{1}{2}$　　B. $\frac{\pi}{2}$　　C. 1　　D. 2

4. 关于函数 $f(x)=2\sin\left(2x-\frac{\pi}{3}\right)$ 图像的对称性，下列说法正确的是（　　）.

A. 关于直线 $x=\frac{\pi}{3}$ 对称　　B. 关于直线 $x=\frac{\pi}{6}$ 对称

C. 关于点 $\left(\frac{\pi}{3},0\right)$ 对称　　D. 关于点 $\left(\frac{\pi}{6},0\right)$ 对称

5. 有下列四种变换方式，其中能将正弦曲线 $y=\sin x$ 的图像变为 $y=\sin\left(2x+\frac{\pi}{4}\right)$ 的图像的是（　　）.

A. 横坐标变为原来的 $\frac{1}{2}$，再向左平移 $\frac{\pi}{4}$ 个单位

B. 横坐标变为原来的 $\frac{1}{2}$，再向左平移 $\frac{\pi}{8}$ 个单位

C. 向左平移 $\frac{\pi}{4}$ 个单位，再将横坐标变为原来的 $\frac{1}{4}$

D. 向左平移 $\frac{\pi}{8}$ 个单位，再将横坐标变为原来的 $\frac{1}{2}$

6. $y=\frac{\pi}{2}-\arcsin 3x\left(x\in\left[-\frac{1}{3},\frac{1}{3}\right]\right)$ 的反函数是（　　）.

A. $y=\frac{1}{3}\sin x$，$x\in[0,\pi]$　　B. $y=\frac{1}{3}\cos x$，$x\in[0,\pi]$

C. $y=-\frac{1}{3}\sin x$，$x\in[0,\pi]$　　D. $y=-\frac{1}{3}\cos x$，$x\in[0,\pi]$

7. 下列各式中，错误的是（　　）.

A. $\arcsin\sqrt{2}>\arcsin\frac{\sqrt{2}}{2}$　　B. $\arccos\left(-\frac{\sqrt{2}}{2}\right)>\arccos\frac{\sqrt{2}}{2}$

C. $\arctan\left(-\frac{\sqrt{2}}{2}\right)>\arctan(-\sqrt{2})$　　D. $\operatorname{arccot}\frac{\sqrt{2}}{2}>\operatorname{arccot}\sqrt{2}$

8. 若角 α 的终边经过点$(\sin 60°, \cos 120°)$，则 $\tan 2\alpha=$（　　）.

A. $-\sqrt{3}$　　B. $-\frac{\sqrt{3}}{3}$　　C. $\frac{\sqrt{3}}{3}$　　D. $\sqrt{3}$

二、填空题

9. $\frac{180°}{\pi}=$________ rad.

10. 函数 $y=\arccos(x-1)$ 的定义域是________.

11. $2\cos^2 15°-1$ 等于________.

12. 函数 $f(x)=\sin\left(2x+\frac{\pi}{4}\right)$的单调递减区间是________.

13. 已知 θ 是第四象限角，且 $\sin\left(\theta+\frac{\pi}{4}\right)=\frac{3}{5}$，则 $\tan\left(\theta-\frac{\pi}{4}\right)=$________.

14. 函数 $y=\arccos(x^2+x)$的最大值是________，最小值是________.

三、解答题

15. 已知 $\cos\alpha=-\frac{3}{5}$，且 α 为第三象限角.

（1）求 $\sin\alpha$ 的值.

（2）求 $f(\alpha)=\frac{\tan(\pi-\alpha)\sin(\pi-\alpha)\sin\left(-\frac{3\pi}{2}-\alpha\right)}{\cos(\pi+\alpha)}$的值.

16. 计算：$\cos\left[\arccos\frac{4}{5}-\arccos\left(-\frac{5}{13}\right)\right]$.

17. 设函数 $f(x)=3\sin\left(\omega x+\frac{\pi}{6}\right)$，$x\in(-\infty, +\infty)$，$\omega>0$，且以$\frac{\pi}{2}$为最小正周期.

（1）求 $f(0)$.

（2）求 $f(x)$的解析式.

（3）已知 $f\left(\frac{\alpha}{4}+\frac{\pi}{12}\right)=\frac{9}{5}$，求 $\sin\alpha$ 的值.

18. 在幻灯机的正前面墙上挂一块矩形屏幕，其上、下边缘分别在经过幻灯机头的水平面的上方 a（单位：m），b（单位：m）（$a>b$，见右图）. 问幻灯机头距墙面多远时对于屏幕的上下视角 θ（影响图像清晰度的重要因素）最大？这个最大视角是多少？

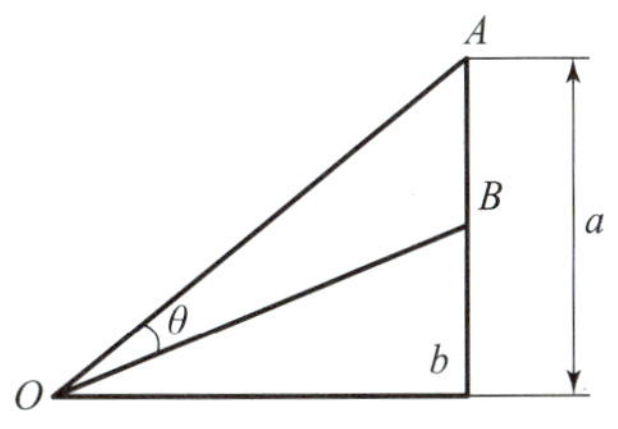

第 3 章题 18 图

【阅读拓展】

三角函数——揭秘数学与现实世界的神奇连接

数学，作为理解世界的语言，隐藏着无数迷人的故事和实用的工具. 在这个世界中，三角函数以其独特的魅力脱颖而出．想象一下，数千年前的古埃及，当时的建筑师和测量师面临着一个巨大的挑战，那就是如何准确测量并重建尼罗河泛滥后被水冲刷掉的土地边界？他们可能没有现代的测量工具，但他们有三角函数——一个强大的数学工具，它能够帮助他们精确地测量和划分土地．这个故事不仅揭示了三角函数的实际用途，也映射出人类智慧的光辉．

1. 三角函数来源

“三角学”，英文 trigonometry，法文 trigonométrie，德文 trigonometrie，都来自拉丁文 trigonometria. 现代三角学一词最初见于希腊文．最先使用 trigonometry 这个词的是皮蒂斯楚斯（Bartholomeo Pitiscus，1516—1613），他在 1595 年出版一本著作《三角学：解三角学的简明处理》，创造了这个新词．它是由 τριγωυου（三角学）及 μετρει υ（测量）两字构成的，原意为三角形的测量，或者说解三角形．古希腊文中没有这个字，原因是当时三角学还没有形成一门独立的科学，而是依附于天文学．因此解三角形构成了古代三角学的实用基础.

早期的解三角形是因天文观测的需要而出现的．还在很早的时候，由于垦殖和畜牧的需要，人们就开始长途迁移；后来，贸易的发展和求知的欲望，又推动他们去长途旅行．在当时，这种迁移和旅行是一种冒险的行动．人们穿越无边无际、荒无人烟的草地和原始森林，或者经水路沿海岸线进行长途航行，无论是哪种方式，都首先要明确方向．那时，人们白天以太阳的位置作路标，夜晚则以星星的位置为指路灯．太阳和星星给长期跋山涉水的商队指出了正确的道路，也给那些沿遥远的异域海岸航行的人指出了正确方向．

就这样，最初以太阳和星星为目标的天文观测，以及为这种观测提供服务的初期三角测量就应运而生了．因此可以说，三角学是紧密地同天文学相联系而迈出自己发展史的第一步的．

2. 三角学问题的提出

三角学理论的基础是，对三角形各元素之间相依关系的认识．一般认为，这一认识最早是由希腊天文学家获得的．当时，希腊天文学家为了正确地测量天体的位置，研究天体的运行轨道，力求把天文学发展成为一门以精确的观测和正确的计算为基础的，具有定量分析的科学．他们给自己提出的第一个任务是解直角三角形，因为进行天文观测时，人与星球及大地的位置关系，通常是以直角三角形边角之间的关系反映出来的．在很早以前，希腊天文学家从天文观测的经验中获得了这样一个认识：星球距地面的高度是可以通过人观测星球时所采用的角度来反映的，角度越大，星球距地面越高．然而，星球的高度与人观测的角度之间在数量上究竟是什么关系？能否把各种不同的角度所反映的星球的高度都一一算出来？这就是天文学向数学提出的第一个课题——制造弦表．所谓弦表，就是在保持 AB 不变的情况下，可以查阅弦表，表中体现 AC 的长度与 $\angle ABC$ 角度的大小之间的对应关系．

3. 独立三角学的产生

虽然后期的阿拉伯数学家已经开始对三角学进行专门的整理和研究，他们的工作可以算是使三角学从天文学中独立出来的表现，但是严格地说，他们并没有创立一门独立的三角学．真正把三角学作为数学的一个独立学科加以系统叙述的，是德国数学家约翰·缪勒，雷基奥蒙坦纳斯是他的笔名．sine（正弦）一词始于他，他是 15 世纪最有声望的德国数学家，年轻时积极从事欧洲文艺复兴时期作品的收集和翻译工作，并热心出版古希腊和阿拉伯著作．因此，他对阿拉伯数学家们在三角学方面的工作比较了解．1464 年，他以雷基奥蒙坦纳斯的笔名发表了《论各种三角形》，在书中，他把以往分散在各种书上的三角学知识，系统地综合了起来，形成了在数学上的一个分支——三角学．这个成就使他赢得了“三角学之父”的称谓．

cosine（余弦）及 cotangent（余切）为英国人根日尔首先使用，最早是 1620 年在伦敦他出版的《炮兵测量学》中出现．secant（正割）及 tangent（正切）为丹麦数学家托马斯·芬克首创，最早见于他出版的《圆几何学》中．cosecant（余割）一词为锐梯卡斯所创，最早见于他 1596 年出版的《宫廷乐章》一书．

1626 年，阿贝尔特·格洛德最早推出简写的三角符号：“sin”“tan”“sec”．1675 年，英国人奥屈特最早推出余下的简写三角符号：“cos”“cot”“csc”．但直到 1748 年，经过数学家莱昂哈德·欧拉的引用后，才逐渐通用起来．

4. 现代三角学的确认

直到 18 世纪，所有的三角量：正弦、余弦、正切、余切、正割和余割，都始终被认为是已知圆内与同一条弧有关的某些线段，即三角学是以几何的面貌表现出来的，这也可以说是三角学的古典面貌．三角学的现代特质是把三角量看作为函数，即看作为是一种与角相对应的函数值．这方面的工作是由欧拉提出的．1748 年，欧拉发表著名的《无穷小分析引论》一书，指出：“三角函数是一种函数线与圆半径的比值”．具体地说，任意一个角 α 的三角函数，都可以认为是以这个角的顶点为圆心，以某定长为半径作圆，由角的一边与圆周的交点 P 向另一边作垂线 PM 后，所得的线段 OP，OM，MP（即函数线），相互之间所取的比值为 $\sin\alpha = MP/OP$，$\cos\alpha = OM/OP$，$\tan\alpha = MP/OM$ 等．若令半径为单位长，那么所有的六个三角函数又可大为简化．

欧拉的这个定义是极其科学的，它使三角学从只是静态地研究三角形解法的狭隘天地中解脱了出来．欧拉使它有可能去反映运动和变化的过程，从而使三角学成为一门具有现代特质的分析性学科．正如欧拉所说，引进三角函数后，原来意义下的正弦等三角量，都可以脱离几何图形去进行自由的运算．一切三角关系式也将很容易地从三角函数的定义出发直接得出．这样，就使从古希腊天文学家希帕克起许多科学家为之奋斗而得出的三角关系式，有了坚实的理论依据，而且大幅丰富了理论依据．严格地说，这才是三角学真正确立的时间．

第 4 章

向　量

向量是近代数学中重要且基本的概念之一，向量理论具有丰富的物理背景、深刻的数学内涵．向量既是代数研究对象，也是几何研究对象，是沟通几何与代数的桥梁，是进一步学习和研究其他数学领域问题的基础，在解决实际问题中发挥着重要作用．

本章我们将通过实际背景引入向量的概念，类比数的运算，学习向量的运算及性质，建立向量的运算体系．在此基础上，用向量的语言、方法表述和解决现实生活、数学和物理中的一些问题．

4.1　平面向量的概念

【情境创设】

在现实生活中，我们会遇到很多量，其中一些量在确定单位后只用一个实数就可以表示出来，如长度、质量等．

还有一些量则不是这样，图 4－1－1 所示小船的位移，能简单地说“小船由 A 地航行 15 n mile 到达 B 地”吗？显然，若不指明“沿东偏南 30°方向”，那么小船就不一定到达 B 地了．也就是说，位移是既有大小又有方向的量．类似地，生活中有哪些量既有大小又有方向呢？

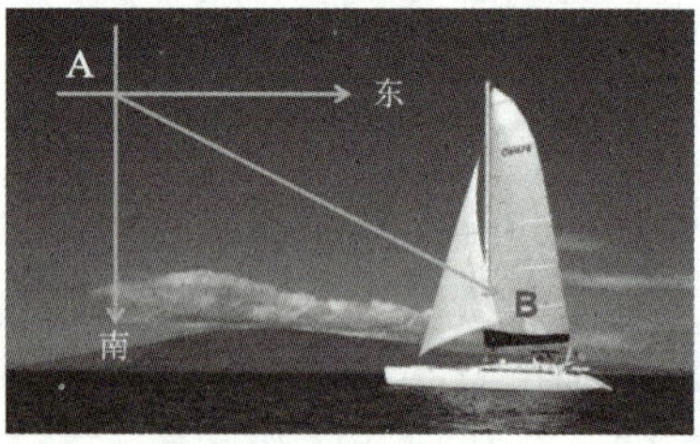

图 4－1－1

【知识探究】

在数学中，我们把只有大小没有方向的量称为数量，如年龄、身高、长度、面积、体积、质量等都是数量．

把既有大小又有方向的量称为**向量**．如位移、速度、加速度、力等都是向量．

数量可以用数轴上的点表示，那么向量可以用什么表示呢？

我们经常用箭头来表示方向．带有方向的线段称为**有向线段**．通常使用有向线段来表示向量，有向线段的长度表示向量的大小，有向线段的方向表示向量的方向．如图 4－1－2 所示，用有向线段$\overrightarrow{AB}$来表示向量时，我们也称**向量**$\overrightarrow{AB}$；在印刷时，向量常用黑体小写字母 $\boldsymbol{a}$，$\boldsymbol{b}$，$\boldsymbol{c}$，…来表示，书写时，则常用带箭头的小写字母$\vec{a}$，$\vec{b}$，$\vec{c}$，…来表示．

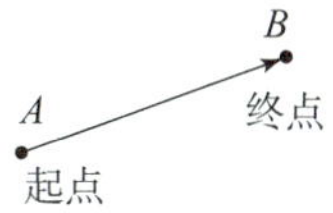

图 4－1－2

平面内的有向线段表示的向量称为**平面向量**．

向量的大小称为**向量的模**．向量 $\boldsymbol{a}$，$\overrightarrow{AB}$的模依次记作$|\boldsymbol{a}|$，$|\overrightarrow{AB}|$．

模为零的向量称为**零向量**．记作$\vec{0}$（或 $\boldsymbol{0}$），零向量的方向是不确定的．

模为 1 的向量称为**单位向量**．

注：向量不能比较大小，向量的模可比较大小．

如图 4－1－3 所示的向量$\overrightarrow{AB}$与$\overrightarrow{CD}$，它们所在的直线平行，两个向量的方向相同；向量$\overrightarrow{EF}$与$\overrightarrow{GH}$所在的直线平行，两个向量的方向相反．

方向相同或相反的非零向量称为**平行向量**．

向量 $\boldsymbol{a}$ 与向量 $\boldsymbol{b}$ 平行记作 $\boldsymbol{a}/\!/\boldsymbol{b}$．如图 4－1－3 所示，$\overrightarrow{AB}/\!/\overrightarrow{CD}$，$\overrightarrow{EF}/\!/\overrightarrow{GH}$．

规定：零向量与任意向量平行，即对任意向量 $\boldsymbol{a}$，都有 $\boldsymbol{0}/\!/\boldsymbol{a}$．

由于任意一组平行向量都可以平移到同一条直线上，因此平行向量也称为**共线向量**．

方向相同且大小相等的向量称为**相等向量**．如图 4－1－3 所示，$\overrightarrow{AB}=\overrightarrow{CD}$．

方向相反且大小相等的向量称为**相反向量**．

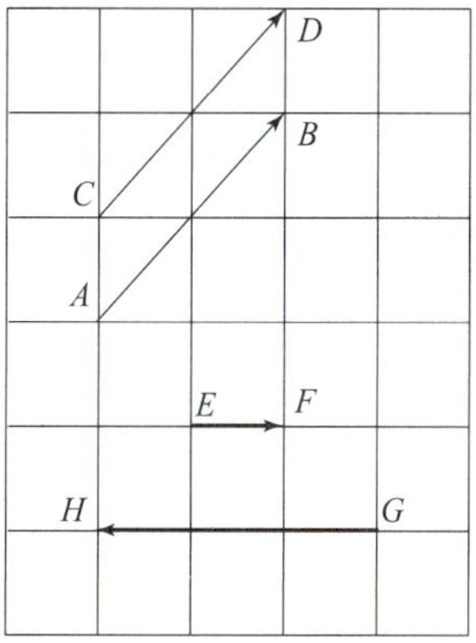

图 4－1－3

【应用举例】

例 1　判断正误（在括号内填“×”或“√”）．

（1）如果$|\overrightarrow{AB}|>|\overrightarrow{CD}|$，那么$\overrightarrow{AB}>\overrightarrow{CD}$．（　　）

（2）若 $\boldsymbol{a}$，$\boldsymbol{b}$ 都是单位向量，则 $\boldsymbol{a}=\boldsymbol{b}$．（　　）

（3）力、速度和质量都是向量．（　　）

（4）零向量的大小为 0，没有方向．（　　）

（5）若两个单位向量平行，则这两个单位向量相等．（　　）

（6）向量$\overrightarrow{AB}$与向量$\overrightarrow{BA}$的大小相等．（　　）

解：（1）向量的模可以比大小，向量不能比大小，故本题错误．（2）单位向量只是模为 1，但方向可以不同，故本题错误．（3）质量只有大小没有方向，是数量，故本题错误．（4）零向量的方向是任意的，故本题错误．（5）若两个单位向量平行，方向可以相同或相反，故本题错误．（6）向量$\overrightarrow{AB}$与向量$\overrightarrow{BA}$是相反向量，它们的大小相等，方向相反，故本题正确．

例 2　如图 4－1－4 所示，四边形 $ABCD$ 和四边形 $ABDE$ 都是平行四边形．

（1）与向量$\overrightarrow{ED}$相等的向量为________；

（2）若$|\overrightarrow{AB}|=3$，则向量$\overrightarrow{EC}$的模等于________；

(3) 与向量$\overrightarrow{AB}$的共线向量为________.

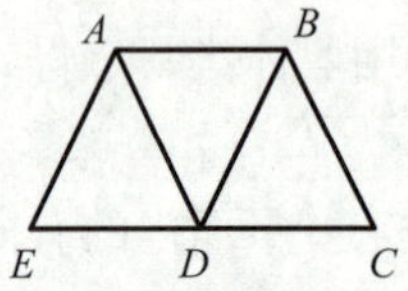

图 4-1-4

答案 (1) $\overrightarrow{AB}$, $\overrightarrow{DC}$. (2) 6.

(3) $\overrightarrow{BA}$, $\overrightarrow{ED}$, $\overrightarrow{DE}$, $\overrightarrow{DC}$, $\overrightarrow{CD}$, $\overrightarrow{EC}$, $\overrightarrow{CE}$.

解: 在平行四边形 $ABCD$ 和平行四边形 $ABDE$ 中, $\overrightarrow{AB}$ // $\overrightarrow{ED}$, $\overrightarrow{AB}$//$\overrightarrow{DC}$, 故与向量$\overrightarrow{AB}$的共线向量为$\overrightarrow{BA}$, $\overrightarrow{ED}$, $\overrightarrow{DE}$, $\overrightarrow{DC}$, $\overrightarrow{CD}$, $\overrightarrow{EC}$, $\overrightarrow{CE}$.

例 3 在蔚蓝的大海上,有一艘巡逻艇在执行巡逻任务.它首先从点 A 出发向西航行了 300 km 到达点 B, 然后改变航行方向,向西偏北 50°航行了 600 km 到达点 C, 最后又改变航行方向,向东航行了 300 km 到达点 D. 此时,它完成了此片海域的巡逻任务.

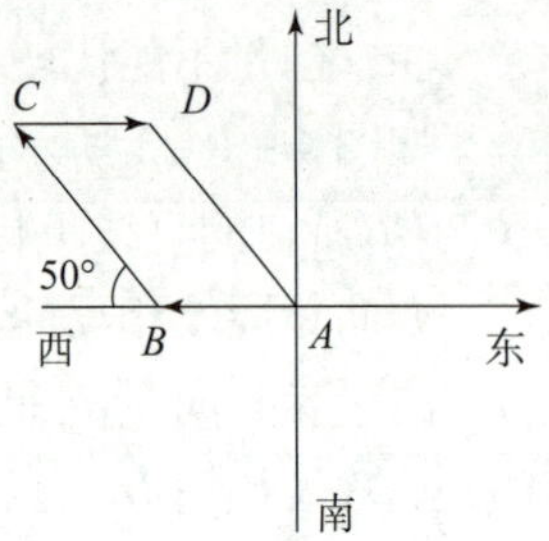

图 4-1-5

(1) 作出$\overrightarrow{AB}$, $\overrightarrow{BC}$, $\overrightarrow{CD}$.

(2) 求$|\overrightarrow{AD}|$.

解: (1) 如图 4-1-5 所示,作出$\overrightarrow{AB}$, $\overrightarrow{BC}$, $\overrightarrow{CD}$;

(2) 由题意知 AB//CD, $AB=CD$, 所以四边形 $ABCD$ 是平行四边形.所以 $AD=BC=600$ km, 所以$|\overrightarrow{AD}|=600$ km.

【巩固练习】

1. 下列量不是向量的是( ).

A. 力 B. 速度

C. 加速度 D. 路程

2. 汽车以 120 km/h 的速度向西走了 2 h, 摩托车以 45 km/h 的速度向东北方向走了2 h, 则下列命题中正确的是( ).

A. 汽车的速度大于摩托车的速度

B. 汽车走的路程大于摩托车走的路程

C. 汽车的位移大于摩托车的位移

D. 以上都不对

3. 下列命题中,正确的个数是( ).

(1) 单位向量都相等.

(2) 模相等的两个平行向量是相等向量.

(3) 若 $\boldsymbol{a}$, $\boldsymbol{b}$ 满足$|\boldsymbol{a}|>|\boldsymbol{b}|$且 $\boldsymbol{a}$ 与 $\boldsymbol{b}$ 同向, 则 $\boldsymbol{a}>\boldsymbol{b}$.

(4) 若两个向量相等,则它们的起点和终点分别重合.

(5) 若 $\boldsymbol{a}$//$\boldsymbol{b}$, $\boldsymbol{b}$//$\boldsymbol{c}$, 则 $\boldsymbol{a}$//$\boldsymbol{c}$.

A. 0 个 B. 1 个 C. 2 个 D. 3 个

4. 在四边形 $ABCD$ 中, $\overrightarrow{AB}=\overrightarrow{DC}$, 且$|\overrightarrow{AD}|=|\overrightarrow{AB}|$, 则这个四边形是( ).

A. 正方形 B. 矩形

C. 等腰梯形 D. 菱形

5. 在平行四边形 $ABCD$ 中（见图 4－1－6），点 O 为对角线交点．则

（1）与向量$\overrightarrow{DA}$相等的向量为________；

（2）向量$\overrightarrow{DC}$的相反向量为________；

（3）与向量$\overrightarrow{AB}$平行的向量为________．

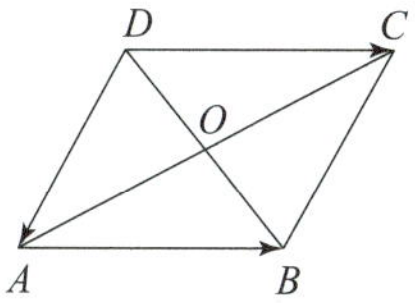

图 4－1－6

6. 已知 $|\overrightarrow{AB}|=1$，$|\overrightarrow{AC}|=2$，若 $\angle ABC=90°$，则 $|\overrightarrow{BC}|=$ ________．

7. 在如图 4－1－7 所示的坐标纸（规定小方格的边长为 1）中，用直尺和圆规画出下列向量$\overrightarrow{OA}$，$\overrightarrow{OB}$，$\overrightarrow{OC}$.

（1）$|\overrightarrow{OA}|=3$，点 A 在点 O 正南方向；

（2）$|\overrightarrow{OB}|=2\sqrt{2}$，点 B 在点 O 北偏东 45°方向；

（3）$|\overrightarrow{OC}|=2$，点 C 在点 O 南偏东 30°方向．

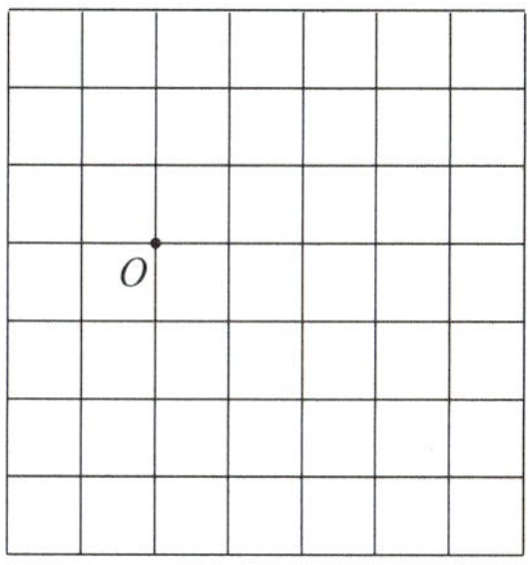

图 4－1－7

8. 某中职校举行学生车辆模型比赛，一名模型赛车手遥控一辆赛车，先从点 A 出发向东前行了 5 m 到达点 B，然后改变方向沿东北方向前行了 $10\sqrt{2}$ m 到达点 C，到达点 C 后又改变方向向西前行了 10 m 到达点 D.

（1）作出向量$\overrightarrow{AB}$，$\overrightarrow{BC}$，$\overrightarrow{CD}$；

（2）求$\overrightarrow{AD}$的模．

4.2　平面向量的线性运算

【情境创设】

（1）飞机从广州飞往上海，再从上海飞往北京，这两次位移的结果与飞机从广州直接飞往北京的位移是相同的．

（2）有两条拖轮牵引一艘轮船，它们的牵引力分别是 $F_1=3000$ N，$F_2=2000$ N，牵引绳之间的夹角为 $\theta=60°$（见图4－2－1），如果只用一条拖轮来牵引，是否也能产生跟原来相同的效果？

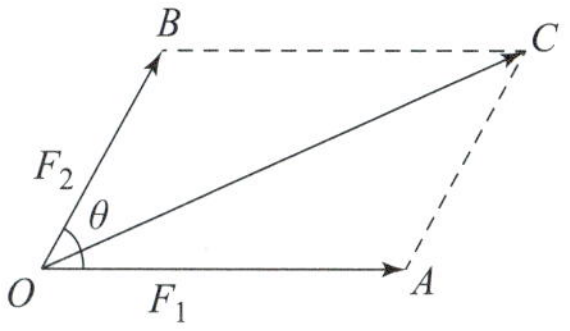

图 4－2－1

【知识探究一】向量的加法运算：求两个向量和的运算，称为向量的加法

已知非零向量 $\boldsymbol{a}$，$\boldsymbol{b}$，在平面上任取一点 A（见图 4－2－2），作$\overrightarrow{AB}=\boldsymbol{a}$，$\overrightarrow{BC}=\boldsymbol{b}$，则向量$\overrightarrow{AC}$称为 $\boldsymbol{a}$ 与 $\boldsymbol{b}$ 的和，记作 $\boldsymbol{a}+\boldsymbol{b}$，即 $\boldsymbol{a}+\boldsymbol{b}=\overrightarrow{AB}+\overrightarrow{BC}=\overrightarrow{AC}$. 这种求向量和的方法，称为向量加法的**三角形法则**．

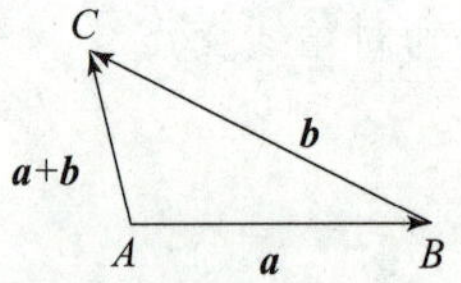

图 4－2－2

口诀：作平移，首尾连，由起点指终点．

已知两个不共线向量 $\boldsymbol{a}$，$\boldsymbol{b}$（见图 4－2－3），作 $\overrightarrow{OA}=\boldsymbol{a}$，$\overrightarrow{OB}=\boldsymbol{b}$，以 OA，OB 为邻边作平行四边形 $OACB$，则以 O 为起点的向量 $\overrightarrow{OC}$ 就是向量 $\boldsymbol{a}$ 与 $\boldsymbol{b}$ 的和．这种作两个向量和的方法称为向量加法的**平行四边形法则**．

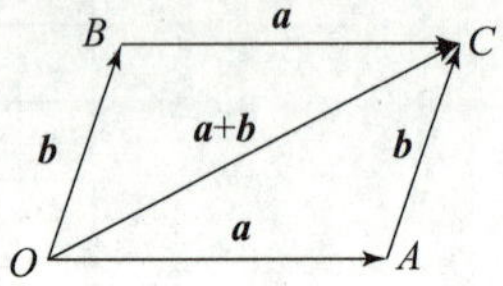

图 4－2－3

口诀：作平移，共起点，四边形，对角线．

对于零向量与任意向量 $\boldsymbol{a}$，我们规定 $\boldsymbol{a}+\boldsymbol{0}=\boldsymbol{0}+\boldsymbol{a}=\boldsymbol{a}$

向量的运算律

交换律

$$\boldsymbol{a}+\boldsymbol{b}=\boldsymbol{b}+\boldsymbol{a}.$$

结合律

$$(\boldsymbol{a}+\boldsymbol{b})+\boldsymbol{c}=\boldsymbol{a}+(\boldsymbol{b}+\boldsymbol{c}).$$

【知识探究二】向量的减法运算

向量 $\boldsymbol{a}$ 加上 $\boldsymbol{b}$ 的相反向量，称为 $\boldsymbol{a}$ 与 $\boldsymbol{b}$ 的差，即 $\boldsymbol{a}-\boldsymbol{b}=\boldsymbol{a}+(-\boldsymbol{b})$．求两个向量差的运算称为**向量的减法运算**．

向量的减法可以转化为向量的加法来进行运算，减去一个向量就等于加上这个向量的相反向量．

三角形法则：在平面内任取一点 O，作 $\overrightarrow{OA}=\boldsymbol{a}$，$\overrightarrow{OB}=\boldsymbol{b}$，则向量 $\boldsymbol{a}-\boldsymbol{b}=\overrightarrow{BA}$.

$\boldsymbol{a}-\boldsymbol{b}$ 表示为从向量 $\boldsymbol{b}$ 的终点指向向量 $\boldsymbol{a}$ 的终点的向量（见图 4－2－4）．

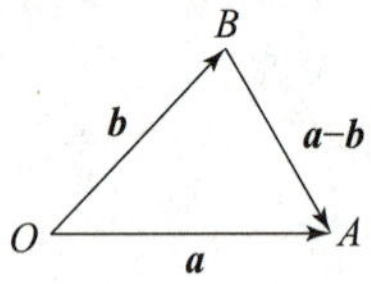

图 4－2－4

口诀：作平移，共起点，两尾连，指被减．

【知识探究三】向量的数乘运算

已知非零向量 $\boldsymbol{a}$，作出 $\boldsymbol{a}+\boldsymbol{a}+\boldsymbol{a}$ 和 $(-\boldsymbol{a})+(-\boldsymbol{a})+(-\boldsymbol{a})$，它们的大小与方向分别是什么？（与非零向量 $\boldsymbol{a}$ 的关系）

实数 λ 和向量 $\boldsymbol{a}$ 的乘积是一个向量，记作 $\lambda\boldsymbol{a}$.

向量 $\lambda\boldsymbol{a}$（$\boldsymbol{a}\neq\boldsymbol{0}$，$\lambda\neq0$）的大小和方向规定为

(1) $|\lambda \boldsymbol{a}| = |\lambda||\boldsymbol{a}|$;

(2) 当 $\lambda > 0$ 时，$\lambda \boldsymbol{a}$ 与 $\boldsymbol{a}$ 的方向相同；当 $\lambda < 0$ 时，$\lambda \boldsymbol{a}$ 与 $\boldsymbol{a}$ 的方向相反.

当 $\lambda = 0$ 时，$0\boldsymbol{a} = \boldsymbol{0}$；当 $\boldsymbol{a} = \boldsymbol{0}$时，$\lambda \boldsymbol{0} = \boldsymbol{0}$.

数乘向量运算的运算律如下.

设 λ，$\mu \in \mathbf{R}$，有

(1) $(\lambda + \mu)\boldsymbol{a} = \lambda \boldsymbol{a} + \mu \boldsymbol{a}$;

(2) $\lambda(\mu \boldsymbol{a}) = (\lambda\mu)\boldsymbol{a}$;

(3) $\lambda(\boldsymbol{a} + \boldsymbol{b}) = \lambda \boldsymbol{a} + \lambda \boldsymbol{b}$.

【应用举例】

例 1　下列式子可以化简为$\overrightarrow{AB}$的是（　　）.

A. $\overrightarrow{AC} + \overrightarrow{CD} - \overrightarrow{DB}$　　B. $\overrightarrow{AC} - \overrightarrow{CB}$　　C. $\overrightarrow{OA} - \overrightarrow{OB}$　　D. $\overrightarrow{OB} - \overrightarrow{OA}$

解： 对于 D，$\overrightarrow{OB} - \overrightarrow{OA} = \overrightarrow{AB}$，故 D 正确. 故选 D.

例 2　下列计算正确的个数是（　　）.

(1) $(-3) \times 2\boldsymbol{a} = -6\boldsymbol{a}$. (2) $2(\boldsymbol{a} + \boldsymbol{b}) - (2\boldsymbol{b} - \boldsymbol{a}) = 3\boldsymbol{a}$. (3) $(\boldsymbol{a} + 2\boldsymbol{b}) - (2\boldsymbol{b} + \boldsymbol{a}) = 0$.

A. 0　　B. 1　　C. 2　　D. 3

解： 对于（1）$(-3) \times 2\boldsymbol{a} = -6\boldsymbol{a}$ 故（1）正确.

对于（2）$2(\boldsymbol{a} + \boldsymbol{b}) - (2\boldsymbol{b} - \boldsymbol{a}) = 3\boldsymbol{a}$ 故（2）正确.

对于（3）$(\boldsymbol{a} + 2\boldsymbol{b}) - (2\boldsymbol{b} + \boldsymbol{a}) = \boldsymbol{0}$ 故（3）错误.

故选 C.

例 3　如图 4-2-5 所示，在△ABC 中，$AD = \frac{1}{3}AB$，点 E 是 CD 的中点，设$\overrightarrow{AB} = \boldsymbol{a}$，$\overrightarrow{AC} = \boldsymbol{b}$，用 $\boldsymbol{a}$，$\boldsymbol{b}$ 表示$\overrightarrow{AE}$.

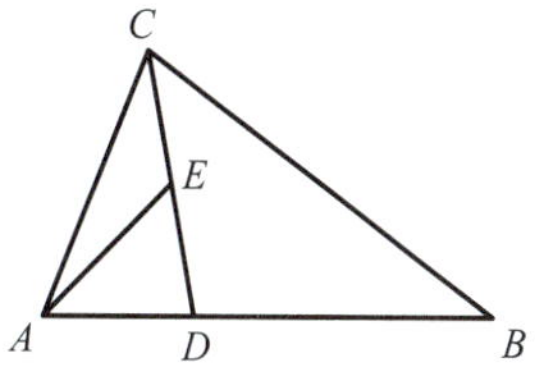

图 4-2-5

解： 因为 $AD = \frac{1}{3}AB$ 即$\overrightarrow{AD} = \frac{1}{3}\overrightarrow{AB}$，点 E 为 CD 的中点，

$$\begin{aligned}\text{所以}\overrightarrow{AE} &= \frac{1}{2}(\overrightarrow{AD} + \overrightarrow{AC}) \\ &= \frac{1}{2}\left(\frac{1}{3}\overrightarrow{AB} + \overrightarrow{AC}\right) \\ &= \frac{1}{2}\left(\frac{1}{3}\boldsymbol{a} + \boldsymbol{b}\right) \\ &= \frac{1}{6}\boldsymbol{a} + \frac{1}{2}\boldsymbol{b}\end{aligned}$$

【巩固练习】

1. 下列等式一定错误的是（　　）.

A. $\boldsymbol{a} + \boldsymbol{b} = \boldsymbol{b} + \boldsymbol{a}$　　B. $\overrightarrow{AB} + \overrightarrow{BC} + \overrightarrow{CA} = \boldsymbol{0}$

C. $\overrightarrow{CA} + \overrightarrow{AC} = \overrightarrow{OA} - \overrightarrow{OC} + \overrightarrow{CA}$　　D. $\overrightarrow{AB} + \overrightarrow{BA} = \boldsymbol{0}$

2. 已知正方形 $ABCD$ 的边长为1，则 $|\overrightarrow{AB}+\overrightarrow{BC}-\overrightarrow{CA}|=$（　　）.

A. 0　　B. $\sqrt{2}$　　C. 2　　D. $2\sqrt{2}$

3. 已知向量 $\boldsymbol{a}$，$\boldsymbol{b}$，那么 $\frac{1}{2}(2\boldsymbol{a}-4\boldsymbol{b})+2\boldsymbol{b}$ 等于（　　）.

A. $\boldsymbol{a}-2\boldsymbol{b}$　　B. $\boldsymbol{a}-4\boldsymbol{b}$　　C. $\boldsymbol{a}$　　D. $\boldsymbol{b}$

4. 在平行四边形 $ABCD$ 中，点 E 是 CD 上靠近 C 的四等分点，BE 与 AC 交于点 F，则 $\overrightarrow{DF}=$（　　）.

A. $\frac{3}{5}\overrightarrow{AB}-\frac{2}{5}\overrightarrow{AD}$　　B. $\frac{4}{5}\overrightarrow{AB}-\frac{1}{5}\overrightarrow{AD}$

C. $\frac{3}{4}\overrightarrow{AB}-\frac{1}{4}\overrightarrow{AD}$　　D. $\frac{2}{5}\overrightarrow{AB}-\frac{3}{5}\overrightarrow{AD}$

5. $8(2\boldsymbol{a}-\boldsymbol{b}+\boldsymbol{c})-6(\boldsymbol{a}-2\boldsymbol{b}+\boldsymbol{c})-2(2\boldsymbol{a}+\boldsymbol{c})=$________.

6. 如图4-2-6所示，已知 AM 是△ABC 的边 BC 上的中线，若 $\overrightarrow{AB}=\boldsymbol{a}$，$\overrightarrow{AC}=\boldsymbol{b}$，则 $\overrightarrow{AM}$ 等于________.

7. 化简.

(1) $5(3\boldsymbol{a}-2\boldsymbol{b})+4(2\boldsymbol{b}-3\boldsymbol{a})$.

(2) $(\overrightarrow{AD}-\overrightarrow{BM})+(\overrightarrow{BC}-\overrightarrow{MC})$.

8. 如图4-2-7所示，在梯形 $ABCD$ 中，$AB/\!/CD$，$AB=4CD$，点 E 在线段 CB 上，且 $CE=2EB$，设 $\overrightarrow{AB}=\boldsymbol{a}$，$\overrightarrow{AD}=\boldsymbol{b}$，用 $\boldsymbol{a}$，$\boldsymbol{b}$ 表示 $\overrightarrow{AE}$.

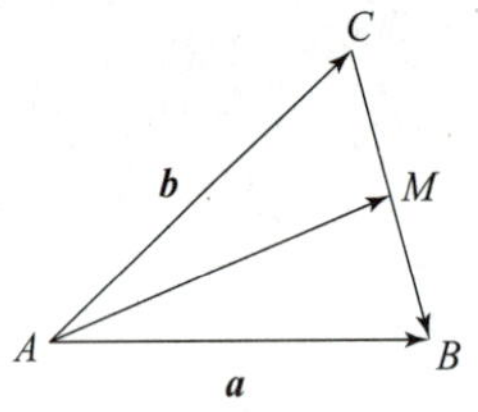

图4-2-6

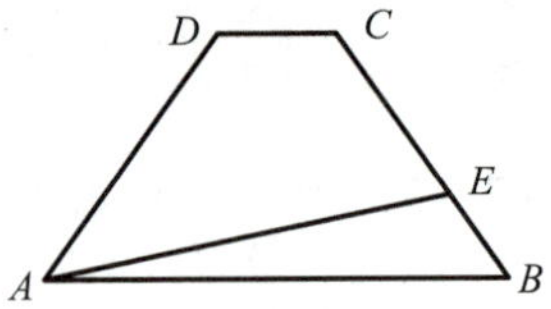

图4-2-7

4.3 平面向量的数量积

【情境创设】

第4.2节学习了向量的加、减运算，类比数的乘法运算. 向量能否相乘？如果能，那么向量的乘法该怎样定义？

图4-3-1

如图4-3-1所示，一个力 $\boldsymbol{F}$ 作用于一个物体，使该物体发生了位移 $\boldsymbol{s}$，力 $\boldsymbol{F}$ 与位移 $\boldsymbol{s}$ 的夹角是 θ，如何计算这个力做的功？

【知识探究一】向量的数量积

在物理课中学过功的概念，即力 $\boldsymbol{F}$ 做的功等于力 $\boldsymbol{F}$ 与在力 $\boldsymbol{F}$ 的方向上移动的距离的乘积．功为

$$W=|\boldsymbol{s}||\boldsymbol{F}|\cos\theta.$$

其中，θ 是 $\boldsymbol{F}$ 与 $\boldsymbol{s}$ 的夹角．

$|\boldsymbol{F}|\cos\theta$ 是 $\boldsymbol{F}$ 在物体前进方向上分量的大小．

$|\boldsymbol{s}||\boldsymbol{F}|\cos\theta$ 称为位移 $\boldsymbol{s}$ 与力向量 $\boldsymbol{F}$ 的数量积．

数量积的定义：已知非零向量 $\boldsymbol{a}$ 与 $\boldsymbol{b}$，$\theta=\langle\boldsymbol{a},\boldsymbol{b}\rangle$ 为两向量的夹角，则数量 $|\boldsymbol{a}||\boldsymbol{b}|\cos\theta$ 称为向量 $\boldsymbol{a}$ 与 $\boldsymbol{b}$ 的**数量积**（**或内积**）．

记作

$$\boldsymbol{a}\cdot\boldsymbol{b}=|\boldsymbol{a}||\boldsymbol{b}|\cos\theta.$$

规定 $\boldsymbol{0}$ 与任何向量的数量积为0.

由数量积的定义可以得到下面几个重要结果．

（1）当 $\langle\boldsymbol{a},\boldsymbol{b}\rangle=0°$时，$\boldsymbol{a}\cdot\boldsymbol{b}=|\boldsymbol{a}||\boldsymbol{b}|$.

（2）当 $\langle\boldsymbol{a},\boldsymbol{b}\rangle=180°$时，$\boldsymbol{a}\cdot\boldsymbol{b}=-|\boldsymbol{a}||\boldsymbol{b}|$.

（3）$\cos\langle\boldsymbol{a},\boldsymbol{b}\rangle=\dfrac{\boldsymbol{a}\cdot\boldsymbol{b}}{|\boldsymbol{a}||\boldsymbol{b}|}$.

（4）当 $\boldsymbol{b}=\boldsymbol{a}$ 时，有 $\langle\boldsymbol{a},\boldsymbol{a}\rangle=0°$，所以 $\boldsymbol{a}\cdot\boldsymbol{b}=|\boldsymbol{a}||\boldsymbol{a}|=|\boldsymbol{a}|^2$，即 $|\boldsymbol{a}|=\sqrt{\boldsymbol{a}\cdot\boldsymbol{a}}$.

> 向量数量积运算律：
>
> （1）$\boldsymbol{a}\cdot\boldsymbol{b}=\boldsymbol{b}\cdot\boldsymbol{a}$
>
> （2）$(\lambda\boldsymbol{a})\cdot\boldsymbol{b}=\lambda(\boldsymbol{a}\cdot\boldsymbol{b})=\boldsymbol{a}\cdot(\lambda\boldsymbol{b})$
>
> （3）$(\boldsymbol{a}+\boldsymbol{b})\cdot\boldsymbol{c}=\boldsymbol{a}\cdot\boldsymbol{c}+\boldsymbol{b}\cdot\boldsymbol{c}$
>
> 注意：一般地，向量的数量积不满足结合律，即
>
> $\boldsymbol{a}\cdot(\boldsymbol{b}\cdot\boldsymbol{c})\neq(\boldsymbol{a}\cdot\boldsymbol{b})\cdot\boldsymbol{c}$

（5）当 $\langle\boldsymbol{a},\boldsymbol{b}\rangle=90°$时，$\boldsymbol{a}\perp\boldsymbol{b}$，因此，$\boldsymbol{a}\cdot\boldsymbol{b}=|\boldsymbol{a}||\boldsymbol{b}|\cos 90°=0$，因此对非零向量 $\boldsymbol{a}$，$\boldsymbol{b}$，有

$$\boldsymbol{a}\cdot\boldsymbol{b}=0\Leftrightarrow\boldsymbol{a}\perp\boldsymbol{b}.$$

【应用举例】

例1 求 $|\boldsymbol{a}|=3$，$|\boldsymbol{b}|=4$，$\langle\boldsymbol{a},\boldsymbol{b}\rangle=120°$. 求下列式子：

（1）$\boldsymbol{a}\cdot\boldsymbol{b}$.

（2）$(\boldsymbol{a}+2\boldsymbol{b})\cdot(\boldsymbol{a}-3\boldsymbol{b})$．

解：（1）由已知条件得

$$\boldsymbol{a}\cdot\boldsymbol{b}=|\boldsymbol{a}||\boldsymbol{b}|\cos\langle\boldsymbol{a},\boldsymbol{b}\rangle=3\times4\times\cos 120°=-6.$$

（2）原式 $=\boldsymbol{a}^2-\boldsymbol{a}\cdot\boldsymbol{b}-6\boldsymbol{b}^2=3^2-(-6)-6\times4^2=-81$

例2 已知 $\boldsymbol{a}\cdot\boldsymbol{b}=\sqrt{3}$，$|\boldsymbol{a}|=1$，$|\boldsymbol{b}|=2$，求 $<\boldsymbol{a},\boldsymbol{b}>$

解：因为 $\cos<\boldsymbol{a},\boldsymbol{b}>=\dfrac{\boldsymbol{a}\cdot\boldsymbol{b}}{|\boldsymbol{a}||\boldsymbol{b}|}=\dfrac{\sqrt{3}}{1\times2}=\dfrac{\sqrt{3}}{2}$，$0°\leqslant<\boldsymbol{a},\boldsymbol{b}>\leqslant180°$所以 $<\boldsymbol{a},\boldsymbol{b}>=30°$

例3 平行四边形 $ABCD$ 中，$AB=4$，$AD=2\sqrt{2}$，$\angle BAD=\dfrac{3\pi}{4}$，$E$ 是线段 CD 的中点，求 $\overrightarrow{AE}\cdot\overrightarrow{AC}$.

解： 如图 4-3-2 所示，根据题意可知$\overrightarrow{AE}=\overrightarrow{AD}+\frac{1}{2}\overrightarrow{AB}$，$\overrightarrow{AC}=\overrightarrow{AD}+\overrightarrow{AB}$，且 $AB=4$，$AD=2\sqrt{2}$，$\angle BAD=\frac{3\pi}{4}$，

所以$\overrightarrow{AE}\cdot\overrightarrow{AC}=\left(\overrightarrow{AD}+\frac{1}{2}\overrightarrow{AB}\right)\cdot(\overrightarrow{AD}+\overrightarrow{AB})=\overrightarrow{AD}^2+\frac{1}{2}\overrightarrow{AB}^2+\frac{3}{2}\overrightarrow{AB}\cdot\overrightarrow{AD}=8+\frac{1}{2}\times16+\frac{3}{2}\times4\times2\sqrt{2}\times\left(-\frac{\sqrt{2}}{2}\right)=4.$

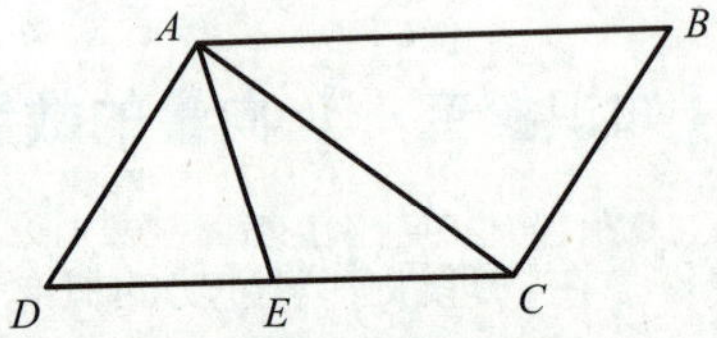

图 4-3-2

【知识探究二】投影向量的概念

如图 4-3-3（a）所示，设 $\boldsymbol{a}$，$\boldsymbol{b}$ 是两个非零向量，$\overrightarrow{AB}=\boldsymbol{a}$，$\overrightarrow{CD}=\boldsymbol{b}$，作如下变换：过$\overrightarrow{AB}$的起点 A 和终点 B，分别作$\overrightarrow{CD}$所在直线的垂线，垂足分别为点 A_1，B_1，得到$\overrightarrow{A_1B_1}$. 称上述变换为向量 $\boldsymbol{a}$ 向向量 $\boldsymbol{b}$ 投影，$\overrightarrow{A_1B_1}$称为向量 $\boldsymbol{a}$ 在向量 $\boldsymbol{b}$ 上的投影向量.

如图 4-3-3（b）所示，在平面内任取一点 O，作$\overrightarrow{OM}=\boldsymbol{a}$，$\overrightarrow{ON}=\boldsymbol{b}$. 过点 M 作直线 ON 的垂线，垂足为点 M_1，则$\overrightarrow{OM_1}$就是向量 $\boldsymbol{a}$ 在向量 $\boldsymbol{b}$ 上的投影向量.

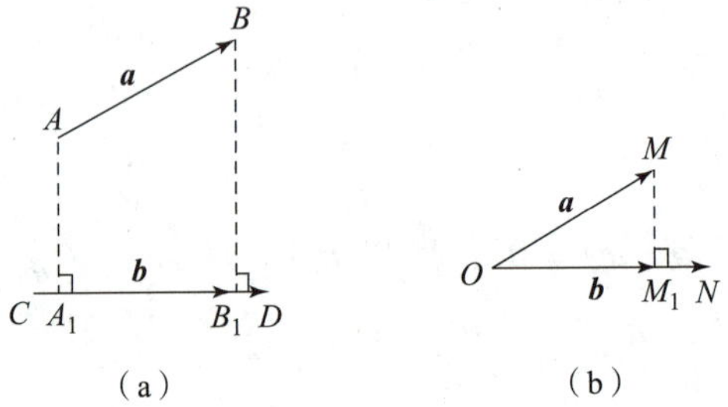

图 4-3-3

【知识探究三】投影向量计算公式

向量 $\boldsymbol{a}$ 在向量 $\boldsymbol{b}$ 上的投影向量为$\overrightarrow{OM_1}$，$\theta=\langle\boldsymbol{a},\boldsymbol{b}\rangle$.

当 θ 为锐角（见图 4-3-4（a））时，$\overrightarrow{OM_1}=|\overrightarrow{OM_1}|\frac{\boldsymbol{b}}{|\boldsymbol{b}|}=|\boldsymbol{a}|\cos\theta\frac{\boldsymbol{b}}{|\boldsymbol{b}|}$.

当 θ 为直角（见图 4-3-4（b））时，$\overrightarrow{OM_1}=|\overrightarrow{OM_1}|\frac{\boldsymbol{b}}{|\boldsymbol{b}|}=|\boldsymbol{a}|\cos\frac{\pi}{2}\frac{\boldsymbol{b}}{|\boldsymbol{b}|}=\boldsymbol{0}$.

当 θ 为钝角（见图 4-3-4（c））时，$\overrightarrow{OM_1}=-|\boldsymbol{a}|\cos(\pi-\theta)\frac{\boldsymbol{b}}{|\boldsymbol{b}|}=|\boldsymbol{a}|\cos\theta\frac{\boldsymbol{b}}{|\boldsymbol{b}|}$.

当 $\theta=0$ 时，$\boldsymbol{a}=\boldsymbol{b}$，$\overrightarrow{OM_1}=\boldsymbol{a}=|\boldsymbol{a}|\cos0\frac{\boldsymbol{b}}{|\boldsymbol{b}|}$.

当 $\theta=\pi$ 时，$\boldsymbol{a}=-\boldsymbol{b}$，$\overrightarrow{OM_1}=|\boldsymbol{a}|\cos\pi\frac{\boldsymbol{b}}{|\boldsymbol{b}|}$.

综上可知，对于任意的 $\theta\in[0,\pi]$，都有$\overrightarrow{OM_1}=|\boldsymbol{a}|\cos\theta\frac{\boldsymbol{b}}{|\boldsymbol{b}|}$.

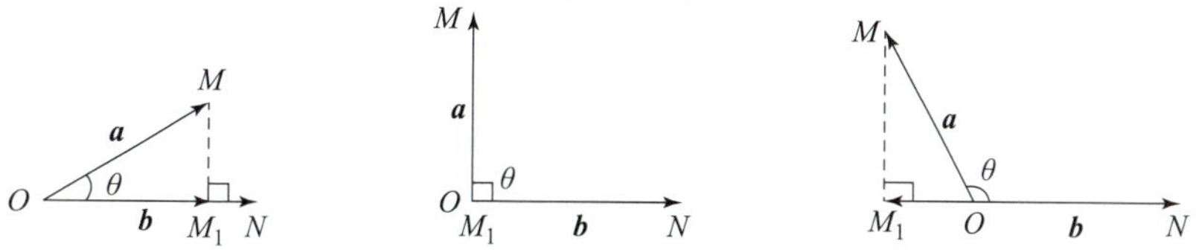

（a）　（b）　（c）

图 4-3-4

设两个非零向量 $\boldsymbol{a}$ 和 $\boldsymbol{b}$，向量 $\boldsymbol{b}$ 在向量 $\boldsymbol{a}$ 方向上的投影数量为

$$|\boldsymbol{b}|\cos\theta=|\boldsymbol{b}|\frac{\boldsymbol{a}\cdot\boldsymbol{b}}{|\boldsymbol{a}||\boldsymbol{b}|}=\frac{\boldsymbol{a}\cdot\boldsymbol{b}}{|\boldsymbol{a}|},$$

其中，$\theta=<\boldsymbol{a},\boldsymbol{b}>$.

【应用举例】

例 3　已知 $|\boldsymbol{a}|=4$，$\boldsymbol{e}$ 为单位向量，它们的夹角为 $\frac{2\pi}{3}$，则向量 $\boldsymbol{a}$ 在向量 $\boldsymbol{e}$ 上的投影向量是________，向量 $\boldsymbol{e}$ 在向量 $\boldsymbol{a}$ 上的投影向量是________.

解： 因为 $|\boldsymbol{a}|=4$，$\boldsymbol{e}$ 为单位向量，它们的夹角为 $\frac{2\pi}{3}$，由投影向量的概念可知向量 $\boldsymbol{a}$ 在向量 $\boldsymbol{e}$ 上的投影向量为 $|\boldsymbol{a}|\cos\frac{2\pi}{3}\frac{\boldsymbol{e}}{|\boldsymbol{e}|}=-2\boldsymbol{e}$，向量 $\boldsymbol{e}$ 在向量 $\boldsymbol{a}$ 上的投影向量为 $|\boldsymbol{e}|\cos\frac{2\pi}{3}\frac{\boldsymbol{a}}{|\boldsymbol{a}|}=-\frac{1}{8}\boldsymbol{a}$. 故答案为 $-2\boldsymbol{e}$，$-\frac{1}{8}\boldsymbol{a}$.

例 4　已知 $|\boldsymbol{b}|=3$，向量 $\boldsymbol{a}$ 在向量 $\boldsymbol{b}$ 上的投影向量为 $2\boldsymbol{b}$，则 $\boldsymbol{a}\cdot\boldsymbol{b}=$________.

解： 因为向量 $\boldsymbol{a}$ 在向量 $\boldsymbol{b}$ 上的投影向量为 $2\boldsymbol{b}$，即 $2\boldsymbol{b}=|\boldsymbol{a}|\cos\langle\boldsymbol{a},\boldsymbol{b}\rangle\frac{\boldsymbol{b}}{|\boldsymbol{b}|}$则 $|\boldsymbol{a}|\cos<\boldsymbol{a},\boldsymbol{b}>=2|\boldsymbol{b}|$，所以 $\boldsymbol{a}\cdot\boldsymbol{b}=|\boldsymbol{a}||\boldsymbol{b}|\cos<\boldsymbol{a},\boldsymbol{b}>=2|\boldsymbol{b}||\boldsymbol{b}|=2|\boldsymbol{b}|^2=18$，故答案为 18.

【巩固练习】

1. 已知 $|\boldsymbol{a}|=3$，$|\boldsymbol{b}|=2$，$<\boldsymbol{a},\boldsymbol{b}>=60°$，则 $\boldsymbol{a}\cdot\boldsymbol{b}=$（　　）.

A. $3\sqrt{3}$　　B. $-3\sqrt{3}$　　C. 3　　D. -3

2. 已知 $\boldsymbol{a}\cdot\boldsymbol{b}=-3$，$<\boldsymbol{a},\boldsymbol{b}>=150°$，$|\boldsymbol{a}|=2$，则 $|\boldsymbol{b}|=$（　　）.

A. 3　　B. -3　　C. $-\sqrt{3}$　　D. $\sqrt{3}$

3. 已知 $\boldsymbol{a}\cdot\boldsymbol{b}=5$，$|\boldsymbol{a}|=\sqrt{5}$，$|\boldsymbol{b}|=\sqrt{10}$则 $<\boldsymbol{a},\boldsymbol{b}>=$（　　）.

A. $\frac{\lambda}{4}$　　B. $\frac{3\lambda}{4}$

C. $\frac{\lambda}{6}$　　D. $\frac{\lambda}{3}$

4. 在 $\triangle ABC$ 中，D 为线段 BC 的中点，$AD=1$，$BC=3$，则 $\overrightarrow{AB}\cdot\overrightarrow{AC}$（　　）.

A. $-\frac{1}{3}$ B. $-\frac{5}{4}$ C. 3 D. 4

5. 已知向量 $\boldsymbol{a}$ 与 $\boldsymbol{b}$ 的夹角为$\frac{3}{4}\pi$，且$|\boldsymbol{a}|=2$，$|\boldsymbol{b}|=3$，则 $\boldsymbol{a}$ 在 $\boldsymbol{b}$ 方向上的投影向量是（ ）.

A. $\frac{\sqrt{2}}{2}\boldsymbol{b}$ B. $-\frac{\sqrt{2}}{2}\boldsymbol{b}$ C. $\frac{\sqrt{2}}{3}\boldsymbol{b}$ D. $-\frac{\sqrt{2}}{3}\boldsymbol{b}$

6. 已知平面向量 $\boldsymbol{a}$，$\boldsymbol{b}$，满足 $\boldsymbol{a}\cdot(2\boldsymbol{a}-\boldsymbol{b})=5$，且$|\boldsymbol{a}|=2$，$|\boldsymbol{b}|=3$，则向量 $\boldsymbol{a}$ 与向量 $\boldsymbol{b}$ 的夹角余弦值为________.

7. 已知$|\boldsymbol{a}|=|\boldsymbol{b}|=\sqrt{6}$，$\boldsymbol{a}\cdot\boldsymbol{b}=-3\sqrt{2}$，求$\langle\boldsymbol{a},\boldsymbol{b}\rangle$.

8. 在$\triangle ABC$中，$AB=2\sqrt{2}$，$AC=\sqrt{26}$，G为$\triangle ABC$的重心，求$\overrightarrow{AG}\cdot\overrightarrow{BC}$.

4.4 平面向量的坐标表示

【情境创设】

“三坐标雷达”也称一维电扫描雷达（见图 4－4－1），可获得目标的距离、方向和高度的信息，比其他二坐标雷达（仅提供方位信息和距离信息的雷达）多提供了一维高度信息．这使其成为对飞机引导作战的关键设备．此类雷达主要用于引导飞机进行截击作战和给武器系统提供目标指示数据，其原理是利用平面或空间中的坐标来表示向量．

图 4－4－1

【知识探究】

平面向量基本定理：在平面直角坐标系中，分别取与 x 轴，y 轴正半轴方向相同的两个单位向量 $\boldsymbol{i}$，$\boldsymbol{j}$，对于平面内的一个向量 $\boldsymbol{a}$，有且只有一对实数 x，y 使 $\boldsymbol{a}=x\boldsymbol{i}+y\boldsymbol{j}$，我们把有序实数对（$x$，$y$）称为向量 $\boldsymbol{a}$ 的坐标，记作 $\boldsymbol{a}=(x,y)$．

（1）设 $\boldsymbol{a}=(x_1,y_1)$，$\boldsymbol{b}=(x_2,y_2)$，则 $\boldsymbol{a}+\boldsymbol{b}=(x_1+x_2,y_1+y_2)$，$\boldsymbol{a}-\boldsymbol{b}=(x_1-x_2,y_1-y_2)$，即两个向量的和与差的坐标分别等于这两个向量相应坐标的和与差．

（2）若 $\boldsymbol{a}=(x_1,y_1)$，λ 为实数，则 $\lambda\boldsymbol{a}=(\lambda x,\lambda y)$，即实数与向量的积的坐标，等于用该实数乘以原来向量的相应坐标．

（3）设 $A(x_1,y_1)$，$B(x_2,y_2)$，则$\overrightarrow{AB}=\overrightarrow{OB}-\overrightarrow{OA}=(x_2-x_1,y_2-y_1)$，即一个向量的坐标等于终点坐标减去起点坐标．

（4）设 $\boldsymbol{a}=(x_1,y_1)$，$\boldsymbol{b}=(x_2,y_2)$，$\boldsymbol{a}\cdot\boldsymbol{b}=x_1x_2+y_1y_2$，即两个向量的内积等于他们对应坐标的乘积的和．

两个结论如下．

①$|\boldsymbol{a}|=\sqrt{\boldsymbol{a}\cdot\boldsymbol{a}}=\sqrt{x_1^2+y_1^2}$.

②$\cos\langle \boldsymbol{a}, \boldsymbol{b}\rangle = \dfrac{\boldsymbol{a}\cdot\boldsymbol{b}}{|\boldsymbol{a}||\boldsymbol{b}|} = \dfrac{x_1x_2+y_1y_2}{\sqrt{x_1^2+y_1^2}\sqrt{x_2^2+y_2^2}}$.

【应用举例】

例 1 已知 $\boldsymbol{a}=(-1, 2)$，$\boldsymbol{b}=(1, -2)$，求 $\boldsymbol{a}+\boldsymbol{b}$，$\boldsymbol{a}-\boldsymbol{b}$，$2\boldsymbol{a}-3\boldsymbol{b}$ 的坐标.

解： 由题意，$\boldsymbol{a}+\boldsymbol{b}=(-1, 2)+(1, -2)=(0,0)$，$\boldsymbol{a}-\boldsymbol{b}=(-1, 2)-(1, -2)=(-2, 4)$，$2\boldsymbol{a}-3\boldsymbol{b}=2\times(-1, 2)-3\times(1, -2)=(-2, 4)-(3, -6)=(-5, 10)$.

例 2 已知两点 $M(3, -2)$ 和 $N(-5, -1)$，点 P 满足 $\overrightarrow{MP}=\dfrac{1}{2}\overrightarrow{MN}$，求点 P 的坐标.

解： 由题可得 $\dfrac{1}{2}\overrightarrow{MN}=\dfrac{1}{2}(-5-3, -1+2)=\left(-4, \dfrac{1}{2}\right)$.

设点 P 的坐标是 (x, y)，则 $\overrightarrow{MP}=(x-3, y+2)$.

由题知 $\overrightarrow{MP}=\dfrac{1}{2}\overrightarrow{MN}$，可得 $(x-3, y+2)=\left(-4, \dfrac{1}{2}\right)$.

所以有 $\begin{cases} x-3=-4, \\ y+2=\dfrac{1}{2}, \end{cases}$ 解得 $\begin{cases} x=-1, \\ y=-\dfrac{3}{2}. \end{cases}$ 所以点 P 的坐标是 $\left(-1, -\dfrac{3}{2}\right)$.

例 3 已知 $\boldsymbol{a}=(1, 3)$，$\boldsymbol{b}=(2, -2)$.

(1) 设 $\boldsymbol{c}=2\boldsymbol{a}+\boldsymbol{b}$，求 $(\boldsymbol{b}\cdot\boldsymbol{a})\cdot\boldsymbol{c}$.

(2) 求向量 $\boldsymbol{a}$ 在 $\boldsymbol{b}$ 上的投影的数量.

解： (1) 由 $\boldsymbol{a}=(1, 3)$，$\boldsymbol{b}=(2, -2)$，可得 $\boldsymbol{c}=2\boldsymbol{a}+\boldsymbol{b}=2(1, 3)+(2, -2)=(4, 4)$，且 $\boldsymbol{b}\cdot\boldsymbol{a}=1\times2+3\times(-2)=-4$，所以 $(\boldsymbol{b}\cdot\boldsymbol{a})\cdot\boldsymbol{c}=(-16, -16)$.

(2) 由 $\boldsymbol{a}=(1, 3)$，$\boldsymbol{b}=(2, -2)$，可得 $\boldsymbol{a}\cdot\boldsymbol{b}=-4$，且 $|\boldsymbol{b}|=2\sqrt{2}$，所以向量 $\boldsymbol{a}$ 在 $\boldsymbol{b}$ 上的投影的数量为 $\dfrac{\boldsymbol{a}\cdot\boldsymbol{b}}{|\boldsymbol{b}|}=\dfrac{-4}{2\sqrt{2}}=-\sqrt{2}$.

【巩固练习】

1. 已知平面向量 $\boldsymbol{a}=(-2, 0)$，$\boldsymbol{b}=(-1, -1)$，则 $\dfrac{1}{2}\boldsymbol{a}-2\boldsymbol{b}$ 等于（　　）.

A. $(1, 2)$　　B. $(-1, -2)$　　C. $(1, -2)$　　D. $(-1, 2)$

2. 已知平面向量 $\boldsymbol{a}=(1, 2)$，$\boldsymbol{b}=(-1, \lambda)$，若 $\boldsymbol{a}\perp\boldsymbol{b}$，则实数 $\lambda=$（　　）.

A. $\dfrac{1}{2}$　　B. $-\dfrac{1}{2}$　　C. -2　　D. 2

3. 已知平面向量 $\boldsymbol{a}=(-2, 0)$，$\boldsymbol{b}=(-1, -1)$，则向量 $\boldsymbol{a}$ 在向量 $\boldsymbol{b}$ 上的投影数量为（　　）.

A. $\dfrac{1}{2}$　　B. 1　　C. $\sqrt{2}$　　D. 2

4. 设平面向量 $\overrightarrow{AB}=(3, -6)$，点 $A(-1, 2)$，则点 B 的坐标为（　　）.

A. $(-2, 4)$　　B. $(2, -4)$　　C. $(-4, 8)$　　D. $(4, -8)$

5. 已知向量 $\boldsymbol{a}=(3, 1)$，$\boldsymbol{b}=(3, 2)$，$\boldsymbol{c}=(1, 4)$，则 $\cos\langle\boldsymbol{a}, \boldsymbol{b}-\boldsymbol{c}\rangle=$（　　）.

A. $\frac{\sqrt{5}}{5}$　　B. $-\frac{\sqrt{5}}{5}$　　C. $\frac{\sqrt{5}}{3}$　　D. $\frac{\sqrt{5}}{10}$

6. 已知平面向量 $\boldsymbol{a}=(1, 1)$，$\boldsymbol{b}=(1, -1)$，则向量 $\frac{1}{2}\boldsymbol{a}-\frac{3}{2}\boldsymbol{b}=$________.

7. 已知向量 $\boldsymbol{a}$，$\boldsymbol{b}$ 满足 $\boldsymbol{a}+\boldsymbol{b}=(2, 3)$，$\boldsymbol{a}-\boldsymbol{b}=(-2, 1)$，则 $\boldsymbol{a}-2\boldsymbol{b}=$________.

8. 已知向量 $\boldsymbol{a}=(2, 1)$，$\boldsymbol{b}=(-8, 6)$，$\boldsymbol{c}=(4, 6)$，求 $2\boldsymbol{a}+5\boldsymbol{b}-\boldsymbol{c}$.

9. 已知向量 $\boldsymbol{a}$ 与 $\boldsymbol{b}$ 的夹角为 $60°$，$|\boldsymbol{a}|=1$，$\boldsymbol{b}=(\sqrt{3}, 1)$.

（1）求 $|\boldsymbol{b}|$ 及 $\boldsymbol{a}\cdot\boldsymbol{b}$.

（2）求 $|\boldsymbol{a}-2\boldsymbol{b}|$.

4.5　平面向量共线与垂直

【情境创设】

蚂蚁自西向东移动 1 s 的位移为 $\boldsymbol{a}$，移动 3 s 对应的向量为 $3\boldsymbol{a}$，记 $\boldsymbol{b}=3\boldsymbol{a}$，$\boldsymbol{b}$ 与 $\boldsymbol{a}$ 共线吗？

对于向量 $\boldsymbol{a}$ 和 $\boldsymbol{b}$，如果有一个实数 λ，使 $\boldsymbol{b}=\lambda\boldsymbol{a}$，那么 $\boldsymbol{a}$ 与 $\boldsymbol{b}$ 共线吗？

【知识探究】

（1）如果有一个实数 λ，使 $\boldsymbol{b}=\lambda\boldsymbol{a}(\boldsymbol{a}\neq 0)$，那么 $\boldsymbol{b}$ 与 $\boldsymbol{a}$ 是共线向量；反之，如果 $\boldsymbol{b}$ 与 $\boldsymbol{a}$（$\boldsymbol{a}\neq 0$）是共线向量，那么有且只有一个实数 λ，使 $\boldsymbol{b}=\lambda\boldsymbol{a}$.

①为什么要求 $\boldsymbol{a}$ 是非零的？

若 $\boldsymbol{a}=\boldsymbol{0}$，则 $\boldsymbol{a}$，$\boldsymbol{b}$ 总共线，而 $\boldsymbol{b}\neq\boldsymbol{0}$ 时，则不存在实数 λ，使 $\boldsymbol{b}=\lambda\boldsymbol{a}$ 成立；而 $\boldsymbol{b}=\boldsymbol{a}=\boldsymbol{0}$ 时，不管 λ 取什么值，$\boldsymbol{b}=\lambda\boldsymbol{a}$ 总成立，λ 不唯一. 因此 $\boldsymbol{a}\neq\boldsymbol{0}$.

② $\boldsymbol{a}=(x_1, y_1)$，$\boldsymbol{b}=(x_2, y_2)$（其中 $\boldsymbol{b}\neq\boldsymbol{0}$），如何用坐标表示两个向量共线的条件？

向量 $\boldsymbol{a}$，$\boldsymbol{b}$ 共线的充要条件是存在唯一实数 λ，使 $\boldsymbol{a}=\lambda\boldsymbol{b}$，用坐标表示为 $(x_1, y_1)=\lambda(x_2, y_2)$ 即 $\begin{cases}x_1=\lambda x_2,\\ y_1=\lambda y_2,\end{cases}$ 得到 $x_1y_2-x_2y_1=0$.

（2）向量 $\boldsymbol{a}=(x_1, y_1)$，$\boldsymbol{b}=(x_2, y_2)$（其中 $\boldsymbol{b}\neq\boldsymbol{0}$），共线的充要条件是 $x_1y_2-x_2y_1=0$.

对于非零向量 $\boldsymbol{a}$，$\boldsymbol{b}$，有 $\boldsymbol{a}\perp\boldsymbol{b}\Rightarrow\boldsymbol{a}\cdot\boldsymbol{b}=0$，如何用向量的坐标来判断两个向量是否垂直？

（3）设非零向量 $\boldsymbol{a}=(x_1, y_1)$，$\boldsymbol{b}=(x_2, y_2)$，则有 $\boldsymbol{a}\perp\boldsymbol{b}\Rightarrow x_1x_2+y_1y_2=0$.

【应用举例】

例 1　已知向量 $\boldsymbol{a}=(t, 1)$，$\boldsymbol{b}=(1, 2)$.

（1）若 $\boldsymbol{a}\perp\boldsymbol{b}$，求实数 t 的值.

（2）若 $\boldsymbol{a}/\!/\boldsymbol{b}$，求实数 t 的值.

解：（1）因为向量 $\boldsymbol{a}=(t,\ 1)$，$\boldsymbol{b}=(1,\ 2)$，若 $\boldsymbol{a}\perp\boldsymbol{b}$，则 $\boldsymbol{a}\cdot\boldsymbol{b}=t+2=0$，所以实数 $t=-2$.

（2）因为向量 $\boldsymbol{a}=(t,\ 1)$，$\boldsymbol{b}=(1,\ 2)$，若 $\boldsymbol{a}\parallel\boldsymbol{b}$，则 $t\times2-1\times1=0$，所以实数 $t=\dfrac{1}{2}$.

例2 设 $\boldsymbol{a}=(1,\ x)$，$\boldsymbol{b}=(2,\ x-3)$，当 $x=m$ 时，$\boldsymbol{a}/\!/\boldsymbol{b}$，当 $x=n$ 时，$\boldsymbol{a}\perp\boldsymbol{b}$. 求 $m+n$.

解：当 $x=m$ 时，$\boldsymbol{a}=(1,\ m)$，$\boldsymbol{b}=(2,\ m-3)$，由 $\boldsymbol{a}/\!/\boldsymbol{b}$，得 $m-3-2m=0$，即 $m=-3$.

当 $x=n$ 时，$\boldsymbol{a}=(1,\ n)$，$\boldsymbol{b}=(2,\ n-3)$，由 $\boldsymbol{a}\perp\boldsymbol{b}$，得 $\boldsymbol{a}\cdot\boldsymbol{b}=2+n(n-3)=0$，即 $n^2-3n+2=0$，解得 $n=1$ 或 $n=2$. 所以 $m+n=-2$ 或 $m+n=-1$.

例3 已知 $\boldsymbol{a}=(1,\ 0)$，$\boldsymbol{b}=(2,\ 1)$.

（1）当 k 为何值时，$k\boldsymbol{a}-\boldsymbol{b}$ 与 $\boldsymbol{a}+2\boldsymbol{b}$ 共线？

（2）若 $\overrightarrow{AB}=2\boldsymbol{a}+3\boldsymbol{b}$，$\overrightarrow{BC}=\boldsymbol{a}+m\boldsymbol{b}$ 且 A，B，C 三点共线，求 m 的值.

解：（1）由 $\boldsymbol{a}=(1,\ 0)$，$\boldsymbol{b}=(2,\ 1)$，可得 $k\boldsymbol{a}-\boldsymbol{b}=k(1,\ 0)-(2,\ 1)=(k-2,\ -1)$，$\boldsymbol{a}+2\boldsymbol{b}=(1,\ 0)+2(2,\ 1)=(5,\ 2)$，因为 $k\boldsymbol{a}-\boldsymbol{b}$ 与 $\boldsymbol{a}+2\boldsymbol{b}$ 共线，所以 $2(k-2)-(-1)\times5=0$，即 $2k-4+5=0$，解得 $k=-\dfrac{1}{2}$.

（3）因为 A，B，C 三点共线，所以 $\overrightarrow{AB}=\lambda\overrightarrow{BC}$，$\lambda\in\mathbf{R}$，即 $2\boldsymbol{a}+3\boldsymbol{b}=\lambda(\boldsymbol{a}+m\boldsymbol{b})$，所以 $\begin{cases}2=\lambda,\\3=m\lambda,\end{cases}$ 解得 $m=\dfrac{3}{2}$.

【巩固练习】

1. 在四边形 $ABCD$ 中，若 $\overrightarrow{AB}/\!/\overrightarrow{CD}$，则四边形 $ABCD$ 为（　　）.

A. 平行四边形或梯形　　B. 梯

C. 菱形　　D. 平行四边形

2. 已知向量 $\boldsymbol{a}=(4,\ -2)$，$\boldsymbol{b}=(x,\ 1)$. 若 $\boldsymbol{a}$，$\boldsymbol{b}$ 共线，则 x 的值是（　　）.

A. -1　　B. -2　　C. 1　　D. 2

3. 已知向量 $\boldsymbol{a}=(x,\ 2)$，$\boldsymbol{b}=(2,\ 1)$. 若 $\boldsymbol{a}\perp\boldsymbol{b}$，则实数 x 的值为（　　）.

A. -2　　B. 2　　C. -1　　D. 1

4. 已知 $\boldsymbol{a}=(2,\ 1)$，$\boldsymbol{b}=(3,\ t)$，若 $(2\boldsymbol{a}-\boldsymbol{b})\perp\boldsymbol{b}$，则实数 t 的值等于（　　）.

A. 3　　B. -1　　C. -1 或 3　　D. 2

5. 已知向量 $\boldsymbol{a}=(-4,\ 3)$，$\boldsymbol{b}=(6,\ m)$，且 $\boldsymbol{a}\perp\boldsymbol{b}$，则 $m=$________.

6. 已知向量 $\boldsymbol{a}=(2,\ 2)$，$\boldsymbol{b}=(1,\ x)$，若 $\boldsymbol{a}/\!/(\boldsymbol{a}+2\boldsymbol{b})$，则 $|\boldsymbol{b}|=$________.

7. 已知任意两个非零向量 $\boldsymbol{a}$，$\boldsymbol{b}$，若平面内 O，A，B，C 四点满足 $\overrightarrow{OA}=\boldsymbol{a}+\boldsymbol{b}$，$\overrightarrow{OB}=\boldsymbol{a}+2\boldsymbol{b}$，$\overrightarrow{OC}=\boldsymbol{a}+3\boldsymbol{b}$. 请判断 A，B，C 三点之间的位置关系，并说明理由.

8. 已知 $\boldsymbol{a}=(-2,\ 4)$，$\boldsymbol{b}=(x,\ -2)$，其中 $x\neq1$.

（1）若 $\boldsymbol{a}+3\boldsymbol{b}$ 与 $k\boldsymbol{a}-2\boldsymbol{b}$ 平行，求实数 k 的值.

（2）若 $\boldsymbol{a}\perp\boldsymbol{b}$，证明：对任意实数 λ，$\lambda\boldsymbol{a}-\boldsymbol{b}$ 与 $\boldsymbol{a}+\lambda\boldsymbol{b}$ 垂直.

4.6 空间直角坐标系

【情境创设】

（1）确定一个点在一条直线上的位置的方法是什么?

（2）确定一个点在一个平面内的位置的方法是什么?

（3）确定一个点在三维空间内的位置的方法是什么?

（4）如图 4-6-1 所示，如何确定电灯在房（立体空间）内的位置?

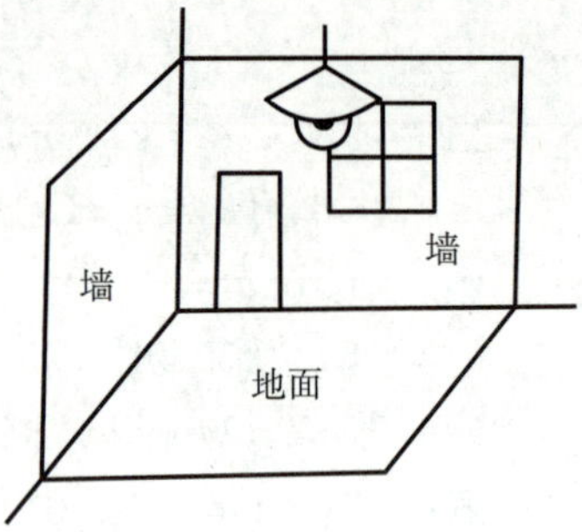

图 4-6-1

【知识探究一】空间直角坐标系的概念及点的坐标

（1）空间直角坐标系的概念.

空间一点 O 为原点，过点 O 作三条两两垂直的直线所在的方向建立三条数轴即 x 轴，y 轴，z 轴，称为坐标轴，建立的空间直角坐标系记作 $Oxyz$（见图 4-6-2）.

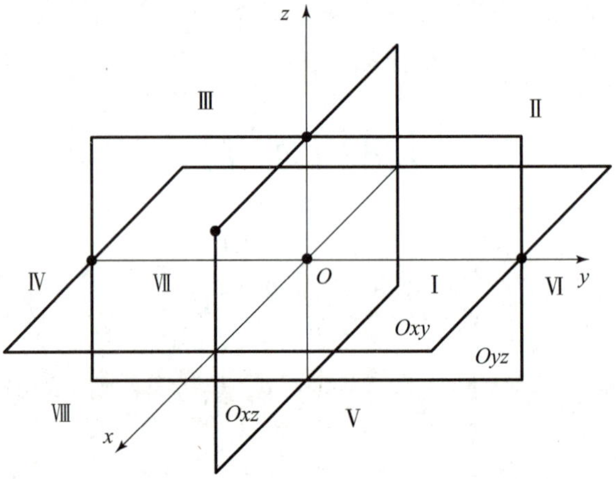

图 4-6-2

通过每两条坐标轴的平面称为坐标平面，分别称为 Oxy 平面、Oyz 平面、Oxz 平面.

3 个坐标平面把空间分成八个部分，称为八个卦限，其中，含 x 轴、y 轴、z 轴正半轴的是第Ⅰ卦限，在 Oxy 平面上的其他三个卦限按逆时针方向排定，依次为第Ⅱ、Ⅲ、Ⅳ卦限，在 Oxy 平面下方，与第Ⅰ卦限相邻的是第Ⅴ卦限，也按逆时针方向排定依次为第Ⅵ、Ⅶ、Ⅷ卦限.

右手直角坐标系：如图 4-6-3 所示，以右手大拇指向上竖直表示 z 轴，将右手四指变为弧形握住 z 轴，此时右手四指正好从 x 轴正方向转向 y 轴正方向. 这样，就组成了一个空间直角坐标系. 本书建立坐标系都是右手直角坐标系.

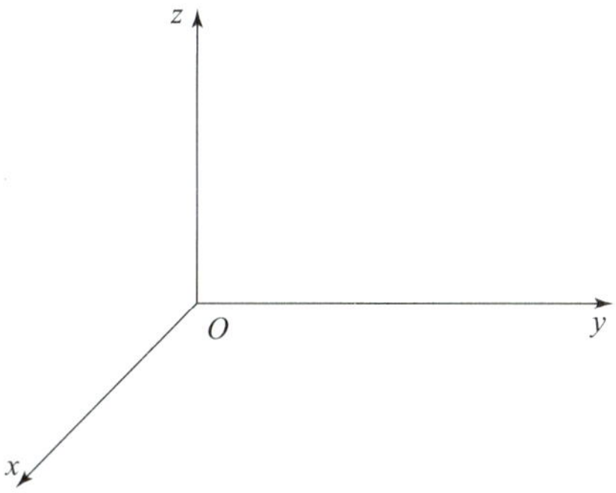

图 4-6-3

(2) 点的坐标.

在长方体 $OABC-O'A'B'C'$ 中，设 $AB=4$，$BC=3$，$AA'=2$.

一般点（非轴、非坐标平面上的点）的坐标的写法：如图 4-6-4 所示，以点 B' 为例，过点 B' 分别作 x 轴、y 轴、z 轴的垂面，依次交 x 轴、y 轴、z 轴于点 A、点 C、点 O'，点 A、点 C、点 O' 在轴上的坐标分别是点 B' 的横坐标、纵坐标、竖坐标，即 $B'(3,4,2)$.

写坐标的小技巧：一个点和它在坐标平面内的射影点，这两个点的坐标平面所在轴的坐标相同.

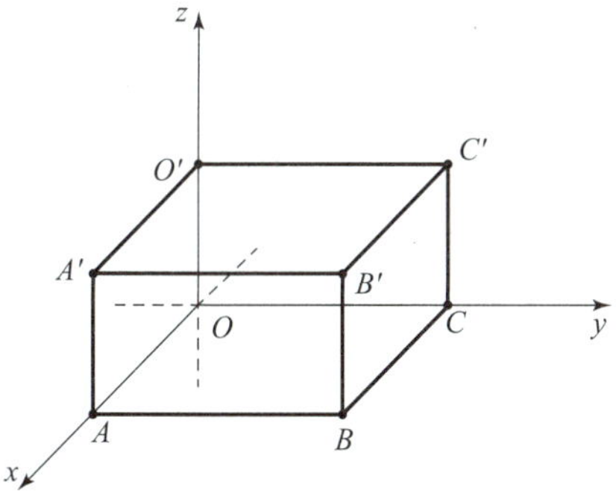

图 4-6-4

坐标平面上点的坐标的表示：与坐标平面垂直的轴所对应的坐标为 0，其余坐标按平面直角坐标写. 如 $B(3,4,0)$.

轴上点的坐标的写法：轴所对应的坐标按数轴写，其余坐标都为 0. 如 $A(3,0,0)$.

【知识探究二】空间中两点的中点坐标

类比平面直角坐标系中两点的中点坐标公式，在空间中的两点为

$$P_1(x_1,y_1,z_1),\ P_2(x_2,y_2,z_2),$$

它们的中点 P 的坐标为 $\left(\frac{x_1+x_2}{2},\frac{y_1+y_2}{2},\frac{z_1+z_2}{2}\right)$.

【知识探究三】空间中两点间的距离

如图 4-6-5 所示，在空间直角坐标系中，点 $P(x, y, z)$ 到原点的距离，该怎么求？

P，O 两点间的距离就是图 4-6-5 中长方体的对角线 PO 的长度．得

$$PO=\sqrt{x^2+y^2+z^2}.$$

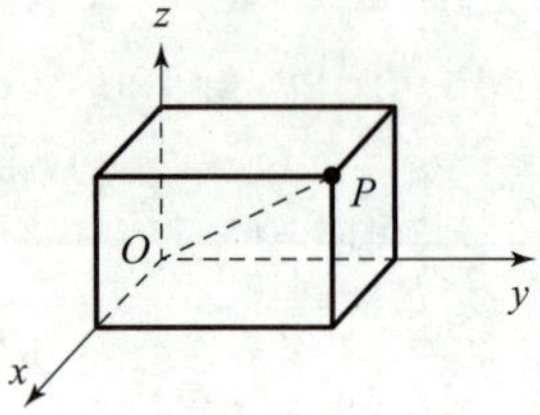

图 4-6-5

空间任意两点 $A(x_1, y_1, z_1)$，$B(x_2, y_2, z_2)$ 间的距离为

$$|AB|=\sqrt{(x_2-x_1)^2+(y_2-y_1)^2+(z_2-z_1)^2}.$$

【应用举例】

例 1 空间直角坐标系中一点 M（1，2，3），求下列点坐标．

（1）关于 y 轴的对称点是________．

（2）关于 x 轴的对称点是________．

（3）关于 z 轴的对称点是________．

（4）关于原点的对称点是________．

（5）关于 Oxy 面的对称点是________．

（6）关于 Oyz 面的对称点是________．

（7）关于 Oxz 面的对称点是________．

解：（1）（－1，2，－3）．（2）（1，－2，－3）．（3）（－1，－2，3）．（4）（－1，－2，－3）．（5）（1，2，－3）．（6）（－1，2，3）．（7）（1，－2，3）．

例 2 如图 4-6-6 所示，在长方体 $OABC-O'A'B'C'$ 中，$|OA|=3$，$|OC|=4$，$|OO'|=2$，写出点 O'，C，A'，B' 的坐标．

解：O'（0，0，2），C（0，4，0），A'（3，0，2），B'（3，4，2）．

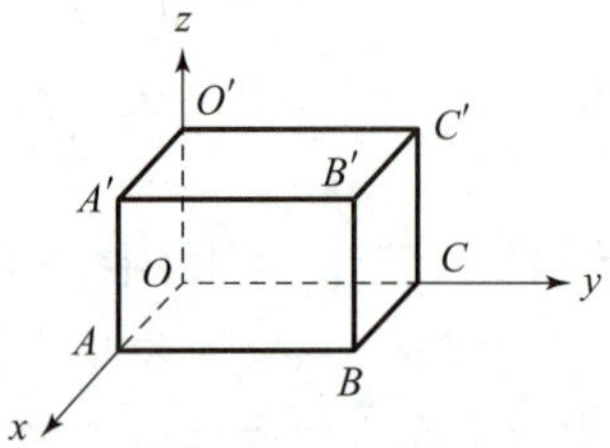

图 4-6-6

例 3 已知点 A（－3，0，－4），点 A 关于原点的对称点为 B，则 $|AB|$ 等于________．

解：先求出点 B 的坐标，进而根据两点间距离公式求得答案．点 A 关于原点的对称点为 B 的坐标为（3，0，4），故 $|AB|=\sqrt{6^2+0^2+8^2}=10$．

例 4 若将教室内的投影仪看成一个点，测得教室前后墙面距离为 9，投影仪到前墙面

距离为4，到地面距离为2.5，到左墙面距离为2.9. 请建立适当的空间直角坐标系，并确定投影仪所在点的坐标.（单位：m.）

解： 以教室前墙左下端点为坐标原点，如图4－6－7所示，建系得投影仪所在位置坐标为（4，2.9，2.5）.（答案不唯一，有其他建系方法也可.）

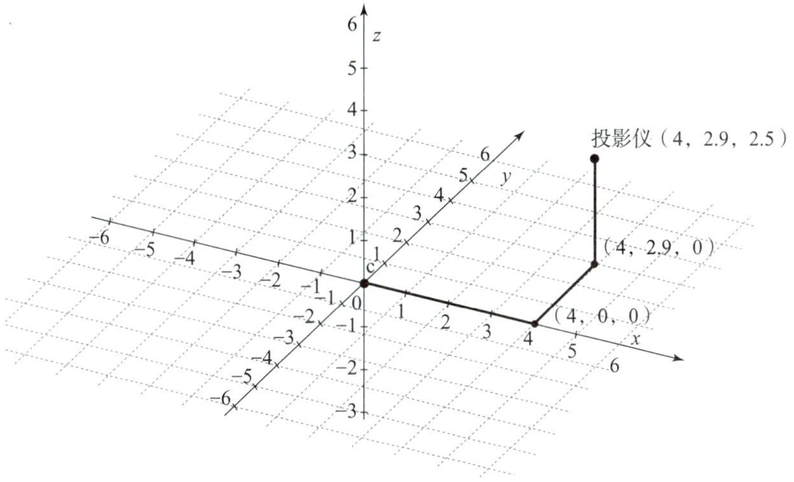

图4－6－7

【巩固练习】

1. 在空间直角坐标系 $Oxyz$ 中，点（－3，－7，5）在（　　）.

A. 第Ⅳ卦限　　B. 第Ⅲ卦限　　C. 第Ⅱ卦限　　D. 第Ⅰ卦限

2. 在如图4－6－8所示的空间直角坐标系中，$ABCD-A_1B_1C_1D_1$ 是单位正方体，其中点 A 的坐标是（　　）.

A.（－1，－1，－1）

B.（－1，1，－1）

C.（1，－1，1）

D.（1，－1，－1）

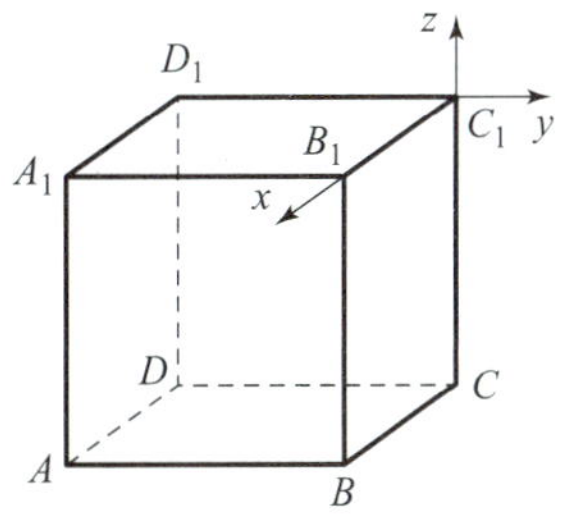

图4－6－8

3. 在空间直角坐标系中，点 $A(1，1，1)$，点 $B(3，-1，4)$，则点 A 关于点 B 的对称点坐标是（　　）.

A.（2，－2，3）　　B.（5，－3，7）

C.（5，－1，3）　　D.（4，0，5）

4. 在 y 轴上且与点 $A(-2，1，2)$ 和点 $B(-1，0，4)$ 距离相等的点是（　　）.

A.（0，4，0）　　B. $\left(0，-\dfrac{9}{2}，0\right)$

C.（0，－4，0）　　D. $\left(0，\dfrac{9}{2}，0\right)$

5. 已知 $A(x，1，2)$，$B(2，3，4)$，且 $|AB|=2\sqrt{6}$，则实数 x 的值是________.

6. 已知 $M(-1, 0, 2)$，$N(3, 2, -4)$，则 MN 的中点关于平面 Oxy 的对称点的坐标是________.

7. 如图 4-6-9 所示，正方体 $OABC-A'B'C'D'$ 的棱长为 2，E，F，G，H，I，J 分别是棱 $C'D'$，$D'A'$，AA'，AB，BC，CC' 的中点，写出正六边形 E，F，G，H，I，J 各顶点的坐标.

8. $\triangle ABC$ 的三个顶点坐标为 $A(1, -2, -3)$，$B(-1, -1, -1)$，$C(0, 0, -5)$，试证明 $\triangle ABC$ 是直角三角形.

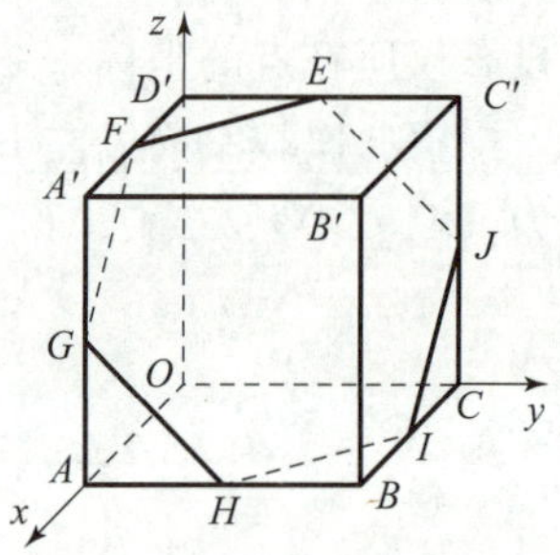

图 4-6-9

4.7 空间向量及其运算

【情境创设】

索塔同时受到来自不同方向的拉力（见图 4-7-1），跳伞运动员同时受到重力、风力、绳索牵拉力（见图 4-7-2）. 思考：场景中的力都能用平面向量表示吗?

图 4-7-1

图 4-7-2

【知识探究】

与平面向量一样，在空间中，把具有大小和方向的量称为**空间向量**. 空间向量的大小称为空间向量的**长度**或**模**. 空间向量用字母 $\boldsymbol{a}$，$\boldsymbol{b}$，$\boldsymbol{c}$…表示. 书写时，则常用带箭头的小写字母 $\vec{a}$，$\vec{b}$，$\vec{c}$…表示. 空间中点的位移、物体运动的速度、物体受到的力等都可以用空间向量表示.

与平面向量一样，空间向量也用有向线段表示，有向线段的长度表示空间向量的模. 如图 4－7－3 所示，向量 $\boldsymbol{a}$ 的起点是 A，终点是 B，则向量 $\boldsymbol{a}$ 也可以记作 $\overrightarrow{AB}$，其模记为 $|\boldsymbol{a}|$ 或 $|\overrightarrow{AB}|$.

与平面向量一样，规定长度为 0 的向量称为**零向量**，记为 $\boldsymbol{0}$.

模为 1 的向量称为**单位向量**.

与向量 $\boldsymbol{a}$ 长度相等而方向相反的向量，称为向量 $\boldsymbol{a}$ 的**相反向量**，记为 $-\boldsymbol{a}$.

如果表示若干空间向量的有向线段所在的直线互相平行或重合，那么这些向量称为**共线向量**或**平行向量**.

规定零向量与任意向量平行，即对于任意向量 $\boldsymbol{a}$，都有 $\boldsymbol{0}/\!/\boldsymbol{a}$.

方向相同且模相等的向量称为**相等向量**. 因此，在空间中，同向且等长的有向线段表示同一向量或相等向量. 空间向量是自由的，所以对于空间中的任意两个非零向量，我们都可以通过平移使它们的起点重合. 因为两条相交直线确定一个平面，所以起点重合的两个不共线向量可以确定一个平面，也就是说，任意两个空间向量都可以平移到同一个平面内，成为同一平面内的两个向量. 已知空间向量 $\boldsymbol{a}$，$\boldsymbol{b}$，以任意点 O 为起点，作向量 $\overrightarrow{OA}=\boldsymbol{a}$，$\overrightarrow{OB}=\boldsymbol{b}$，我们就可以把它们平移到同一个平面 α 内（见图 4－7－4）.

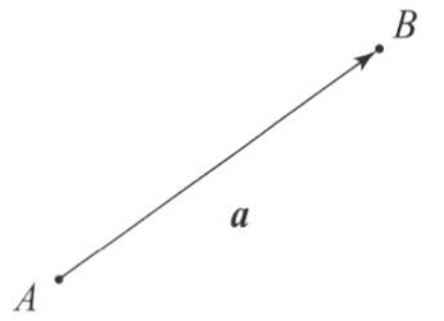

图 4－7－3

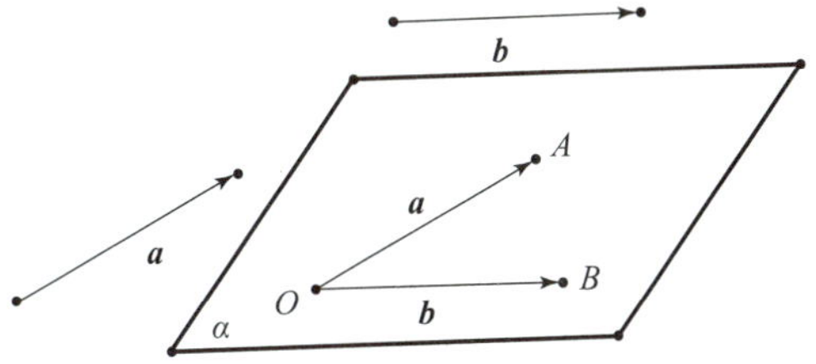

图 4－7－4

由于任意两个空间向量都可以通过平移转化为同一平面内的向量，这样任意两个空间向量的运算就可以转化为平面向量的运算. 由此，我们把平面向量的线性运算推广到空间，定义空间向量的加法、减法及数乘运算（见图 4－7－5）.

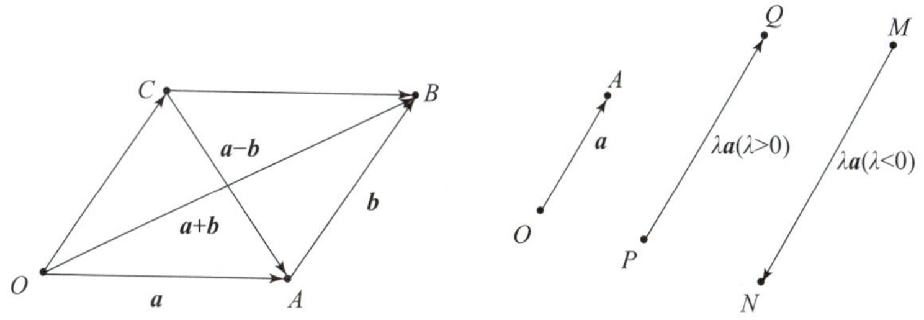

（a）　（b）

图 4－7－5

（1）$\boldsymbol{a}+\boldsymbol{b}=\overrightarrow{OA}+\overrightarrow{AB}=\overrightarrow{OB}$.

（2）$\boldsymbol{a}-\boldsymbol{b}=\overrightarrow{OA}-\overrightarrow{OC}=\overrightarrow{CA}$.

（3）当 $\lambda>0$ 时，$\lambda\boldsymbol{a}=\lambda\overrightarrow{OA}=\overrightarrow{PQ}$，

当 $\lambda<0$ 时，$\lambda\boldsymbol{a}=\lambda\overrightarrow{OA}=\overrightarrow{MN}$，

当 $\lambda=0$ 时，$\lambda\boldsymbol{a}=\boldsymbol{0}$.

交换律：$\boldsymbol{a}+\boldsymbol{b}=\boldsymbol{b}+\boldsymbol{a}$.

结合律：$(\boldsymbol{a}+\boldsymbol{b})+\boldsymbol{c}=\boldsymbol{a}+(\boldsymbol{b}+\boldsymbol{c})$，$\lambda(\mu\boldsymbol{a})=(\lambda\mu)\boldsymbol{a}$.

分配律：$(\lambda+\mu)\boldsymbol{a}=\lambda\boldsymbol{a}+\mu\boldsymbol{a}$，$\lambda(\boldsymbol{a}+\boldsymbol{b})=\lambda\boldsymbol{a}+\lambda\boldsymbol{b}$.

对任意两个空间向量 $\boldsymbol{a}$ 与 $\boldsymbol{b}$，如果 $\boldsymbol{a}=\lambda\boldsymbol{b}$（$\lambda\in\mathbf{R}$），$\boldsymbol{a}$ 与 $\boldsymbol{b}$ 有什么位置关系？反过来，$\boldsymbol{a}$ 与 $\boldsymbol{b}$ 有什么位置关系时，$\boldsymbol{a}=\lambda\boldsymbol{b}$？

类似于平面向量共线的充要条件，对任意两个空间向量 $\boldsymbol{a}$，$\boldsymbol{b}$（$\boldsymbol{b}\neq\boldsymbol{0}$），$\boldsymbol{a}/\!/\boldsymbol{b}$ 的充要条件是存在 λ，使 $\boldsymbol{a}=\lambda\boldsymbol{b}$.

点 O 是直线 l 上一点，在直线 l 上取非零向量 $\boldsymbol{a}$，则对于直线 l 上任意一点 P，由数乘向量的定义及向量共线的充要条件可知，存在实数 λ，使 $\overrightarrow{OP}=\lambda\boldsymbol{a}$. 我们把与向量 $\boldsymbol{a}$ 平行的非零向量称为直线 l 的**方向向量**.

平移之后在同一面内的向量称为**共面向量**.

（4）任意两个空间向量总是共面的，但三个空间向量可能是共面的，也可能是不共面的，什么情况下三个向量共面？

如果向量 $\boldsymbol{a}$，$\boldsymbol{b}$ 不共线，那么第三个向量 $\boldsymbol{p}$ 与向量 $\boldsymbol{a}$，$\boldsymbol{b}$ 共面的充要条件：存在唯一的有序实数对（x，y），使 $\boldsymbol{p}=x\boldsymbol{a}+y\boldsymbol{b}$.

已知两个非零向量 $\boldsymbol{a}$，$\boldsymbol{b}$，在空间任取一点 O，作 $\overrightarrow{OA}=\boldsymbol{a}$，$\overrightarrow{OB}=\boldsymbol{b}$，则 $\angle AOB$ 称为向量 $\boldsymbol{a}$，$\boldsymbol{b}$ 的夹角，记作 $\langle\boldsymbol{a},\boldsymbol{b}\rangle$.

如果 $\langle\boldsymbol{a},\boldsymbol{b}\rangle=\dfrac{\pi}{2}$，那么向量 $\boldsymbol{a}$，$\boldsymbol{b}$ 互相垂直，记作 $\boldsymbol{a}\perp\boldsymbol{b}$.

已知两个非零向量 $\boldsymbol{a}$，$\boldsymbol{b}$，则 $|\boldsymbol{a}||\boldsymbol{b}|\cos\langle\boldsymbol{a},\boldsymbol{b}\rangle$ 称为 $\boldsymbol{a}$，$\boldsymbol{b}$ 的数量积，即记作 $\boldsymbol{a}\cdot\boldsymbol{b}$，

$$\boldsymbol{a}\cdot\boldsymbol{b}=|\boldsymbol{a}||\boldsymbol{b}|\cos\langle\boldsymbol{a},\boldsymbol{b}\rangle.$$

由数量积的定义可得 $\boldsymbol{a}\perp\boldsymbol{b}\Leftrightarrow\boldsymbol{a}\cdot\boldsymbol{b}=0$.

数量积满足以下运算律.

$(\lambda\boldsymbol{a})\cdot\boldsymbol{b}=\lambda(\boldsymbol{a}\cdot\boldsymbol{b})$，$\lambda\in\mathbf{R}$.

$\boldsymbol{a}\cdot\boldsymbol{b}=\boldsymbol{b}\cdot\boldsymbol{a}$（交换律）.

$(\boldsymbol{a}+\boldsymbol{b})\cdot\boldsymbol{c}=\boldsymbol{a}\cdot\boldsymbol{c}+\boldsymbol{b}\cdot\boldsymbol{c}$（分配律）.

【应用举例】

例 1 判断正误.

（1）空间两个向量方向相反时，它们互为相反向量.（　　）

（2）若空间两个向量相等，则它们方向相同，且起点相同.（　　）

（3）若空间两个向量起点相同且长度相等，则这两个向量相等.（　　）

（4）将空间所有单位向量平移到同一个起点，则它们的终点构成一个圆.（　　）

解：（1）错误．缺少另一条件为长度相等．

（2）错误．空间向量可平行移动，相等向量起点可以不同．

（3）错误．缺少另一条件为方向相同．

（4）错误．它们的终点构成一个球面．

例2　下列命题中正确的是（　　）．

A. $(\boldsymbol{a}\cdot\boldsymbol{b})^2=\boldsymbol{a}^2\cdot\boldsymbol{b}^2$　　B. $|\boldsymbol{a}\cdot\boldsymbol{b}|\leqslant|\boldsymbol{a}|\cdot|\boldsymbol{b}|$

C. $(\boldsymbol{a}\cdot\boldsymbol{b})\cdot\boldsymbol{c}=\boldsymbol{a}\cdot(\boldsymbol{b}\cdot\boldsymbol{c})$　　D. 若 $\boldsymbol{a}\perp(\boldsymbol{b}-\boldsymbol{c})$，则 $\boldsymbol{a}\cdot\boldsymbol{b}=\boldsymbol{a}\cdot\boldsymbol{c}=0$

解：选项A，左边 $=|\boldsymbol{a}|^2\ |\boldsymbol{b}|^2\cos^2\langle\boldsymbol{a}\cdot\boldsymbol{b}\rangle$，右边 $=|\boldsymbol{a}|^2\cdot|\boldsymbol{b}|^2$，所以左边≤右边，故A错误．选项C，数量积不满足结合律，所以C错误．选项D，因为 $\boldsymbol{a}\cdot(\boldsymbol{b}-\boldsymbol{c})=0$，所以 $\boldsymbol{a}\cdot\boldsymbol{b}-\boldsymbol{a}\cdot\boldsymbol{c}=0$，所以 $\boldsymbol{a}\cdot\boldsymbol{b}=\boldsymbol{a}\cdot\boldsymbol{c}$，但 $\boldsymbol{a}\cdot\boldsymbol{b}$ 与 $\boldsymbol{a}\cdot\boldsymbol{c}$ 不一定等于零，故D错误．

对于选项B，因为 $\boldsymbol{a}\cdot\boldsymbol{b}=|\boldsymbol{a}||\boldsymbol{b}|\cos\langle\boldsymbol{a},\boldsymbol{b}\rangle$，

$-1\leqslant\cos\langle\boldsymbol{a},\boldsymbol{b}\rangle\leqslant1$，所以 $|\boldsymbol{a}\cdot\boldsymbol{b}|\leqslant|\boldsymbol{a}|\cdot|\boldsymbol{b}|$，故B正确．

故选B．

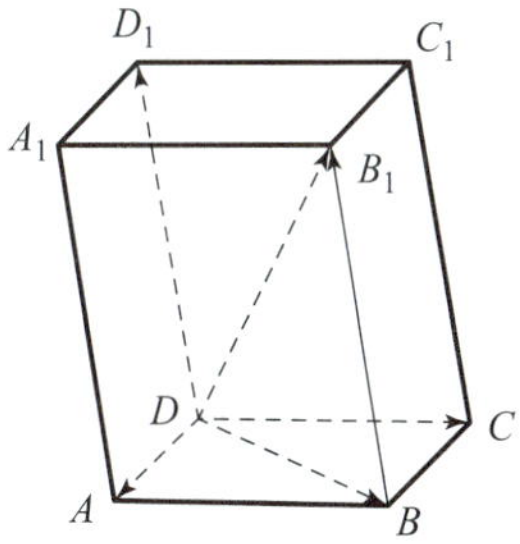

图4-7-6

例3　如图4-7-6所示是一个平行六面体 $ABCD-A_1B_1C_1D_1$，化简 $\overrightarrow{DA}+\overrightarrow{DC}+\overrightarrow{DD_1}$．

解：因为底面 $ABCD$ 是一个平行四边形，所以

$\overrightarrow{DA}+\overrightarrow{DC}=\overrightarrow{DB}$．又因为 $\overrightarrow{DD_1}=\overrightarrow{BB_1}$，

因此 $\overrightarrow{DA}+\overrightarrow{DC}+\overrightarrow{DD_1}=\overrightarrow{DB}+\overrightarrow{BB_1}=\overrightarrow{DB_1}$．

例4　如图4-7-7所示，在棱长为1的正四面体 $ABCD$ 中，E，F 分别是 AB，AD 的中点，求下列各式的值．

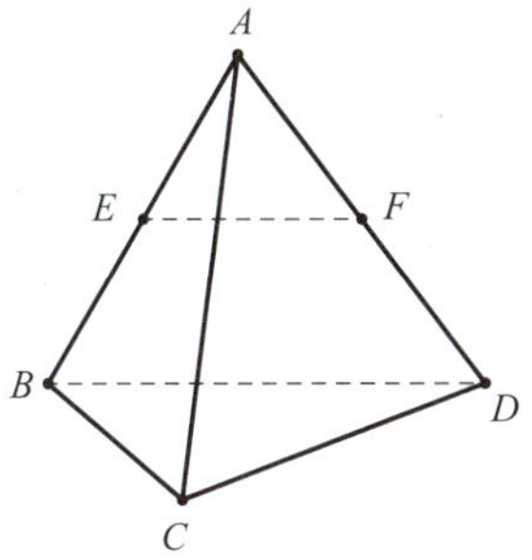

图4-7-7

（1）$\overrightarrow{EF}\cdot\overrightarrow{BA}$．（2）$\overrightarrow{EF}\cdot\overrightarrow{BD}$．（3）$\overrightarrow{AB}\cdot\overrightarrow{CD}$．

解：（1）$\overrightarrow{EF}\cdot\overrightarrow{BA}=\dfrac{1}{2}\overrightarrow{BD}\cdot\overrightarrow{BA}=\dfrac{1}{2}|\overrightarrow{BD}|\ |\overrightarrow{BA}|\cos<\overrightarrow{BD},\overrightarrow{BA}>=\dfrac{1}{2}\cos60°=\dfrac{1}{4}$．

（2）$\overrightarrow{EF}\cdot\overrightarrow{BD}=\dfrac{1}{2}\overrightarrow{BD}\cdot\overrightarrow{BD}=\dfrac{1}{2}|\overrightarrow{BD}|^2=\dfrac{1}{2}$．

（3）$\overrightarrow{AB}\cdot\overrightarrow{CD}=\overrightarrow{AB}\cdot(\overrightarrow{AD}-\overrightarrow{AC})=\overrightarrow{AB}\cdot\overrightarrow{AD}-\overrightarrow{AB}\cdot\overrightarrow{AC}=|\overrightarrow{AB}|\ |\overrightarrow{AD}|\cos<\overrightarrow{AB},\overrightarrow{AD}>-|\overrightarrow{AB}|\ |\overrightarrow{AC}|\cos<\overrightarrow{AB},\overrightarrow{AC}>=\cos60°-\cos60°=0$．

【巩固练习】

1. 如图 4-7-8 所示，在直三棱柱 $ABC-A_1B_1C_1$ 中，若 $\overrightarrow{CA}=\boldsymbol{a}$，$\overrightarrow{CB}=\boldsymbol{b}$，$\overrightarrow{CC_1}=\boldsymbol{c}$，则 $\overrightarrow{A_1B}=$（　　）.

A. $\boldsymbol{a}+\boldsymbol{b}-\boldsymbol{c}$

B. $-\boldsymbol{a}+\boldsymbol{b}-\boldsymbol{c}$

C. $-\boldsymbol{a}+\boldsymbol{b}+\boldsymbol{c}$

D. $\boldsymbol{a}-\boldsymbol{b}+\boldsymbol{c}$

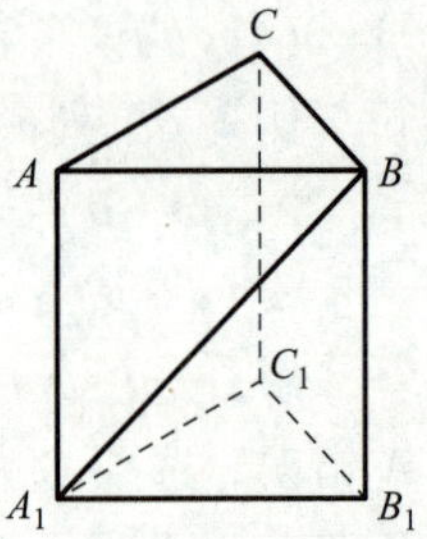

图 4-7-8

2. 已知 A，B，C，D 是空间中互不相同的四个点，则 $\overrightarrow{AB}-\overrightarrow{DB}-\overrightarrow{AC}=$（　　）.

A. $\overrightarrow{AD}$　　B. $\overrightarrow{CD}$　　C. $\overrightarrow{BC}$　　D. $\overrightarrow{DA}$

3. 在棱长为 2 的正方体 $ABCD-A_1B_1C_1D_1$ 中，$\overrightarrow{AA_1}\cdot\overrightarrow{BC_1}=$（　　）.

A. $2\sqrt{2}$　　B. $4\sqrt{2}$　　C. 2　　D. 4

4. 已知三棱锥 $O-ABC$，点 M，N 分别为线段 AB，OC 的中点（见图 4-7-9），且 $\overrightarrow{OA}=\boldsymbol{a}$，$\overrightarrow{OB}=\boldsymbol{b}$，$\overrightarrow{OC}=\boldsymbol{c}$，用 $\boldsymbol{a}$，$\boldsymbol{b}$，$\boldsymbol{c}$ 表示 $\overrightarrow{MN}$，则 $\overrightarrow{MN}$ 等于（　　）.

A. $\frac{1}{2}(\boldsymbol{c}+\boldsymbol{a}+\boldsymbol{b})$　　B. $\frac{1}{2}(\boldsymbol{b}-\boldsymbol{a}-\boldsymbol{c})$

C. $\frac{1}{2}(\boldsymbol{a}-\boldsymbol{c}-\boldsymbol{b})$　　D. $\frac{1}{2}(\boldsymbol{c}-\boldsymbol{a}-\boldsymbol{b})$

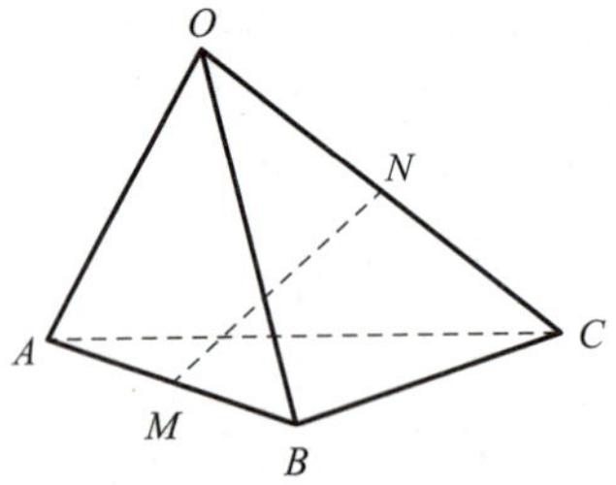

图 4-7-9

5. 已知平行六面体 $ABCD-A'B'C'D'$，则有下列四式：

① $\overrightarrow{AB}-\overrightarrow{CB}=\overrightarrow{AC}$；

② $\overrightarrow{AC'}=\overrightarrow{AB}+\overrightarrow{B'C'}+\overrightarrow{CC'}$；

③ $\overrightarrow{AA'}=\overrightarrow{CC'}$；

④ $\overrightarrow{AB}+\overrightarrow{BB'}+\overrightarrow{BC}+\overrightarrow{CC'}=\overrightarrow{AC'}$.

其中正确的是________.

6. 已知空间向量 $\boldsymbol{a}$，$\boldsymbol{b}$ 的夹角为 $\frac{\pi}{3}$，$|\boldsymbol{a}|=2$，$|\boldsymbol{b}|=3$，则 $\boldsymbol{a}\cdot(\boldsymbol{a}+3\boldsymbol{b})=$________.

7. 化简下列算式.

(1) $3(2\boldsymbol{a}-\boldsymbol{b}-4\boldsymbol{c})-4(\boldsymbol{a}-2\boldsymbol{b}+3\boldsymbol{c})$.

(2) $\overrightarrow{OA}-[\overrightarrow{OB}-(\overrightarrow{AB}-\overrightarrow{AC})]$.

8. 如图 4-7-10 所示，给定长方体 $ABCD-A_1B_1C_1D_1$，$AD=AA_1=2$，$AB=6$，点 E 在棱 CC_1 的延长线上，且 $|C_1E|=|CC_1|$. 设 $\overrightarrow{AA_1}=\boldsymbol{a}$，$\overrightarrow{AB}=\boldsymbol{b}$，$\overrightarrow{AD}=\boldsymbol{c}$.

（1）试用 $\boldsymbol{a}$，$\boldsymbol{b}$，$\boldsymbol{c}$ 表示向量 $\overrightarrow{AE}$.

（2）求 $\overrightarrow{AD}\cdot\overrightarrow{BD_1}$.

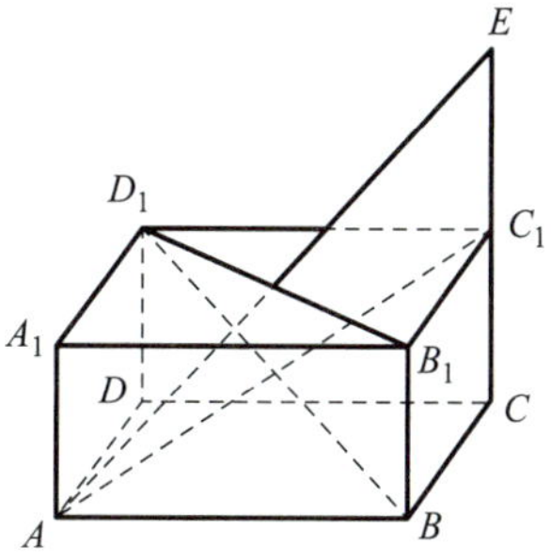

图 4-7-10

4.8　空间向量基本定理及坐标表示

【情境创设】

思考：平面内的任意一个向量都可以用两个不共线的向量来表示（平面向量基本定理）. 任意一个空间的向量，能否用任意三个不共面的向量来表示？

【知识探究一】空间向量基本定理

空间向量基本定理：如果三个向量 $\boldsymbol{a}$，$\boldsymbol{b}$，$\boldsymbol{c}$ 不共面，那么对任意一个空间向量 $\boldsymbol{p}$，存在唯一的有序实数组（x，y，z），使 $\boldsymbol{p}=x\boldsymbol{a}+y\boldsymbol{b}+z\boldsymbol{c}$. 其中，向量 $\boldsymbol{a}$，$\boldsymbol{b}$，$\boldsymbol{c}$ 称为基底.

推论：设 O，A，B，C 是不共面的四点，则对空间任意一点 P，都存在唯一的有序实数组（x，y，z），使 $\overrightarrow{OP}=x\overrightarrow{OA}+y\overrightarrow{OB}+z\overrightarrow{OC}$.

空间向量的坐标表示：如果 $\boldsymbol{i}$，$\boldsymbol{j}$，$\boldsymbol{k}$ 是空间三个两两垂直的单位向量，那么对于任意一个空间向量 $\boldsymbol{p}$ 存在唯一有序实数组（x，y，z），使 $\boldsymbol{p}=x\boldsymbol{i}+y\boldsymbol{j}+z\boldsymbol{k}$，记作 $\boldsymbol{p}=(x, y, z)$.

由空间向量基本定理可知，对空间中的任意向量 $\boldsymbol{a}$，均可以分解为三个向量 $x\boldsymbol{i}$，$y\boldsymbol{j}$，$z\boldsymbol{k}$，使 $\boldsymbol{a}=x\boldsymbol{i}+y\boldsymbol{j}+z\boldsymbol{k}$. 像这样，把一个空间向量分解为三个两两垂直的向量，称为把空间向量进行**正交分解**.

在空间直角坐标系中，空间中的点和向量都可以用三个有序实数表示.

若已知点 $A(x_1, y_1, z_1)$，$B(x_2, y_2, z_2)$，则 $\overrightarrow{AB}=(x_2-x_1, y_2-y_1, z_2-z_1)$.

空间向量的模：若 $\boldsymbol{a}=(x, y, z)$，则 $|\boldsymbol{a}|=\sqrt{x^2+y^2+z^2}$.

【知识探究二】空间向量坐标运算

由于任意两个空间向量都可以通过平移转化为同一平面内的向量，这样任意两个空间向量的运算，都可以转化为平面向量的运算．

在空间直角坐标系中，设 $\boldsymbol{a}=(x_1,\ y_1,\ z_1)$，$\boldsymbol{b}=(x_2,\ y_2,\ z_2)$，则

$$\boldsymbol{a}+\boldsymbol{b}=(x_1+x_2,\ y_1+y_2,\ z_1+z_2),$$
$$\boldsymbol{a}-\boldsymbol{b}=(x_1-x_2,\ y_1-y_2,\ z_1-z_2),$$
$$\lambda\boldsymbol{a}=(\lambda x_1,\ \lambda y_1,\ \lambda z_1),$$
$$\boldsymbol{a}\cdot\boldsymbol{b}=x_1x_2+y_1y_2+z_1z_2.$$

【知识探究三】空间向量之间的位置关系

设 $\boldsymbol{a}=(x_1,\ y_1,\ z_1)$，$\boldsymbol{b}=(x_2,\ y_2,\ z_2)$．

平行：当 $\boldsymbol{b}\neq\boldsymbol{0}$ 时，$\boldsymbol{a}/\!/\boldsymbol{b}\Leftrightarrow\boldsymbol{a}=\lambda\boldsymbol{b}\Leftrightarrow x_1=\lambda x_2,\ y_1=\lambda y_2,\ z_1=\lambda z_2$.

垂直：$\boldsymbol{a}\perp\boldsymbol{b}\Leftrightarrow x_1x_2+y_1y_2+z_1z_2=0$.

向量之间的夹角：$\cos<\boldsymbol{a},\ \boldsymbol{b}>=\dfrac{\boldsymbol{a}\cdot\boldsymbol{b}}{|\boldsymbol{a}|\cdot|\boldsymbol{b}|}=\dfrac{x_1x_2+y_1y_2+z_1z_2}{\sqrt{x_1^2+y_1^2+z_1^2}\cdot\sqrt{x_2^2+y_2^2+z_2^2}}$.

【应用举例】

例 1 已知 $\boldsymbol{a}=(2,\ -1,\ 3)$，$\boldsymbol{b}=(-4,\ 2,\ x)$，且 $\boldsymbol{a}/\!/\boldsymbol{b}$，求 x 的值．

解： 因为 $\boldsymbol{a}/\!/\boldsymbol{b}$，所以 $x_1=\lambda x_2$，$y_1=\lambda y_2$，$z_1=\lambda z_2$，

所以 $2=\lambda\cdot(-4)$，$-1=\lambda\cdot 2$，$3=\lambda x$，

所以 $x=-6$.

例 2 如图 4－8－1 所示，在长方体 $OABC-O'A'B'C'$ 中，$OA=3$，$OC=4$，$OO'=2$. 建立空间直角坐标系 $Oxyz$.

(1) 写出 O'，C，A'，B' 四点的坐标．

(2) 写出向量 $\overrightarrow{A'B'}$，$\overrightarrow{B'B}$，$\overrightarrow{A'C'}$，$\overrightarrow{AC'}$ 的坐标．

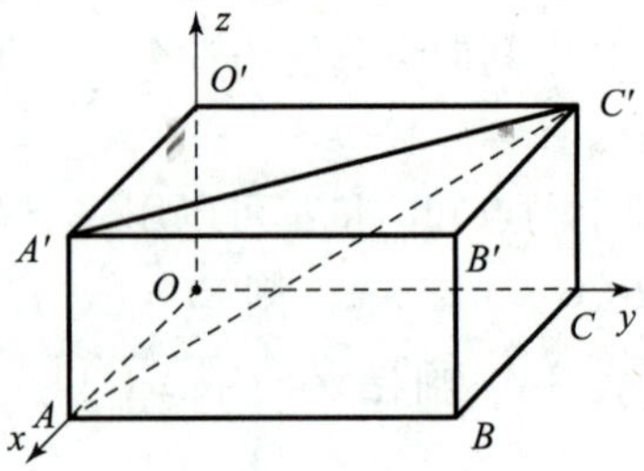

图 4－8－1

解: (1) $O'(0, 0, 2)$, $C(0, 4, 0)$, $A'(3, 0, 2)$, $B'(3, 4, 2)$.

(2) $\overrightarrow{A'B'}=\overrightarrow{OC}=0\boldsymbol{i}+4\boldsymbol{j}+0\boldsymbol{k}=(0, 4, 0)$.

$\overrightarrow{B'B}=-\overrightarrow{OO'}=0\boldsymbol{i}+0\boldsymbol{j}-2\boldsymbol{k}=(0, 0, -2)$.

$\overrightarrow{A'C'}=\overrightarrow{A'O'}+\overrightarrow{D'C'}=-3\boldsymbol{i}+4\boldsymbol{j}+0\boldsymbol{k}=(-3, 4, 0)$.

$\overrightarrow{AC'}=\overrightarrow{AO}+\overrightarrow{OC}+\overrightarrow{CC'}=-3\boldsymbol{i}+4\boldsymbol{j}+2\boldsymbol{k}=(-3, 4, 2)$.

例 3 如图 4-8-2 所示，在棱长为 1 的正方体 $OABC-O_1A_1B_1C_1$ 中，点 M 为 BC_1 的中点，E_1，F_1 分别在棱 A_1B_1，C_1O_1 上，$B_1E_1=\frac{1}{4}A_1B_1$，$O_1F_1=\frac{1}{4}C_1O_1$.

(1) 求 AM 的长.

(2) 求 BE_1 与 OF_1 所成角的余弦值.

解: (1) 建立空间直角坐标系 $Oxyz$ 如图 4-8-3 所示，则点 A 的坐标为 $(1, 0, 0)$，点 M 的坐标为 $\left(\frac{1}{2}, 1, \frac{1}{2}\right)$.

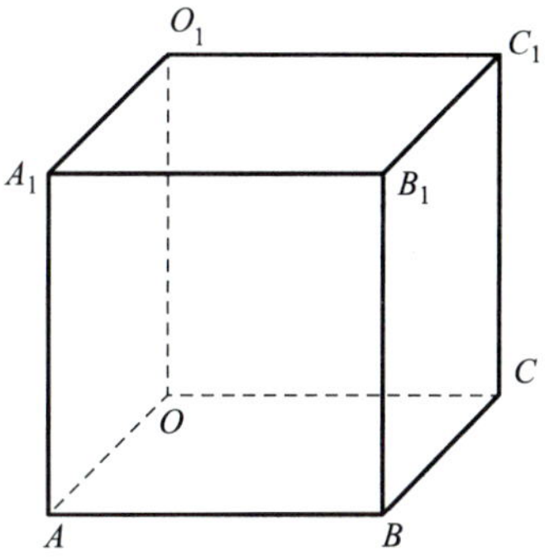

图 4-8-2

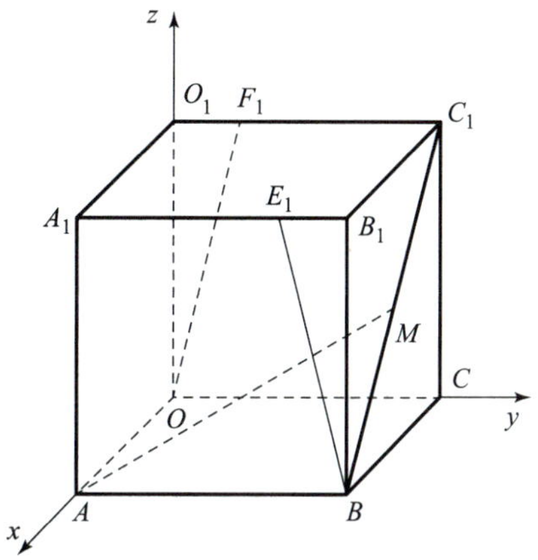

图 4-8-3

于是 $AM=\sqrt{\left(\frac{1}{2}-1\right)^2+(1-0)^2+\left(\frac{1}{2}-0\right)^2}=\frac{\sqrt{6}}{2}$.

(2) 由已知，得 $B(1, 1, 0)$，$E_1\left(1, \frac{3}{4}, 1\right)$，$O(0, 0, 0)$，$F_1\left(0, \frac{1}{4}, 1\right)$，

所以 $\overrightarrow{BE_1}=\left(1, \frac{3}{4}, 1\right)-(1, 1, 0)=\left(0, -\frac{1}{4}, 1\right)$，$|\overrightarrow{BE_1}|=\frac{\sqrt{17}}{4}$，

$\overrightarrow{OF_1}=\left(0, \frac{1}{4}, 1\right)-(0, 0, 0)=\left(0, \frac{1}{4}, 1\right)$，$|\overrightarrow{OF_1}|=\frac{\sqrt{17}}{4}$.

所以 $\overrightarrow{BE_1}\cdot\overrightarrow{OF_1}=0\times0+\left(-\frac{1}{4}\times\frac{1}{4}\right)+1\times1=\frac{15}{16}$.

所以 $\cos<\overrightarrow{BE_1}, \overrightarrow{OF_1}>=\frac{\overrightarrow{BE_1}\cdot\overrightarrow{OF_1}}{|\overrightarrow{BE_1}||\overrightarrow{OF_1}|}=\frac{\frac{15}{16}}{\frac{\sqrt{17}}{4}\times\frac{\sqrt{17}}{4}}=\frac{15}{17}$.

所以，BE_1 与 OF_1 所成角的余弦值是 $\frac{15}{17}$.

【巩固练习】

1. 已知空间向量 $\boldsymbol{a}=(1, 2, -3)$，$\boldsymbol{b}=(2, -1, 1)$，则 $\boldsymbol{a}-2\boldsymbol{b}=($　　$)$.

A. $(-3, 4, -5)$　　B. $(5, 0, -5)$

C. $(3, 1, -2)$　　D. $(-1, 3, -4)$

2. 已知向量 $\boldsymbol{a}=(1, -1, 2)$，则 $|2\boldsymbol{a}|=($　　$)$.

A. 2　　B. 3　　C. 4　　D. $2\sqrt{6}$

3. 已知 $\boldsymbol{a}=(2, 0, 3)$，$\boldsymbol{b}=(-2, 2, x)$，且 $(\boldsymbol{a}+\boldsymbol{b})\perp\boldsymbol{a}$，则 x 的值为(　　).

A. $-\dfrac{5}{3}$　　B. -3　　C. $\dfrac{5}{3}$　　D. 3

4. 设向量 $\boldsymbol{a}$，$\boldsymbol{b}$，$\boldsymbol{c}$ 不共面，则下列集合可作为空间的一个基底的是(　　).

A. $\{\boldsymbol{a}+\boldsymbol{b}, \boldsymbol{b}-\boldsymbol{a}, \boldsymbol{a}\}$　　B. $\{\boldsymbol{a}+\boldsymbol{b}, \boldsymbol{b}-\boldsymbol{a}, \boldsymbol{b}\}$

C. $\{\boldsymbol{a}+\boldsymbol{b}, \boldsymbol{b}-\boldsymbol{a}, \boldsymbol{c}\}$　　D. $\{\boldsymbol{a}+\boldsymbol{b}+\boldsymbol{c}, \boldsymbol{a}+\boldsymbol{b}, \boldsymbol{c}\}$

5. 若空间向量 $\boldsymbol{a}=(1, 1, 1)$，$\boldsymbol{b}=(1, 2, 1)$，$\boldsymbol{c}=(1, 0, m)$ 共面，则实数 $m=$ ________.

6. 已知向量 $\boldsymbol{a}=(0, 2, 1)$，$\boldsymbol{b}=(-1, 1, -2)$，则 $\boldsymbol{a}$ 与 $\boldsymbol{b}$ 的夹角为________.

7. 如图 4-8-4 所示，在平行六面体 $ABCD-A'B'C'D'$ 中，点 E，F 分别是棱 AA' 和 $C'D'$ 的中点，以 $\overrightarrow{AB}$，$\overrightarrow{AD}$，$\overrightarrow{AA'}$ 为基底表示 $\overrightarrow{EF}$.

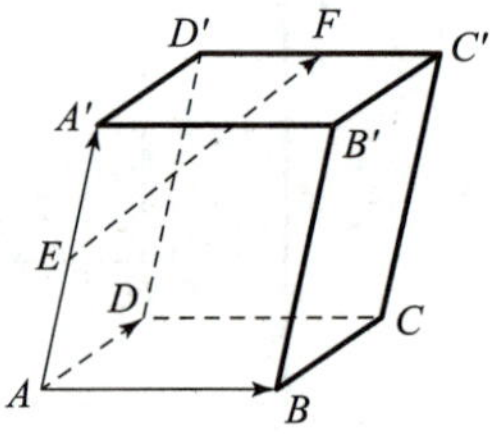

图 4-8-4

8. 已知向量 $\boldsymbol{a}=(1, 2, -2)$，$\boldsymbol{b}=(4, -2, 4)$，$\boldsymbol{c}=(3, m, n)$.

(1) 求 $\cos<\boldsymbol{a}, \boldsymbol{b}>$；

(2) 若 $\boldsymbol{a}/\!/\boldsymbol{c}$，求 m，n 的值.

4.9 空间向量的应用

【知识探究】

(1) 如何用向量表示空间中的一个点?

在空间中，取一定点 O 作为基点，那么空间中任意一点 P 就可以用向量 $\overrightarrow{OP}$ 来表示. 我们把向量 $\overrightarrow{OP}$ 称为点 P 的位置向量（见图 4-9-1）.

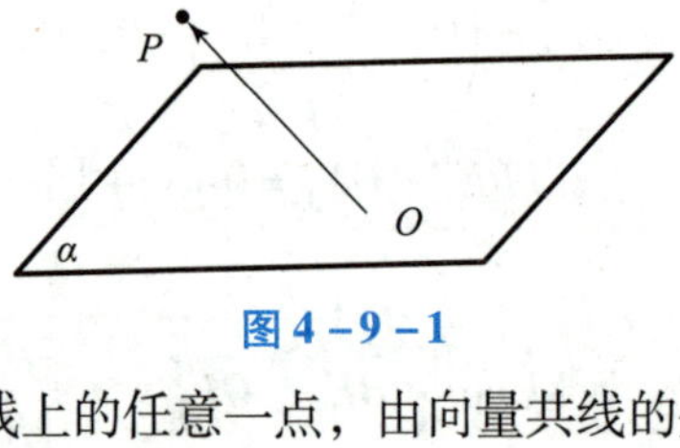

图 4-9-1

(2) 空间中给定一个点 A 和一个方向就能唯一确定一条直线 l. 如何用向量表示直线 l?

$\boldsymbol{a}$ 是直线 l 的方向向量，在直线 l 上取 $\overrightarrow{AB}=\boldsymbol{a}$，设 P 是直线上的任意一点，由向量共线的条件可知，点 P 在直线上的充要条件是存在实数 t，使 $\overrightarrow{AP}=t\boldsymbol{a}$，即 $\overrightarrow{AP}=t\,\overrightarrow{AB}$（见图 4-9-2）.

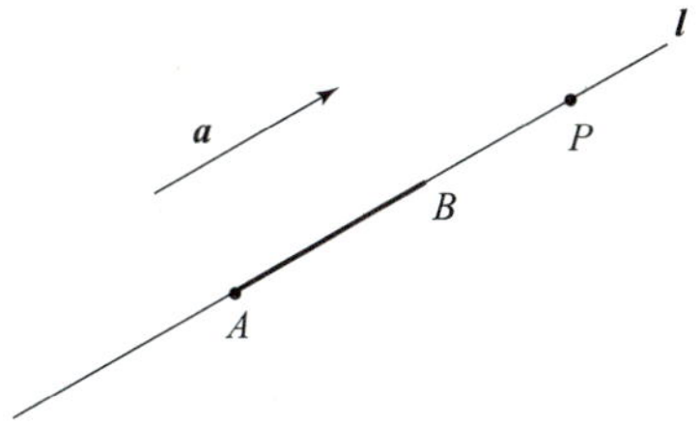

图 4-9-2

(3) 如何确定点是否在直线上？ (如何判断三点共线?)

取空间中的任意一点 O，可以得到点 P 在直线 l 上的充要条件是存在实数 t，使 $\overrightarrow{OP}=\overrightarrow{OA}+t\overrightarrow{AB}$ (见图 4-9-3).

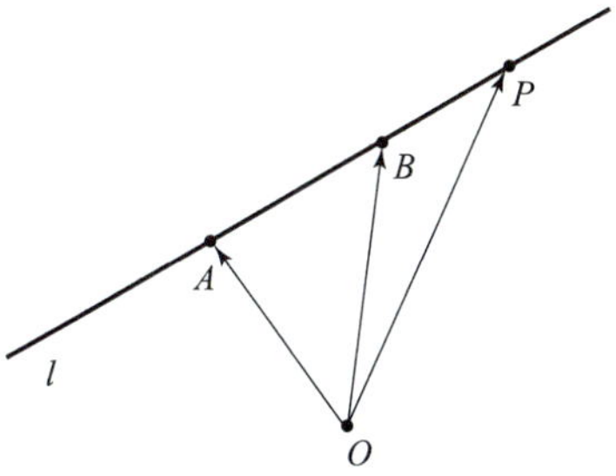

图 4-9-3

(4) 如何确定点是否在平面上?

取空间任意一点 O，可以得到空间一点 P 位于平面 ABC 内的充要条件是存在实数 x，y，使 $\overrightarrow{OP}=\overrightarrow{OA}+x\overrightarrow{AB}+y\overrightarrow{AC}$ (见图 4-9-4).

平面的法向量：直线 $l\perp\alpha$，取直线的方向向量 $\boldsymbol{a}$，我们称向量 $\boldsymbol{a}$ 为平面 α 的法向量，给定一个点 A 和一个向量 $\boldsymbol{a}$，那么过点 A 且以向量 $\boldsymbol{a}$ 为法向量的平面完全确定，可以表示为集合 $\{P\mid\boldsymbol{a}\cdot\overrightarrow{AP}=0\}$.

(5) 由直线与直线、直线与平面或平面与平面的平行关系，可以得到直线的方向向量、平面的法向量之间的什么关系?

①设 $\boldsymbol{\mu}_1$，$\boldsymbol{\mu}_2$ 分别是直线 l_1，l_2 的方向向量. $l_1/\!/l_2$ 或 l_1 与 l_2 重合 $\Leftrightarrow\boldsymbol{\mu}_1/\!/\boldsymbol{\mu}_2\Leftrightarrow$ 存在 $\lambda\in\mathbf{R}$，使 $\boldsymbol{\mu}_1=\lambda\boldsymbol{\mu}_2$ (见图 4-9-5).

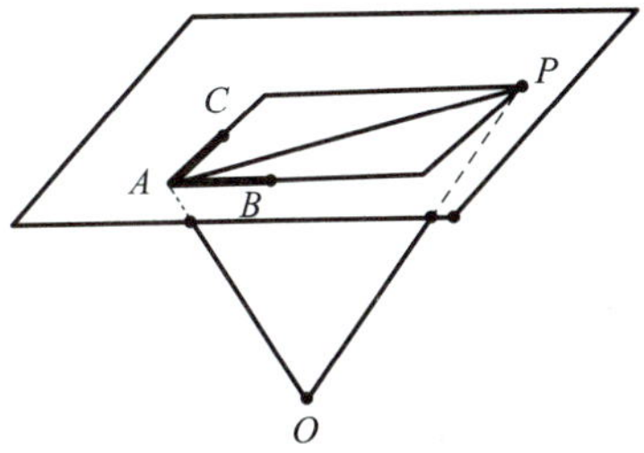

图 4-9-4

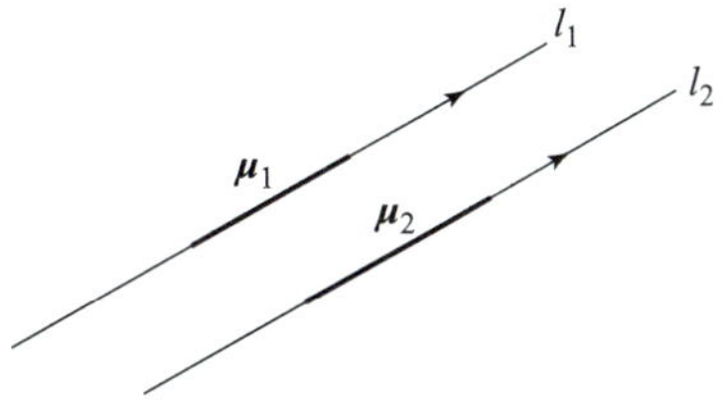

图 4-9-5

②设 $\boldsymbol{\mu}$ 是直线 l 的方向向量，$\boldsymbol{n}$ 是平面 α 的法向量，l 不在 α 内，

则 $l/\!/\alpha\Leftrightarrow\boldsymbol{\mu}\perp\boldsymbol{n}\Leftrightarrow\boldsymbol{\mu}\cdot\boldsymbol{n}=0$ (见图 4-9-6).

③设 $\boldsymbol{n}_1$，$\boldsymbol{n}_2$ 分别是平面 α，β 的法向量，

则 $\alpha/\!/\beta\Leftrightarrow\boldsymbol{n}_1/\!/\boldsymbol{n}_2\Leftrightarrow$ 存在 $\lambda\in\mathbf{R}$，使 $\boldsymbol{n}_1=\lambda\boldsymbol{n}_2$ (见图 4-9-7).

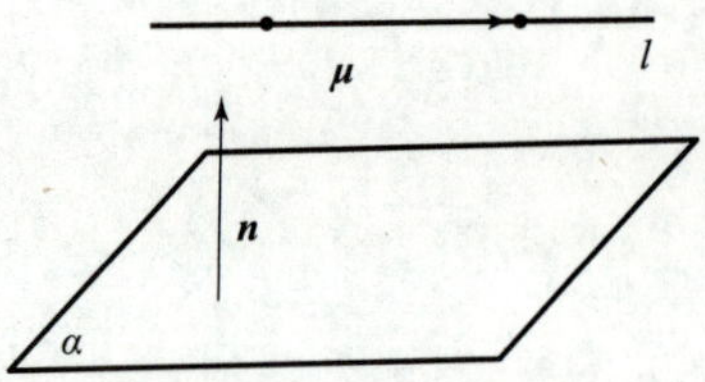

图 4-9-6

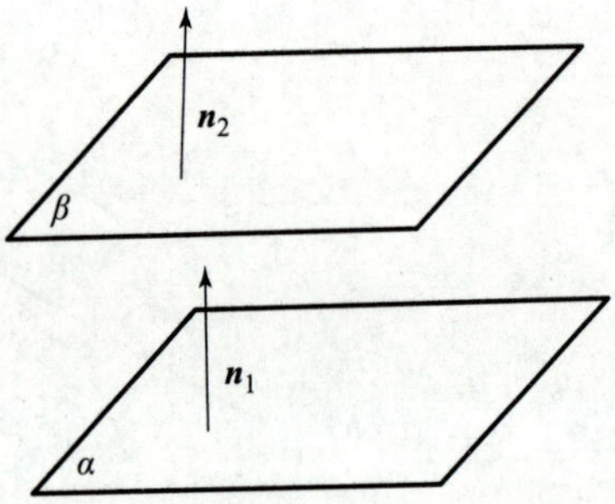

图 4-9-7

（6）类似空间中直线、平面平行的向量表示，在直线与直线、直线与平面、平面与平面的垂直关系中，直线的方向向量、平面的法向量之间有什么关系？

①设直线 l_1，l_2 的方向向量分别为 $\boldsymbol{\mu}_1$，$\boldsymbol{\mu}_2$，

则 $l_1\perp l_2 \Leftrightarrow \boldsymbol{\mu}_1\perp\boldsymbol{\mu}_2 \Leftrightarrow \boldsymbol{\mu}_1\cdot\boldsymbol{\mu}_2=0$（见图 4-9-8）.

②设直线 l 的方向向量为 $\boldsymbol{\mu}$，平面 α 的法向量为 $\boldsymbol{n}$，

则 $l\perp\alpha \Leftrightarrow \boldsymbol{\mu}/\!/\boldsymbol{n} \Leftrightarrow$ 存在 $\lambda\in\mathbf{R}$，使 $\boldsymbol{\mu}=\lambda\boldsymbol{n}$（见图 4-9-9）.

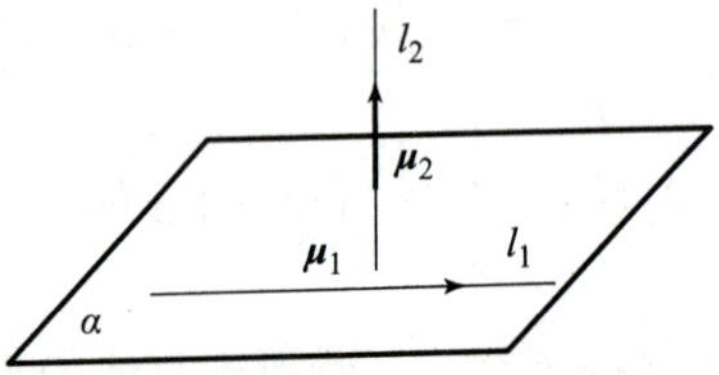

图 4-9-8

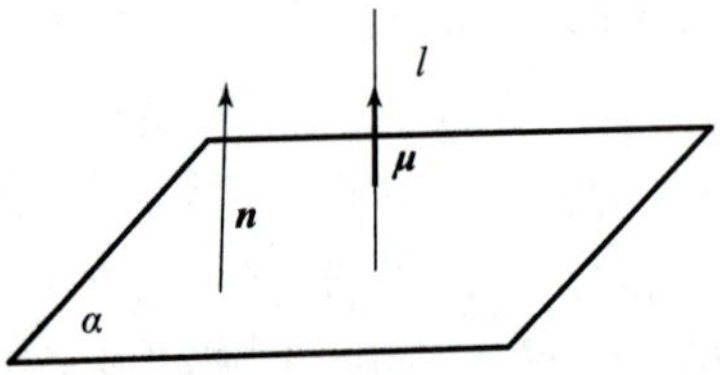

图 4-9-9

③设平面 α，β 的法向量分别为 $\boldsymbol{n}_1$，$\boldsymbol{n}_2$，

则 $\alpha\perp\beta \Leftrightarrow \boldsymbol{n}_1\perp\boldsymbol{n}_2 \Leftrightarrow \boldsymbol{n}_1\cdot\boldsymbol{n}_2=0$（见图 4-9-10）.

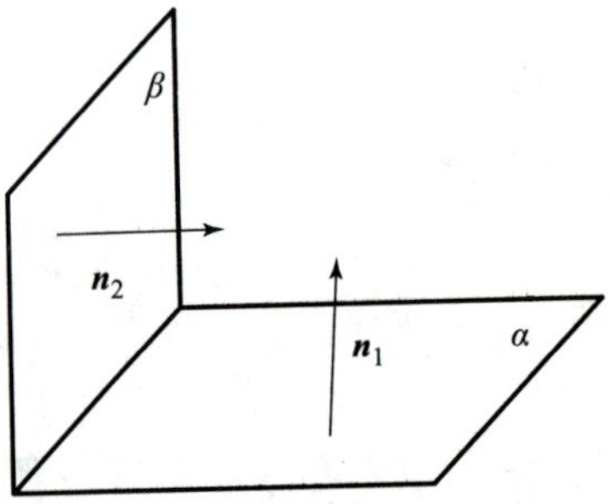

图 4-9-10

【应用举例】

例 1 已知 $A(0,0,2)$，$B(0,2,1)$，$C(2,1,0)$，$D(2,0,1)$，则点 D 到平面 ABC 的距离为多少？

解： $\overrightarrow{AB}=(0,2,-1)$，$\overrightarrow{AC}=(2,1,-2)$，$\overrightarrow{AD}=(2,0,-1)$，

设平面 ABC 的法向量 $\boldsymbol{m}=(x,y,z)$，则 $\begin{cases}\boldsymbol{m}\cdot\overrightarrow{AB}=0,\\ \boldsymbol{m}\cdot\overrightarrow{AC}=0,\end{cases}$ 即 $\begin{cases}2y-z=0,\\ 2x+y-2z=0,\end{cases}$

令 $y=1$，则 $x=\frac{3}{2}$，$z=2$，所以平面 ABC 的一个法向量为 $\boldsymbol{m}=\left(\frac{3}{2},\ 1,\ 2\right)$，

所以点 D 到平面 ABC 的距离 $d=\frac{|\boldsymbol{m}\cdot\overrightarrow{AD}|}{|\boldsymbol{m}|}=\frac{1}{\frac{\sqrt{29}}{2}}=\frac{2\sqrt{29}}{29}$.

故点 D 到平面 ABC 的距离为$\frac{2\sqrt{29}}{29}$.

例 2　如图 4－9－11，在四棱锥 $P-ABCD$ 中，$PA\perp$平面 $ABCD$，底面四边形 $ABCD$ 为直角梯形，$AD /\!/ BC$，$AD\perp AB$，$PA=AD=2$，$AB=BC=1$，Q 为 PD 的中点．求证：$PD\perp BQ$.

证明：由题意，在四棱锥 $P-ABCD$ 中，$PA\perp$平面 $ABCD$，

底面四边形 $ABCD$ 为直角梯形，$AD\perp AB$.

以 A 为原点，$\overrightarrow{AB}$，$\overrightarrow{AD}$，$\overrightarrow{AP}$的方向分别为 x 轴、y 轴、z 轴正方向，建立空间直角坐标系，如图 4－9－12 所示．

则 $A(0,\ 0,\ 0)$，$B(1,\ 0,\ 0)$，$C(1,\ 1,\ 0)$，$D(0,\ 2,\ 0)$，$P(0,\ 0,\ 2)$.

因为点 Q 为 PD 的中点，所以 $Q(0,\ 1,\ 1)$，

所以$\overrightarrow{PD}=(0,\ 2,\ -2)$，$\overrightarrow{BQ}=(-1,\ 1,\ 1)$，

所以$\overrightarrow{PD}\cdot\overrightarrow{BQ}=(0,\ 2,\ -2)\cdot(-1,\ 1,\ 1)=0$，所以 $PD\perp BQ$.

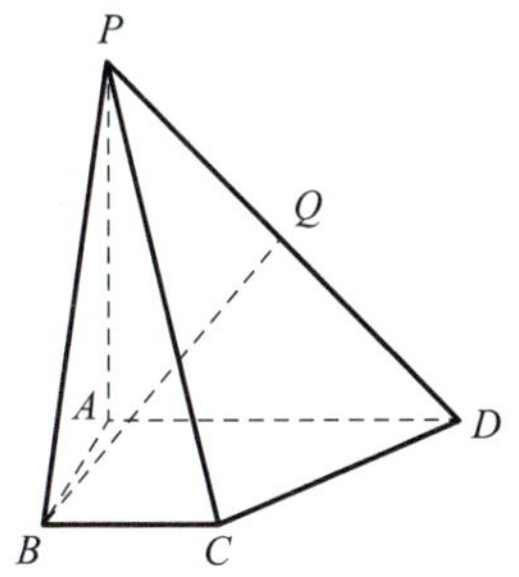

图 4－9－11

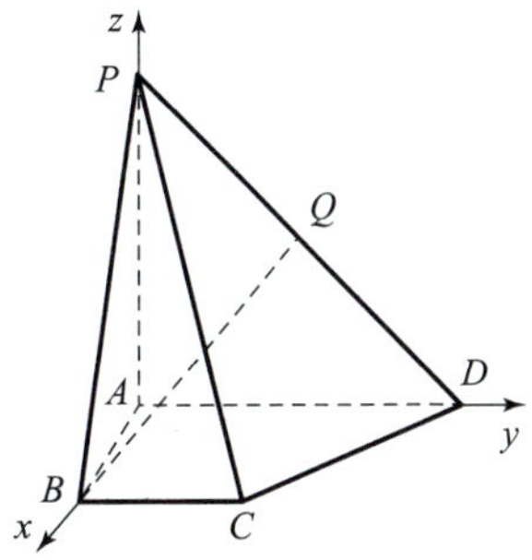

图 4－9－12

例 3　如图 4－9－13 所示，设点 M，N 分别是正方体 $ABCD-A'B'C'D'$ 的棱 BB' 和 $B'C'$ 的中点，则直线 MN 与平面 $A'BCD'$ 所成角的正弦值为________．

解： 如图 4－9－14 建立空间直角坐标系，设 $AB=2$，

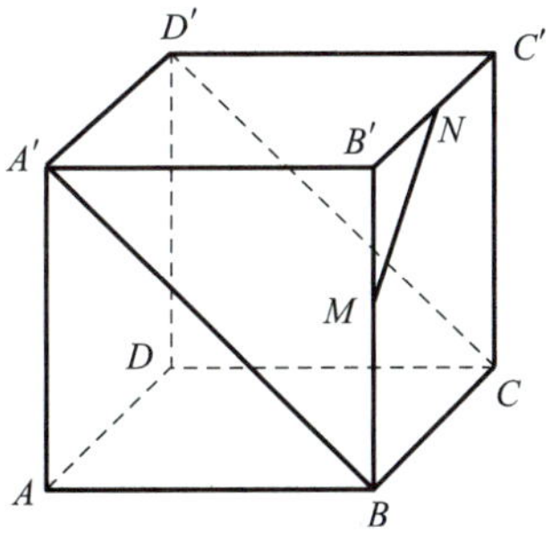

图 4－9－13

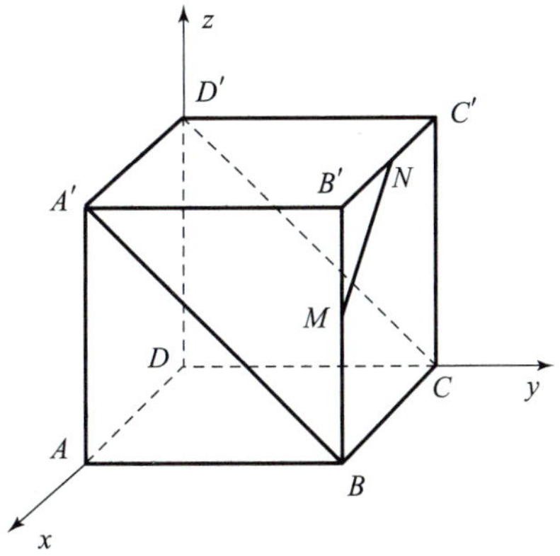

图 4－9－14

则 $M(2,2,1)$, $N(1,2,2)$, $B(2,2,0)$, $A'(2,0,2)$, $C(0,2,0)$,

则 $\overrightarrow{MN}=(-1,0,1)$, $\overrightarrow{BA'}=(0,-2,2)$, $\overrightarrow{BC}=(-2,0,0)$.

设平面 $A'BCD'$ 的法向量为 $\boldsymbol{n}=(x,y,z)$,

故 $\begin{cases}\overrightarrow{BA'}\cdot\boldsymbol{n}=-2y+2z=0,\\ \overrightarrow{BC}\cdot\boldsymbol{n}=-2x=0.\end{cases}$

令 $z=1$，则 $y=1, x=0$,

所以 $\boldsymbol{n}=(0,1,1)$,

所以 MN 与平面 $A'BCD'$ 所成角 θ 的正弦值为

$$\sin\theta=|\cos\langle\overrightarrow{MN},\boldsymbol{n}\rangle|=\left|\frac{1}{\sqrt{2}\times\sqrt{2}}\right|=\frac{1}{2}.$$

直线与平面所成角通常可以转化为直线的方向向量与平面的法向量的夹角进行求解（见图4-9-15），一般步骤如下.

（1）建立空间直角坐标系；

（2）求直线的方向向量 $\boldsymbol{u}$；

（3）求平面的法向量 $\boldsymbol{n}$；

（4）计算：设线面角为 θ，则 $\sin\theta=|\cos\langle\boldsymbol{u},\boldsymbol{n}\rangle|=\left|\dfrac{\boldsymbol{u}\cdot\boldsymbol{n}}{|\boldsymbol{u}|\cdot|\boldsymbol{n}|}\right|=\dfrac{|\boldsymbol{u}\cdot\boldsymbol{n}|}{|\boldsymbol{u}|\cdot|\boldsymbol{n}|}$.

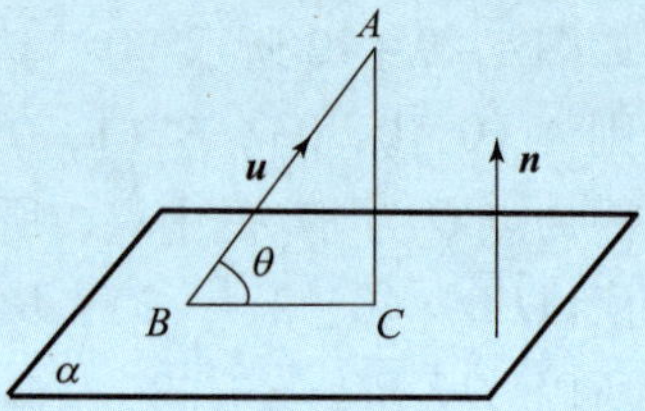

图 4-9-15

例 4 如图 4-9-16 所示，直棱柱 $ABC-A_1B_1C_1$ 中，$AC=CB=2$, $AA_1=3$, $\angle ACB=90°$，点 P 为 BC 中点，点 Q,R 分别在棱 AA_1，BB_1 上，$A_1Q=2AQ$, $BR=2RB_1$. 求平面 PQR 与平面 $A_1B_1C_1$ 夹角的余弦值.

解： 以点 C_1 为坐标原点，C_1A_1, C_1B_1，C_1C 所在直线分别为 x 轴、y 轴和 z 轴建立空间直角坐标系，如图 4-9-17 所示，设平面 $A_1B_1C_1$ 法向量为 $\boldsymbol{n}_1$，平面 PQR 法向量为 $\boldsymbol{n}_2$，平面 PQR 与平面 $A_1B_1C_1$ 夹角即为 $\boldsymbol{n}_1$，$\boldsymbol{n}_2$ 的夹角或其补角.

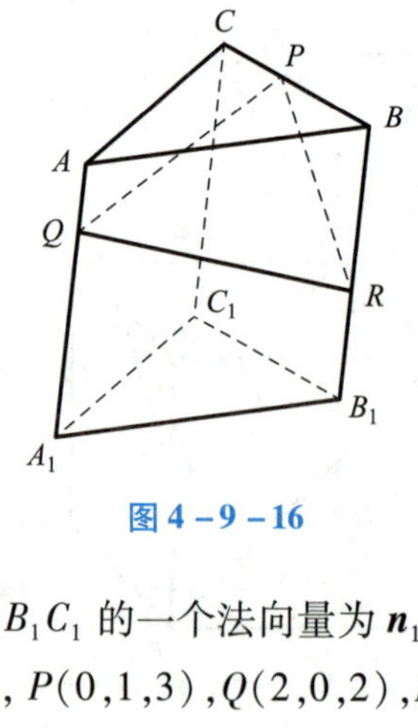

图 4-9-16

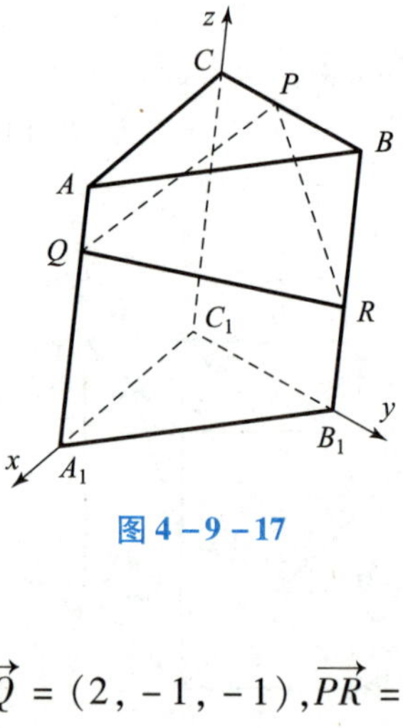

图 4-9-17

平面 $A_1B_1C_1$ 的一个法向量为 $\boldsymbol{n}_1=(0,0,1)$.

由题意，$P(0,1,3)$, $Q(2,0,2)$, $R(0,2,1)$，所以 $\overrightarrow{PQ}=(2,-1,-1)$, $\overrightarrow{PR}=(0,1,-2)$.

设 $\boldsymbol{n}_2=(x,y,z)$，则

$$\begin{cases}2x-y-z=0,\\ y-2z=0,\end{cases}$$

所以 $\begin{cases}x=\dfrac{3}{2}z,\\ y=2z,\end{cases}$ 取 $\boldsymbol{n}_2=(3,4,2)$，则

$$\cos\theta=\left|\frac{\boldsymbol{n}_1\cdot\boldsymbol{n}_2}{|\boldsymbol{n}_1||\boldsymbol{n}_2|}\right|=\frac{(0,0,1)\times(3,4,2)}{1\times\sqrt{29}}=\frac{2\sqrt{29}}{29}.$$

设平面 PQR 与平面 $A_1B_1C_1$ 夹角为 θ，则 $\cos\theta=|\cos<\boldsymbol{n}_1,\boldsymbol{n}_2>|=\dfrac{2\sqrt{29}}{29}$，即平面 PQR 与平面 $A_1B_1C_1$ 夹角的余弦值为 $\dfrac{2\sqrt{29}}{29}$.

二面角的大小通常可以转化为两个平面的法向量的夹角进行求解（见图4-9-18），一般步骤如下.

（1）建立空间直角坐标系；

（2）求出两个半平面的法向量 $\boldsymbol{n}_1$，$\boldsymbol{n}_2$；

（3）设二面角的平面角为 θ，则 $|\cos\theta|=|\cos<\boldsymbol{n}_1,\boldsymbol{n}_2>|$；若所求为平面与平面的夹角 θ，则 $\cos\theta=|\cos<\boldsymbol{n}_1,\boldsymbol{n}_2>|=\dfrac{|\boldsymbol{n}_1\cdot\boldsymbol{n}_2|}{|\boldsymbol{n}_1||\boldsymbol{n}_2|}$.

（4）根据图形判断 θ 为钝角还是锐角，从而求出 θ（或其三角函数）.

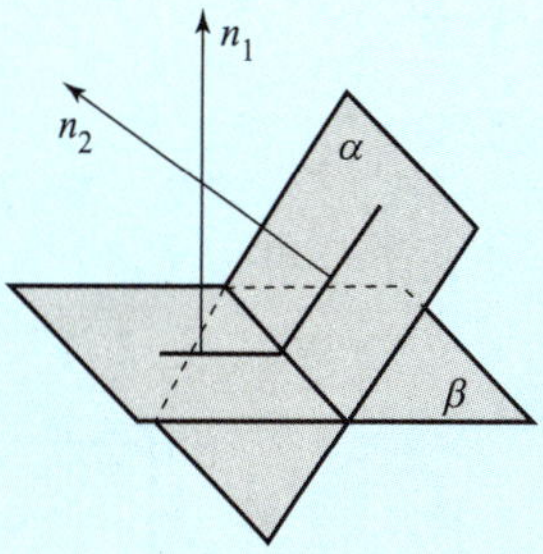

图 4-9-18

【巩固练习】

1. 已知直线 l 的一个方向向量 $\boldsymbol{m}=(2,-1,3)$，且直线 l 过点 $A(0,a,3)$ 和点 $B(-1,2,b)$ 两点，则 $a+b=$（　　）.

A. 0　　B. 1　　C. $\dfrac{3}{2}$　　D. 3

2. 设直线 l 的方向向量为 $\boldsymbol{a}$，两个不同的平面 α，β 的法向量分别为 $\boldsymbol{n}$，$\boldsymbol{m}$，则下列说法中错误的是（　　）.

A. 若 $\boldsymbol{n}\perp\boldsymbol{m}$，则 $\alpha\perp\beta$

B. 若 $\boldsymbol{n}/\!/\boldsymbol{m}$，则 $\alpha/\!/\beta$

C. 若 $\boldsymbol{a}/\!/\boldsymbol{n}$，则 $l\perp\alpha$

D. 若 $\boldsymbol{a}\perp\boldsymbol{n}$，则 $l/\!/\alpha$

3. 如图4-9-19所示，在三棱锥 $S-ABC$ 中，$SA\perp$ 底面 ABC，$AB\perp AC$，$SA=AC=2$，$AB=1$，D 为棱 SA 的中点，则异面直线 SB 与 DC 所成角的余弦值为（　　）.

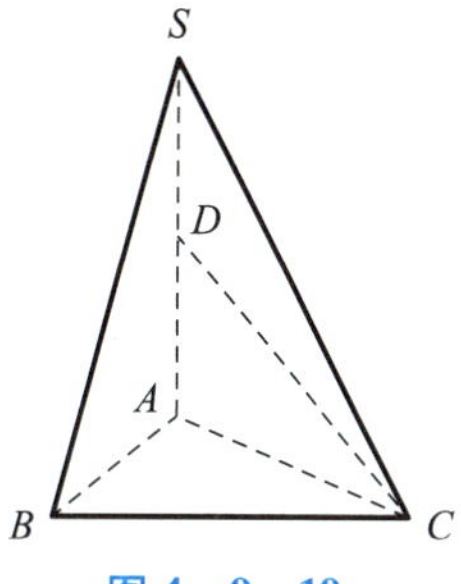

图 4-9-19

A. $\frac{4}{5}$　　B. $\frac{3}{5}$　　C. $\frac{\sqrt{21}}{5}$　　D. $\frac{2}{5}$

4. 已知点 A（1，1，0），B（-1，0，2），C（0，2，0）都在平面 α 内，则平面 α 的一个法向量的坐标可以是（　　）.

A. $\left(1,\ 1,\ -\frac{3}{2}\right)$　　B. $\left(1,\ -1,\ \frac{1}{2}\right)$　　C.（2，2，3）　　D.（2，-2，-1）

5. 如图 4-9-20 所示，$ABCD-A_1B_1C_1D_1$ 表示棱长为 1 的正方体，给出下列结论.

（1）直线 DD_1 的一个方向向量为（0，0，1）.

（2）直线 BC_1 的一个方向向量为（0，1，1）.

（3）平面 ABB_1A_1 的一个法向量为（0，1，0）.

（4）平面 B_1CD 的一个法向量为（1，1，1）.

其中正确的是________.（填序号）

6. 如图 4-9-21 所示，在多面体 $ABCDE$ 中，$EA\perp$ 平面 ABC，$DB\perp$ 平面 ABC，$AC\perp BC$，且 $AC=BC=BD=2AE=2$，M 是 AB 的中点，则平面 EMC 与平面 BCD 夹角的余弦值为________.

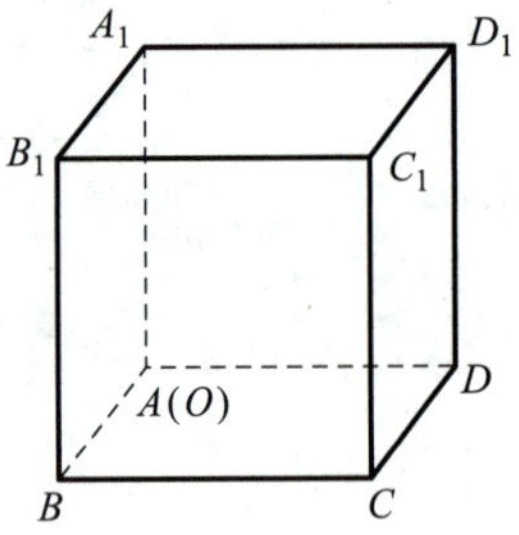

图 4-9-20

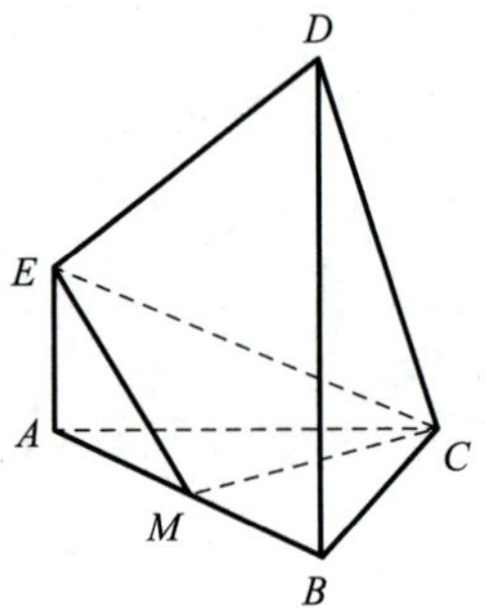

图 4-9-21

7. 如图 4-9-22 所示，正方体 $ABCD-A_1B_1C_1D_1$ 中，点 E 是 CC_1 的中点，求 BE 与平面 B_1BD 所成角的正弦值.

8. 如图 4-9-23 所示，在边长是 2 的正方体 $ABCD-A_1B_1C_1D_1$ 中，点 E，F 分别为 AB，A_1C 的中点.

（1）求异面直线 EF 与 CD_1 所成角的大小.

（2）证明：$EF\perp$ 平面 A_1CD.

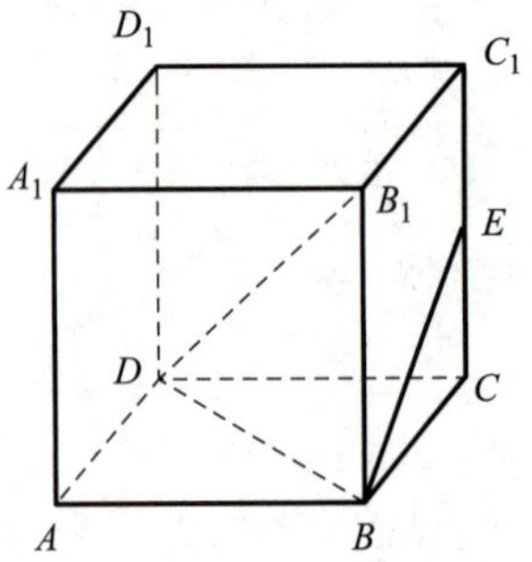

图 4-9-22

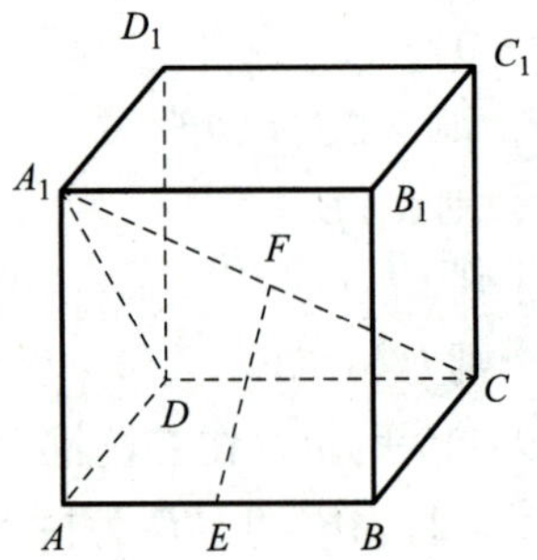

图 4-9-23

【章复习题】

一、选择题

1. 下列说法正确的是（　　）.

A. 长度相等的向量称为相等向量

B. 共线向量是在同一条直线上的向量

C. 零向量的长度等于 0

D. $\overrightarrow{AB}/\!/\overrightarrow{CD}$就是$\overrightarrow{AB}$所在的直线平行于$\overrightarrow{CD}$所在的直线

2. 已知 $M(2, 3)$，$N(3, 1)$，则$\overrightarrow{NM}$的坐标是（　　）.

A. $(2, -1)$　　B. $(-1, 2)$

C. $(-2, 1)$　　D. $(1, -2)$

3. 已知向量 $\boldsymbol{a}=(1, 3)$，$\boldsymbol{b}=(-2, x)$，若 $\boldsymbol{a}/\!/\boldsymbol{b}$，则 $|\boldsymbol{b}|=$（　　）.

A. 10　　B. 40　　C. $\sqrt{10}$　　D. $2\sqrt{10}$

4. 在空间中已知点 O 固定，且 $|\overrightarrow{OA}|=2$，则 A 点构成的图形是（　　）.

A. 一个点　　B. 一条直线

C. 一个圆　　D. 一个球面

5. 在△ABC 中，$AB=5$，$BC=2$，$\angle B=60°$，则$\overrightarrow{AB}\cdot\overrightarrow{BC}$的值为（　　）.

A. $5\sqrt{3}$　　B. 5　　C. $-5\sqrt{3}$　　D. -5

6. 已知向量 $\boldsymbol{a}=(-2, -3, 1)$，$\boldsymbol{b}=(2, 0, 4)$，$\boldsymbol{c}=(-4, -6, 2)$，则下列结论正确的是（　　）.

A. $\boldsymbol{a}/\!/\boldsymbol{b}$，$\boldsymbol{a}/\!/\boldsymbol{c}$　　B. $\boldsymbol{a}/\!/\boldsymbol{b}$，$\boldsymbol{a}\perp\boldsymbol{c}$

C. $\boldsymbol{a}\perp\boldsymbol{b}$，$\boldsymbol{a}/\!/\boldsymbol{c}$　　D. $\boldsymbol{a}\perp\boldsymbol{b}$，$\boldsymbol{a}\perp\boldsymbol{c}$

二、填空题

7. 已知向量 $\boldsymbol{a}=(2, 4)$，$\boldsymbol{b}=(x, 1)$，若向量 $\boldsymbol{a}\perp\boldsymbol{b}$，则 x 的值为________.

8. 向量 $(\overrightarrow{AB}+\overrightarrow{PB})+(\overrightarrow{BO}+\overrightarrow{BM})+\overrightarrow{OP}$化简后等于________.

9. 已知向量 $\boldsymbol{m}=(-2, 1, -1)$，$\boldsymbol{n}=(1, 1, 2)$，则 $|\boldsymbol{m}+\boldsymbol{n}|=$________.

10. 已知向量 $\boldsymbol{a}=(-m, m)$，$\boldsymbol{b}=(2, m)$，$m\in\mathbf{R}$，则 $\boldsymbol{a}\cdot\boldsymbol{b}$ 的最小值是________.

三、解答题

11. 已知向量 $\boldsymbol{a}=(1, 0)$，$\boldsymbol{b}=(2, 1)$.

(1) 当 k 为何值时，$k\boldsymbol{a}+\boldsymbol{b}$ 与 $\boldsymbol{a}+2\boldsymbol{b}$ 共线?

(2) 当 k 为何值时，$k\boldsymbol{a}+\boldsymbol{b}$ 与 $\boldsymbol{a}+2\boldsymbol{b}$ 垂直?

12. 如右图所示，四棱锥 $P-ABCD$ 中，底面 $ABCD$ 为正方形，$PA\perp$ 平面 $ABCD$，$PA=AB=2$，点 E 是 PB 的中点.

(1) 证明：$AE\perp PC$；

(2) 求平面 CDE 与平面 PDE 所成角 α（α 为锐角）的余弦值.

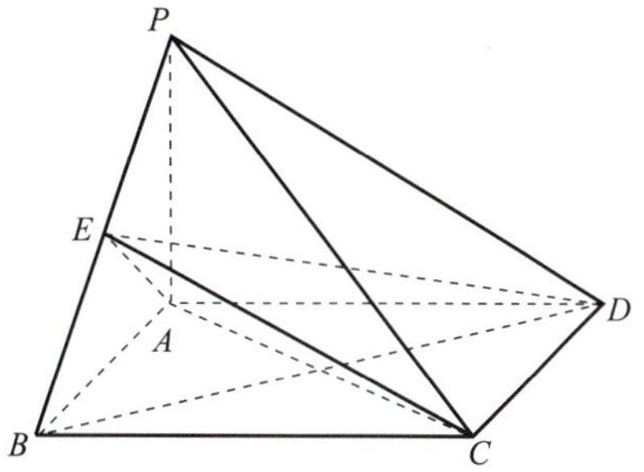

第 4 章题 12 图

【阅读拓展】

向量的发展史

1. 古代向量概念起源

向量的概念可以追溯到古代的数学和物理研究．在数学中，古希腊数学家已经开始用线段表示量与量之间的关系．在中国古代，《周髀算经》中有关于勾股定理的论述，其中的“勾、股、弦”关系可以看作向量的初步应用．这些古代的线段和长度关系为后来的向量概念提供了基础．

2. 19 世纪向量理论的奠基

19 世纪是向量理论发展的关键时期．英国物理学家和数学家威廉·罗恩·哈密顿在 1843 年引入了四元数，这为向量的代数表示提供了基础．随后，德国数学家赫尔曼·格拉斯曼在 1844 年系统地研究了向量空间，提出了向量积和向量分解等概念．这些工作为向量的理论化打下了坚实的基础．

3. 向量在物理中的应用

向量在物理学中有着重要的应用，特别是在力学和电磁学中．在力学中，向量被用来描述力、速度、加速度、位移等物理量．例如，牛顿第二定律就是一个向量方程，表述了力和加速度之间的关系．在电磁学中，向量也用来描述电场和磁场的强度、方向和分布情况．

4. 向量在数学中的发展

向量在数学中的发展是多方面的．除了格拉斯曼的工作外，德国数学家大卫·希尔伯特在 20 世纪初对向量空间进行了深入的研究，提出了线性空间的概念．此外，向量也被广泛应用于线性代数、解析几何、微分学、积分学等多个数学领域．

5. 向量空间与线性代数的融合

向量空间的概念是线性代数的重要组成部分．在向量空间中，向量可以被看作是空间中的点或箭头，而向量运算则对应空间中的平移、旋转等几何变换．向量空间与线性代数的融合为数学和物理学的研究提供了强大的工具．

6. 向量在工程学中的应用

向量在工程学中有着广泛的应用．在机械工程中，向量被用来描述物体运动和受力情况；在电子工程中，向量被用来分析电路中的电流和电压；在土木工程中，向量则被用来进行建筑结构的受力分析和稳定性评估等．

7. 向量在计算机科学中的拓展

随着计算机科学的发展，向量在计算机科学中也得到了广泛的应用．在计算机图形学中，向量被用来表示三维空间中的点和方向；在机器学习和人工智能领域，向量被用来表示数据特征和模型参数；在数值计算中，向量运算也被广泛应用于各种算法．

8. 现代向量理论与技术革新

现代向量理论不仅在数学和物理学中发挥着重要作用，还在许多其他领域（如工程学、计算机科学、经济学等）中得到了广泛应用．随着技术的不断革新和发展，向量的应用也将不断拓展和深化．例如，在量子计算中，向量被用来描述量子态和量子操作；在数据科学中，向量被用来进行高维数据的分析和处理；在人工智能中，向量则扮演着至关重要的角色，支持各种复杂的算法和模型．

总之，向量作为一种基本的数学和物理学概念，在历史的长河中经历了漫长而丰富的发展过程．它不仅在数学和物理学中发挥着核心作用，还在工程、计算机科学、经济等多个领域得到了广泛应用．随着技术的不断革新和发展，向量的应用也将不断拓展和深化．

第 5 章 数　　列

在数学的旅程中，数列如同一串串珍珠，串联起古今中外的智慧与探索．数列的概念简单而深邃，它记录着一系列数字的特定排列方式，这些数字按照一定的规则依次排列，既展示了数学的规律性，也体现了数学的美感．从古埃及的纸草书卷到中世纪的算盘，从古希腊的哲学家到中国古代的算学大师，数列的思想贯穿着数学发展的历史，是数学家们智慧的结晶．等差数列和等比数列作为数列中最基本、最重要的两类，自古以来就被广泛研究和应用，它们的规律性和普遍性使数列成为连接实际问题和数学思想的桥梁．

在实际应用中，数列的足迹无处不在．无论是自然界中的生物生长规律，还是现代社会的经济发展模式，都可以通过数列来进行描述和预测．在高等教育中，数列的概念为学习更高级的数学思想奠定了基础．对于高职学生来说，理解数列不仅能够增强对数学规律的把握，而且能够在日常生活和将来的职业实践中找到其应用价值，如在财务管理、工程设计等领域，等差数列和等比数列的应用极为广泛．

本章将重点介绍数列的基本概念、等差数列和等比数列．从数列的概念出发，探讨数列的构成和性质，然后分别深入学习等差数列和等比数列的定义、性质及求解方法．通过对这些基本概念的学习，不仅能够掌握数列的基础知识，还能学会如何应用这些知识解决实际问题．本章的目标是在理解数列的基本概念的同时，能够感受到数列美妙的韵律，为后续更深入的数学学习打下坚实的基础．

5.1　数列的概念

【情境创设】

我们身边的世界充满了各种各样的数列．简单来说，数列就是按照一定规律排列起来的一串数字．这些数列不仅在数学课本中有所描述，它们还在自然界和日常生活中无处不在，展示着数学的美丽和实用性．

为了增强体魄，我们计划一周中每天比前一天多走 100 步，若第一天走 5000 步，则第二天走 5100 步，第三天走 5200 步，…，第七天走 5600 步，每天的步数形成了列数．若你在玩一个网络游戏（共 10 关），每通过一关游戏里的分数就翻一倍．如果第一关的分数是 10 分，那么第二关就是 20 分，第三关是 40 分，…，第十关是 5120 分，每关的分数形成了一个列数．

斐波那契数列指的是这样一个数列，从第三项开始，每一项都等于前两项之和，即1，1，2，3，5，8，13，21，34，55，89，…这个数列不仅仅是数学上的一种奇特现象，它还与自然界中的许多现象紧密相关．向日葵的花瓣数通常是斐波那契数列中的一个数字，比如34，55或89，这是因为向日葵的花瓣排列方式最大化了花瓣的填充空间，让每一朵花都能以最有效的方式捕捉阳光．如果你数一数菠萝外皮上的螺旋线，会发现这些螺旋线的数量也往往是斐波那契数列中的数．这种排列方式帮助菠萝在生长过程中保持结构的坚固和稳定．更为壮观的例子是我们银河系的螺旋形状，银河系的螺旋臂以近似于斐波那契螺旋的方式展开，这种结构的形成与物质在引力作用下的自然分布有关．

通过这些例子，我们可以看到，数列不仅是数学的一个分支，它还是我们理解世界、探索自然的一个重要工具．

【知识探究】

下列各列数的共同特征是什么？

(1) 情境创设中一周中每天走的步数：5000，5100，5200，5300，5400，5500，5600.

(2) 情境创设中每关游戏的分数：10，20，40，80，…，5120.

(3) 斐波那契数列：1，1，2，3，5，8，13，21，34，55，89，….

(4) 小明从一岁到十岁，每年生日那天测量的身高（单位：cm）依次排成一列数：76，87，95，102，111，117，121，128，138，144.

(5) 8，5，2，-1，-4，….

(6) 10，10，10，10，10，10，10.

(7) 0，1，0，1，0，1，….

> 项数有限的数列叫有穷数列，如(1)(2)(4)(6).
>
> 项数无限的数列叫无穷数列，如(3)(5)(7).

上述各列数的共同特征都是按照一定的次序排列的．

一般地，我们把按照一定次序排成的一列数称为数列，数列中的每一个数称为这个数列的项．数列的第一个位置上的数称为这个数列的第1项，常用符号 a_1 表示，第二个位置上的数称为这个数列的第2项，用 a_2 表示，…第 n 个位置上的数称为这个数列的第 n 项，用 a_n 表示（n 也称 a_n 的序号，其中 n 为正整数，即 $n\in\mathbf{N}^*$）. 其中，第1项也称为首项．

数列的一般形式是 a_1，a_2，a_3，…，a_n，记为 $\{a_n\}$．

数列的第 n 项 a_n 与它的序号 n 之间的对应关系可以用一个式子来表示，那么这个式子称为这个数列的通项公式，比如（2）的通项公式为 $a_n=10\times2^{n-1}$.

> 数列 $\{a_n\}$ 的前 n 项和为 $S_n=a_1+a_2+a_3+\cdots+a_n$，则 $a_n=\begin{cases}S_1, & n=1,\\ S_n-S_{n-1}, & n\geqslant2\text{ 且 }n\in\mathbf{N}^*.\end{cases}$

如果一个数列的相邻两项或多项之间的关系可以用一个式子来表示，那么这个式子称为这个数列的递推公式，比如（1）的递推公式为 $a_{n+1}-a_n=100$.

【应用举例】

例1 已知数列 $\{a_n\}$ 的通项公式为 $a_n=\sqrt{3n-1}$，求其前3项．

解： 由题可知当 $n=1$ 时，$a_1=\sqrt{3\times1-1}=\sqrt{2}$，同理可求 $a_2=\sqrt{5}$，$a_3=2\sqrt{2}$.

例2 写出下列各数列的一个通项公式．

(1) 3，6，9，12，….

(2) $\frac{1}{2}$，$\frac{3}{4}$，$\frac{7}{8}$，$\frac{15}{16}$，….

(3) $-\frac{2}{3}$，$\frac{4}{5}$，$-\frac{6}{7}$，$\frac{8}{9}$，….

解： (1) 通过观察可知，该数列的每项都是3的倍数，所以数列的一个通项公式为 $a_n=3n$.

(2) 易知该数列中每一项分子比分母少1，且分母可写成 2^1，2^2，2^3，2^4，…，故所求数列的通项公式可写为 $a_n=\frac{2^n-1}{2^n}$.

(3) 通过观察可知，该数列中的奇数项为负，偶数项为正，故选择 $(-1)^n$. 又每一项的分母依次为3，5，7，9，…可写成 $2n+1$ 的形式，分子依次为2，4，6，8，…可写成 $2n$ 的形式．所以该数列的一个通项公式为 $a_n=(-1)^n\cdot\frac{2n}{2n+1}$.

例3 已知数列 $\{a_n\}$ 的首项 $a_1=1$，且 $a_{n+1}=a_n+n$，求 a_4.

解： 因为 $a_1=1$，且 $a_{n+1}=a_n+n$，

所以 $a_2=a_1+1=1+1=2$，$a_3=a_2+2=2+2=4$，$a_4=a_3+3=4+3=7$.

例4 已知电影《一念殊途》放映期间，某家电影院连续7天的观众数量如下：第一天100人，第二天200人，第三天400人，以此类推，每天的观众数量是前一天的2倍．问第7天的观众数量是多少？

> 数列是描述现实世界中数量变化的一个强大工具，通过观察和分析数列，可以发现变化的规律，预测未来的趋势．在处理实际问题时，理解数列的概念和性质是至关重要的．

解： 这是一个每天观众数量呈2倍增长的数列．第一天的观众数量是100人，根据增长规律，第7天的观众数量可以通过乘以2的6次方来计算，即 $100\times2^6=6400$.

故第7天的观众数量为6400人．

【巩固练习】

1. 下列说法中正确的是（　　）．

A. 数列1，3，5，7可表示为 $\{1,3,5,7\}$

B. 数列1，0，-1，-2 与 -2，-1，0，1是相同的数列

C. 数列 $\left\{\frac{n+1}{n}\right\}$ 第 k 项为 $1+\frac{1}{k}$

D. 数列 0，2，4，6，…可记为 $\{2n\}$

2. 已知数列 $\{a_n\}$ 的通项公式为 $a_n=n^2-n+1$，则 $a_5=$(　　).

A. 6　　B. 13　　C. 21　　D. 31

3. 写出前五项分别是 1，$\frac{1}{4}$，$\frac{1}{9}$，$\frac{1}{16}$，$\frac{1}{25}$的数列 $\{a_n\}$ 的一个通项公式为 $a_n=$(　　).

A. $\frac{1}{n^2}$　　B. $\frac{1}{(n+1)^2}$

C. $\frac{1}{3n-2}$　　D. $\frac{1}{2n-1}$

4. 数列 $\{a_n\}$ 满足 $a_1=1$，$a_{n+1}=2a_n-1(n\in\mathbf{N}^*)$，则 $a_{2024}=$ (　　).

A. 1　　B. 2024　　C. -2024　　D. -1

5. 观察以下 6 个数列，并回答问题.

(1) 1，0.84，0.84^2，0.84^3，…；

(2) 2，4，6，8，10；

(3) 7，7，7，7，7，7，…；

(4) $\frac{1}{3}$，$\frac{1}{9}$，$\frac{1}{27}$，$\frac{1}{81}$，…；

(5) 0，0，0，0，0；

(6) 0，-1，2，-3，….

其中，________为有穷数列，________为无穷数列，________为递增数列，________为递减数列，________为常数列，________为摆动数列.

6. 数列 $\{a_n\}$ 同时具有性质：(1) 无穷数列，(2) 递减数列，(3) 每一项都是正数，写出 $\{a_n\}$ 的一个通项公式 $a_n=$________.

7. 已知数列 $\{a_n\}$ 的通项公式为 $a_n=3n^2-28n$.

(1) 写出数列的第 4 项和第 6 项.

(2) -49 和 68 是该数列的项吗？若是，是第几项？若不是，请说明理由.

8. 已知数列 $\{a_n\}$ 的前 n 项和 S_n 满足 $S_n=2n^2-30n$，求数列 $\{a_n\}$ 的通项公式.

5.2 等差数列

【情境创设】

你正在参与学校组织的一次徒步活动，老师告诉大家，为了让活动更加有趣，每过 15 min，大家就会停下来休息一次，而每次停下来的休息时间比上一次多 2 min. 第一次停下来休息时间是 1 min，第二次是 3 min，第三次是 5 min，以此类推. 随着时间的推移，休息时间逐渐增加，让大家在享受徒步的同时，也能得到适当的休息. 这样，休息时间就形成了一个数列 1，3，5，7，9，….

【知识探究】

下列各列数的共同特征是什么?

(1) 1, 3, 5, 7, 9, ….

(2) 13, 10, 7, 4, ….

(3) 2, 2, 2, 2, 2, 2, 2, ….

上述各列数的共同特征是从第2项起，每一项与它前一项的差都等于同一个常数.

一般地，如果一个数列从第2项起，每一项与它前一项的差都等于同一个常数，那么这个数列就称为等差数列，这个常数称为等差数列的公差，公差通常用字母 d 表示. 即$a_{n+1}-a_n=d(n\in\mathbf{N}^*)$，则数列 $\{a_n\}$ 为等差数列.

若 a, A, b 成等差数列，则称 A 是 a 和 b 的等差中项，且 $A=\dfrac{a+b}{2}$.

思考: 已知等差数列 $\{a_n\}$ 的首项为 a_1，公差为 d，能求出 a_n 吗?

根据等差数列的定义，可得 $a_{n+1}-a_n=d$,

所以 $a_2-a_1=d$, $a_3-a_2=d$, $a_4-a_3=d$, …,

于是 $a_2=a_1+d$, $a_3=a_2+d=a_1+2d$, $a_4=a_3+d=a_1+3d$, …,

归纳可得 $a_n=a_1+(n-1)d$.

因此，首项为 a_1，公差为 d 的等差数列的通项公式是 $a_n=a_1+(n-1)d$.

思考: 你能求出等差数列1, 2, 3, 4, 5, …, 100 的和吗?

$S_{100}=1+2+\cdots+99+100$ ①

倒序为 $S_{100}=100+99+\cdots+2+1$ ②

由①+②得 $2S_{100}=(1+100)+(2+99)+\cdots+(99+2)+(100+1)=100\times(1+100)$,

即 $S_{100}=\dfrac{100\times(1+100)}{2}=5050$.

进一步思考: 你能求出等差数列 $\{a_n\}$ 的前 n 项和 S_n 吗?

类比上述求和的思想 $S_n=a_1+a_2+\cdots+a_{n-1}+a_n$ ③

倒序为 $S_n=a_n+a_{n-1}+\cdots+a_2+a_1$ ④

由③+④得 $2S_n=(a_1+a_n)+(a_2+a_{n-1})+\cdots+(a_{n-1}+a_2)+(a_n+a_1)$,

由等差数列的定义得 $a_1+a_n=a_2+a_{n-1}=\cdots=a_{n-1}+a_2=a_n+a_1$,

所以 $2S_n=n(a_1+a_n)$,

即等差数列的前 n 项和 $S_n=\dfrac{n(a_1+a_n)}{2}=na_1+\dfrac{n(n-1)}{2}d$.

【应用举例】

例1 若数列 $\{a_n\}$ 的通项公式如下，分别判断数列 $\{a_n\}$ 是否为等差数列.

(1) $a_n=-2n+3$; (2) $a_n=n^2-n$.

解: (1) 方法一（定义法），因为 $a_n=-2n+3$，所以 $a_{n+1}=-2(n+1)+3=-2n+1$,

所以 $a_{n+1}-a_n=-2$，故数列 $\{a_n\}$ 是等差数列．

方法二（通项公式法），因为 $a_n=-2n+3$，则首项 $a_1=1$，公差 $d=-2$，故数列 $\{a_n\}$ 是等差数列．

（2）方法一（定义法），因为 $a_{n+1}-a_n=[(n+1)^2-(n+1)]-(n^2-n)=2n$，不为常数，故数列 $\{a_n\}$ 不是等差数列．

方法二（通项公式法），因为 $a_n=n^2-n$，a_n 不是关于 n 的一次函数，故数列 $\{a_n\}$ 不是等差数列．

注：判断数列是否为等差数列，可以使用定义法和通项公式法．若通项公式是 a_n 关于 n 的一次函数，则数列 $\{a_n\}$ 是等差数列．

例2　在等差数列 $\{a_n\}$ 中，已知 $a_5=11$，$a_8=5$，则 $a_{10}=$________．

解：方法一，设 $a_n=a_1+(n-1)d$，

则$\begin{cases}a_5=a_1+(5-1)d,\\a_8=a_1+(8-1)d,\end{cases}$由题意得$\begin{cases}11=a_1+4d,\\5=a_1+7d,\end{cases}$解得$\begin{cases}a_1=19,\\d=-2.\end{cases}$

所以 $a_n=-2n+21$．所以 $a_{10}=(-2)\times10+21=1$．

方法二，设数列 $\{a_n\}$ 的公差为 d．因为 $a_8=a_5+(8-5)d$，所以 $d=\dfrac{a_8-a_5}{8-5}=-2$．

所以 $a_{10}=a_8+(10-8)d=1$．

注：已知等差数列中的两项，利用通项公式求首项和公差运用了方程的思想．一般地，由 $a_m=a$，$a_n=b$ 得到关于 a_1 和 d 的方程组$\begin{cases}a_1+(m-1)d=a,\\a_1+(n-1)d=b,\end{cases}$解方程组得到 a_1 和 d，从而确定通项公式，求得所求的项．

例3　在等差数列 $\{a_n\}$ 中，前 n 项和为 S_n．已知 $a_6=10$，$S_5=5$，求 a_8．

解：方法一，设等差数列 $\{a_n\}$ 的公差为 d，则有$\begin{cases}a_1+5d=10,\\5a_1+10d=5,\end{cases}$解得$\begin{cases}a_1=-5,\\d=3,\end{cases}$

所以 $a_8=a_6+2d=16$．

方法二，设等差数列 $\{a_n\}$ 的公差为 d．因为 $S_6=S_5+a_6=15$，所以 $15=\dfrac{6(a_1+a_6)}{2}$，

即 $3(a_1+10)=15$，所以 $a_1=-5$，$d=3$，所以 $a_8=a_6+2d=16$．

注：求等差数列基本量的常用方法是建立方程（组）或者运用数列的相关性质整体处理，以达到简化求解过程，优化解法的目的．

例4　北京天坛的圜丘坛为古代祭天的场所，分上、中、下三层，上层地面的中心有一块圆形石板（称为天心石），环绕天心石砌9块扇面形石板构成第一环，向外每环依次增加9块．下一层的第一环比上一层的最后一环多9块，向外每环依次也增加9块．已知每层环数相同，且上、中、下三层共有扇面形石板（不含天心石）3402块，则中层共有多少块扇面形石板．

解：设上、中、下三层的石板块数分别为 a_1，a_2，a_3．由题意可知 a_1，a_2，a_3 成等差数列，所以 $a_1+a_2+a_3=3a_2=3402$，解得 $a_2=1134$，故中层共有1134块扇面形石板．

【巩固练习】

1. 下列数列中，是等差数列的是（　　）.

A. 1，4，7，11　　B. 1，−2，3，4，5，−6

C. 2，4，8，16，32　　D. 10，8，6，4，2

2. 若数列 $\{a_n\}$ 的通项公式如下，则是等差数列的是（　　）.

A. $a_n=4-2n$　　B. $a_n=n^2+1$

C. $a_n=(-1)^n n+3$　　D. $a_n=2\times 3^n$

3. 已知数列 $\{a_n\}$ 满足 $a_{n+1}-a_n=2$，若 $a_2=4$，则 $a_8=$（　　）.

A. 14　　B. 16　　C. 18　　D. 20

4. 在等差数列 $\{a_n\}$ 中，前 n 项和为 S_n. 若 $S_3=1$，$S_6=3$，则 $a_5=$（　　）.

A. $\frac{3}{10}$　　B. $\frac{2}{3}$　　C. $\frac{1}{8}$　　D. $\frac{1}{9}$

5. 在等差数列 $\{a_n\}$ 中，$a_{15}=8$，$a_{45}=20$，则 $a_{75}=$________.

6. 在等差数列 $\{a_n\}$ 中，a_5 与 a_{11} 的等差中项为 8，且 $a_2=2$，则 $a_{12}=$________.

7. 在等差数列 $\{a_n\}$ 中，$a_2=6$，$a_4+a_5=17$.

（1）求 a_6.

（2）求 $\{a_n\}$ 的通项公式.

8. 在等差数列 $\{a_n\}$ 中，$a_3=21$，$a_7=13$.

（1）求 $\{a_n\}$ 的通项公式.

（2）求 $a_1+a_4+a_7+\cdots+a_{3n-2}$.

5.3　等比数列

【情境创设】

在电子存储领域，如光盘、U 盘、移动硬盘等，其存储容量通常按照 2 的幂次方来增加，如 128 MB，256 MB，512 MB，1024 MB，2048 MB 等，这些容量构成了一个数列.

《庄子·天下篇》中有一句话：“一尺之棰，日取其半，万世不竭”. 这句话的意思是一尺长的棍棒，每日截取它的一半，永远截不完.

则棍棒每日截取后的长度构成了一个数列：$\frac{1}{2}$，$\frac{1}{4}$，$\frac{1}{8}$，…，$\frac{1}{2^n}$，….

【知识探究】

上述情境中的两个数列有什么共同特征？

它们的共同特征是从第 2 项起，每一项与它前一项的比都等于同一个常数.

一般地，如果一个数列从第2项起，每一项与它前一项的比都等于同一个常数，那么这个数列称为等比数列，这个常数称为等比数列的公比，公比通常用字母 q 表示（显然 $q\neq0$）. 即 $\frac{a_{n+1}}{a_n}=q$（$q\neq0$，$n\in\mathbf{N}^*$），则数列 $\{a_n\}$ 为等比数列.

若 a，G，b 成等比数列，则 G 称为 a 和 b 的等比中项，且 $G^2=ab$，即 $G=\pm\sqrt{ab}$.

思考： 已知等比数列 $\{a_n\}$ 中，首项为 a_1，公比为 q，能求出 a_n 吗？

根据等比数列的定义，可得 $\frac{a_{n+1}}{a_n}=q$，

所以 $a_2=a_1q$，$a_3=a_2q=a_1q^2$，$a_4=a_3q=a_1q^3$，…，

由此可得 $a_n=a_1q^{n-1}$.

因此，首项为 a_1，公比为 q 的等比数列的通项公式是 $a_n=a_1q^{n-1}$.

思考： 已知等比数列 $\{a_n\}$ 中，首项为 a_1，公比为 q，能求出 S_n 吗？

显然，当 $q=1$ 时，$S_n=na_1$，当 $q\neq1$ 时，有

$S_n=a_1+a_1q+a_1q^2+\cdots+a_1q^{n-2}+a_1q^{n-1}$　①

两边同时乘以公比 q，得

$qS_n=a_1q+a_1q^2+a_1q^3+\cdots+a_1q^{n-1}+a_1q^n$　②

由① - ②得 $S_n-qS_n=a_1-a_1q^n$，即 $S_n=\frac{a_1(1-q^n)}{1-q}=\frac{a_1-a_nq}{1-q}$.

【应用举例】

例1　已知等比数列 $\{a_n\}$.

（1）$a_1=1$，$q=2$，$a_n=16$，求 n.

（2）$a_8=\frac{1}{16}$，$q=\frac{1}{2}$，求 S_8.

（3）$S_3=14$，$a_1=2$，求 q.

解：（1）等比数列 $\{a_n\}$ 中，$a_1=1$，$q=2$，$a_n=16$，由 $a_n=16=1\times2^{n-1}$，可得 $n=5$.

（2）$a_8=a_1q^7=\frac{1}{16}$，又 $q=\frac{1}{2}$，故 $a_1=\frac{2^7}{16}=8$，故 $S_8=\frac{8\times\left[1-\left(\frac{1}{2}\right)^8\right]}{1-\frac{1}{2}}=\frac{255}{16}$.

（3）由 $S_3=a_1+a_2+a_3$，可得 $14=2+2q+2q^2$，即 $q^2+q-6=0$，解得 $q=2$ 或 $q=-3$.

例2　在递增等比数列 $\{a_n\}$ 中，$a_1a_9=64$，$a_3+a_7=20$，求 a_{11} 的值.

解： 在等比数列 $\{a_n\}$ 中，

因为 $a_1a_9=a_3a_7$，所以由已知可得 $a_3a_7=64$ 且 $a_3+a_7=20$.

联立得 $\begin{cases}a_3=4,\\a_7=16,\end{cases}$ 或 $\begin{cases}a_3=16,\\a_7=4,\end{cases}$

因为 $\{a_n\}$ 是递增等比数列，所以 $a_7>a_3$.

所以取 $a_3=4$，$a_7=16$，因为 $16=4q^4$，所以 $q^4=4$.

所以 $a_{11}=a_7\cdot q^4=16\times 4=64$.

例 3 在等比数列 $\{a_n\}$ 中，$a_1=1$，$a_5=4a_3$.

(1) 求 $\{a_n\}$ 的通项公式.

(2) 记 S_n 为 $\{a_n\}$ 的前 n 项和，若 $S_m=31$，求 m.

解：(1) 因为等比数列 $\{a_n\}$ 中，$a_1=1$，$a_5=4a_3$.

所以 $1\times q^4=4\times(1\times q^2)$，解得 $q=\pm 2$，

当 $q=2$ 时，$a_n=2^{n-1}$；当 $q=-2$ 时，$a_n=(-2)^{n-1}$，

所以 $\{a_n\}$ 的通项公式为 $a_n=2^{n-1}$ 或 $a_n=(-2)^{n-1}$.

(2) 记 S_n 为 $\{a_n\}$ 的前 n 项和.

当 $a_1=1$，$q=-2$ 时，$S_n=\dfrac{a_1(1-q^n)}{1-q}=\dfrac{1-(-2)^n}{1-(-2)}=\dfrac{1-(-2)^n}{3}$，

由 $S_m=31$，得 $S_m=\dfrac{1-(-2)^m}{3}=31$，$m\in\mathbf{N}^*$，此时无解.

当 $a_1=1$，$q=2$ 时，$S_n=\dfrac{a_1\ (1-q^n)}{1-q}=\dfrac{1-2^n}{1-2}=2^n-1$，

由 $S_m=31$，得 $S_m=2^m-1=31$，$m\in\mathbf{N}^*$，解得 $m=5$.

例 4 中国古代数学著作《算法统宗》中有这样一个问题："三百七十八里关，初行健步不为难，次日脚痛减一半，六朝才得到其关．"其大意是有一个人要去某关口，路程为 378 里，第一天健步行走，从第二天起脚痛，每天走的路程为前一天的一半，走了六天到达该关口．求此人第二天走的路程．

解：由题意知，此人每天走的路程构成等比数列，记为 $\{a_n\}$，公比 $q=\dfrac{1}{2}$，由等比数列求和公式可得 $\dfrac{a_1\left[1-\left(\frac{1}{2}\right)^6\right]}{1-\frac{1}{2}}=378$，解得 $a_1=192$. 故此人第二天走了 $192\times\dfrac{1}{2}=96$ 里．

【巩固练习】

1. 在等比数列 $\{a_n\}$ 中，$a_2=3$，$a_5=81$，则公比 q 的值为（　　）.

A. 2　　B. 3　　C. 4　　D. 5

2. 在等比数列 $\{a_n\}$ 中，如果 $a_3=5$，$a_6=40$，那么 a_4 的值为（　　）.

A. 10　　B. 15　　C. 20　　D. 25

3. $\dfrac{1}{2}$ 和 2 的等比中项 G 为（　　）.

A. -1　　B. 1　　C. 2　　D. ± 1

4. 在正项等比数列 $\{a_n\}$ 中，$a_1=2$，且 a_2+4 是 a_1，a_3 的等差中项，则 a_4 的值为（　　）.

A. 16　　B. 27　　C. 32　　D. 54

5. 在递增等比数列 $\{a_n\}$ 中，$a_1+a_2+a_3=21$ 且 $a_1a_2a_3=216$，则 $\{a_n\}$ 的前 6 项和 $S_6=$________.

6. 在等比数列 $\{a_n\}$ 中，$a_1=1$，$a_4=\frac{1}{64}$，则数列 $\{a_na_{n+1}\}$ 的公比为________.

7. 某种细菌，每经过 1 h 数量翻一番．已知开始有 400 个细菌，4 h 后增长到 6400 个，求 8 h 后这种细菌增长到多少个？

8. 在等比数列 $\{a_n\}$ 中，$a_7=1$，且 a_4，a_5+1，a_6 成等差数列，求数列 $\{a_n\}$ 的通项公式．

【章复习题】

一、选择题

1. 下列结论正确的是（　　）．

A. 相同的一组数按不同顺序排列时都表示同一个数列

B. 1，1，1，1，1，…不能构成一个数列

C. 任何一个数列不是递增数列，就是递减数列

D. 如果数列 $\{a_n\}$ 的前 n 项和为 S_n，则对任意 $n\in\mathbf{N}^*$，都有 $a_{n+1}=S_{n+1}-S_n$

2. 数列 1，3，7，13，21，…的一个通项公式 $a_n=$（　　）．

A. $2n^2-n$　　B. n^2-n-1　　C. n^2-n+1　　D. n^2-2n

3. 下列数列不是等比数列的是（　　）．

A. b，b，b，b，b，…（b 为常数且 $b\neq0$）

B. 2^2，4^2，6^2，8^2，…

C. 1，$-\frac{1}{2}$，$\frac{1}{4}$，$-\frac{1}{8}$，…

D. $\frac{1}{a}$，$\frac{1}{a^2}$，$\frac{1}{a^3}$，$\frac{1}{a^4}$，…

4. 下列数列中，既是递增数列又是无穷数列的是（　　）．

A. 1，$\frac{1}{2}$，$\frac{1}{3}$，$\frac{1}{4}$，…　　B. -1，-2，-3，-4，…

C. -1，$-\frac{1}{2}$，$-\frac{1}{4}$，$-\frac{1}{8}$，…　　D. 1，$\sqrt{2}$，$\sqrt{3}$，$\sqrt{4}$，…，$\sqrt{2024}$

5. 若数列 $\{a_n\}$ 满足 $3a_{n+1}=3a_n+1$，则数列 $\{a_n\}$（　　）．

A. 是公差为 1 的等差数列　　B. 是公差为$\frac{1}{3}$的等差数列

C. 是公差为$-\frac{1}{3}$的等差数列　　D. 不是等差数列

6. 在数列 $\{a_n\}$ 中，$a_1=2$，$a_{n+1}=a_n+4$，若 $a_m=2022$，则 m 的值为（　　）．

A. 508　　B. 507　　C. 506　　D. 505

7. 已知等差数列的前 3 项分别为 $a-1$，$2a+1$，$a+7$，则此数列的第 4 项为（　　）．

A. 12　　B. 13　　C. 10　　D. 9

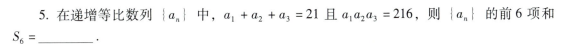

8. 在等比数列 $\{a_n\}$ 中，首项 $a_1=\frac{1}{2}$，公比 $q=\frac{1}{2}$，若 $a_n=\frac{1}{64}$，则 n 的值为（　　）.

A. 3　　B. 4　　C. 5　　D. 6

二、填空题

1. 设数列 $\{a_n\}$ 满足 $a_1=1$，$a_{n+1}-a_n=1$，则数列的通项公式为 $a_n=$________.

2. 已知数列 $\{a_n\}$ 的前 n 项为 S_n，且 $S_n=2^n-3$，则它的通项公式为 $a_n=$________.

3. 在等差数列 $\{a_n\}$ 中，$a_{10}=18$，$a_{30}=78$，则 $a_{25}=$________.

4. 在等差数列 $\{a_n\}$ 中，已知 $a_4=3$，$a_6=7$，则数列的前 9 项和 $S_9=$________.

5. 已知数列 $\{a_n\}$ 的通项公式为 $a_n=3n-1$，则数列 $\{a_n\}$ 中能构成等比数列的三项可以是________.

6. 设 S_n 为等比数列 $\{a_n\}$ 的前 n 项和. 已知 $S_3=\frac{9}{2}$，$a_3=\frac{3}{2}$，则公比 $q=$________.

三、解答题

1. 根据下列数列的前 4 项，写出数列的一个通项公式.

（1）-1，1，3，5，….

（2）$-\frac{1}{3}$，$\frac{1}{6}$，$-\frac{1}{9}$，$\frac{1}{12}$，….

（3）$\frac{1}{2}$，$\frac{3}{4}$，$\frac{5}{6}$，$\frac{7}{8}$，….

2. 在等差数列 $\{a_n\}$ 中，$a_2+a_5=24$，$a_{17}=66$.

（1）求 a_{2022} 的值.

（2）2023 是否为数列 $\{a_n\}$ 中的项？若是，为第几项？

3. 在等差数列 $\{a_n\}$ 中，$a_2=22$，$a_6=10$.

（1）求 $\{a_n\}$ 的通项公式.

（2）求 $a_2+a_4+a_6+\cdots+a_{20}$ 的值.

4. 已知数列 $\{a_n\}$ 满足 $a_1=2$，$na_{n+1}=3(n+1)a_n$，$b_n=\frac{a_n}{n}$（$n\in\mathbf{N}^*$）.

（1）求 b_1，b_2，b_3.

（2）判断数列 $\{b_n\}$ 是否为等比数列，并说明理由.

【阅读拓展】

数列作为数学中的一个基础而重要的概念，不仅在数学领域有着广泛的应用，它还与生活息息相关，甚至在古代就有它的身影.

古希腊时期，著名的毕达哥拉斯学派认为“万物皆数”，他们对数字的性质进行了深入的研究，其中最著名的就是毕达哥拉斯定理. 不过在这之外，他们还发现了数列中的一些有趣的规律，比如和谐的音乐音调间的比例，实际上可以用等比数列来描述，这也是人们早期对等比数列性质认识的一个实例.

在中国古代，数列也有长远的研究. 比如在《周髀算经》中记载了“鸡兔同笼”的问题，其解法涉及了线性数列．而更为人所知的是，中国古代数学家刘徽在《九章算术注》中提出的“割圆术”，涉及一种特殊的递推数列——“刘徽数列”，通过这个数列，他能够计算圆的面积，这在当时是一个非常精确的近似计算方法．

数列的概念在现代也有着广泛的应用，从自然界中生物种群的增长，到计算机科学中数据加密的算法，再到经济学中的投资分析，无不体现了数列的实用价值．例如，我们熟知的摩尔定律，预测了集成电路上可容纳的晶体管数目每隔一定周期就会增加一倍，而这一定律的实质，就是一个等比数列．

从长远的角度看，数列的学习不仅让我们领会到数学的严谨和逻辑之美，还启发我们理解生活中的各种现象．数列的规律性给予我们一种思考问题的方式：从局部的变化中寻求整体的规律，从具体的实例中抽象出普适的法则．这种思考方式对于培养科学态度、逻辑思维能力和解决实际问题的能力都具有重要的意义．

学习数列，就是在学习如何发现世界的秩序，如何在变化中寻找规律，这对于培养综合素养，尤其是在探究精神、创新意识和实践能力上，都具有深远的影响．通过这样的学习，我们可以更加深刻地理解数学与现实世界的紧密联系．

第6章

导　　数

为描述现实世界中的运动、变化现象，在数学中引入了函数，以此刻画动态现象．在对函数深入研究中，数学家创立了微积分，它的创立与处理四类科学问题直接相关：一是已知物体运动的路程作为时间的函数，求物体在任意时刻的速度与加速度，反之，已知物体的加速度作为时间的函数，求速度与路程；二是求曲线的切线；三是求函数的最值；四是求长度、面积、体积和重心等．历史上科学家们对这些问题的兴趣和研究经久不衰，终于在17世纪中期，牛顿和莱布尼茨在前人探索与研究的基础上，凭着敏锐的直觉和丰富的想象力，他们独立地创立了微积分．导数是微积分的核心内容之一，是现代数学的基本概念，蕴含了微积分的基本思想；导数定量地刻画了函数的局部变化，是研究函数增减、变化快慢、最大（小）值等性质的基本工具．

6.1　导数概念及其意义

【情境创设】

我们已经学习了函数的"单调性"，并利用它定性地研究了一次函数、指数函数、对数函数及其图像的"递增、递减"．另外，从指数函数与对数函数的学习中初步感受到"增长越来越快、增长越来越慢"等相关问题．进一步地，能否精确定量地刻画速度的变化快慢呢？本节就来研究这个问题．

引例1　"菊花牌"烟花是最壮观的烟花之一，制造时通常希望它在达到顶峰时爆裂．假设烟花距地面的高度 H（单位：m）与时间 t（单位：s）满足

$$H(t) = -4.9t^2 + 14.7t,$$

请问在1 s时烟花在空中的速度（瞬时速度）为多少？

> 用运动变化观点研究问题是微积分的重要思想．

分析： 该烟花在1 s到1.1 s间（记为 $[1, 1.1]$）的平均速度为

$$\frac{H(1.1)-H(1)}{1.1-1}=\frac{10.241-9.8}{0.1}=4.41\ \text{m/s}.$$

同样，可以计算出该烟花在 $[1, 1.01]$， $[1, 1.001]$，…上的平均速度，以及在 $[0.99, 1]$，$[0.999, 1]$，…上的平均速度（见表6－1－1）．

表 6-1-1

时间/s	间隔/s	平均速度/($m\cdot s^{-1}$)
[1, 1.1]	0.1	4.41
[1, 1.01]	0.01	4.851
…	…	…
[1, 1.00001]	0.00001	4.899951
…	…	…
[0.99, 1]	0.01	4.9
…	…	…
[0.99999, 1]	0.00001	4.900049
…	…	…

如表 6-1-1 所示，当时间间隔越来越小时，平均速度趋于一个常数，这一常数就是烟花在 1 s 时的瞬时速度，通过对平均速度取极限就可以得到瞬时速度．

引例 2　做变速直线运动物体的速度

设物体做直线运动所经过的路程为 $s=f(t)$．当时间从 t_0 变到 $t_0+\Delta t$ 时，物体在 Δt 时间内的平均速度为

$$\bar{v}=\frac{\Delta s}{\Delta t}=\frac{f(t_0+\Delta t)-f(t_0)}{\Delta t}.$$

$\bar{v}$ 可作为物体在 t_0 时刻速度的近似值．Δt 越小，近似的效果越好，所以当 $\Delta t\to 0$ 时，极限 $\lim\limits_{\Delta t\to 0}\frac{\Delta s}{\Delta t}$ 就是物体在 t_0 时刻的瞬时速度，即

$$v(t_0)=\lim_{\Delta t\to 0}\frac{\Delta s}{\Delta t}=\lim_{\Delta t\to 0}\frac{f(t_0+\Delta t)-f(t_0)}{\Delta t}.$$

引例 3　平面曲线的切线斜率

如图 6-1-1 所示，求曲线 $y=f(x)$ 在点 M_0 (x_0, y_0) 处的切线斜率．

在曲线上另任取一点 M $(x_0+\Delta x, y_0+\Delta y)$，当点 M 沿曲线无限接近于点 M_0，即 $\Delta x\to 0$ 时，如果割线 MM_0 的极限位置 M_0T 存在，那么直线 M_0T 就是曲线在点 M_0 处的切线．此时割线 MM_0 的斜率 k 无限接近于切线 M_0T 的斜率，即

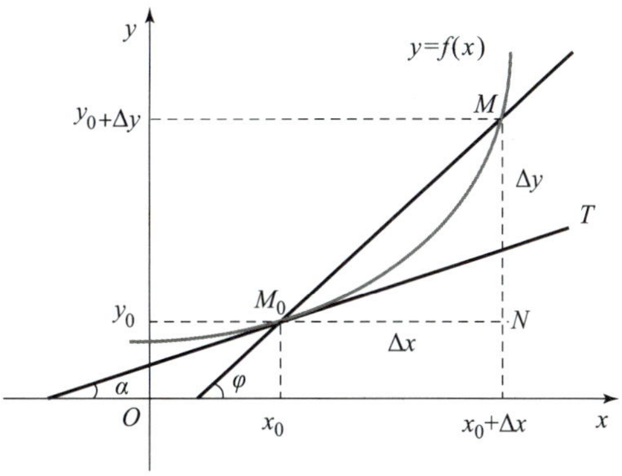

图 6-1-1

$$k=\tan\alpha=\lim_{\Delta x\to 0}\tan\varphi=\lim_{\Delta x\to 0}\frac{\Delta y}{\Delta x}=\lim_{\Delta x\to 0}\frac{f(x_0+\Delta x)-f(x_0)}{\Delta x}.$$

由引例 2 和引例 3，我们得到做变速直线运动物体的瞬时速度和平面曲线的切线斜率分别为

$$v(t_0)=\lim_{\Delta t\to 0}\frac{\Delta s}{\Delta t}=\lim_{\Delta t\to 0}\frac{f(t_0+\Delta t)-f(t_0)}{\Delta t},$$

$$k=\lim_{\Delta x\to 0}\frac{\Delta y}{\Delta x}=\lim_{\Delta x\to 0}\frac{f(x_0+\Delta x)-f(x_0)}{\Delta x}.$$

【知识探究】

前面我们研究了两类变化率问题：一类是物理学中的问题，涉及平均速度和瞬时速度；另一类是几何学中的问题，涉及割线斜率和切线斜率．这两类问题来自不同的学科领域，但在解决问题时，都采用了由“平均变化率”逼近“瞬时变化率”的思想方法，问题的答案也有一致的表示形式．

对函数 $y=f(x)$，设自变量 x 在 x_0 处取得增量 Δx 时，函数有相应的增量为 $\Delta y=f(x_0+\Delta x)-f(x_0)$．我们把 $\frac{\Delta y}{\Delta x}=\frac{f(x_0+\Delta x)-f(x_0)}{\Delta x}$ 称为函数 $y=f(x)$ 从 x_0 到 $x_0+\Delta x$ 的**平均变化率**．数学中，将“当自变量增量 Δx 趋于 0 时，函数增量与自变量增量之比（**平均变化率**）的极限”抽象出来，这就是我们要学习的导数．

定义 1　设函数 $y=f(x)$ 在点 x_0 处及其附近有定义，当自变量 x 在 x_0 处取得增量 Δx 时，函数有相应的增量 $\Delta y=f(x_0+\Delta x)-f(x_0)$．如果极限

$$\lim_{\Delta x\to 0}\frac{\Delta y}{\Delta x}=\lim_{\Delta x\to 0}\frac{f(x_0+\Delta x)-f(x_0)}{\Delta x}$$

存在，则称函数 $f(x)$ 在点 x_0 处**可导**，并称此极限为函数 $f(x)$ 在点 x_0 处的**导数**（也称**瞬时变化率**），记为 $f'(x_0)$，即

$$f'(x_0)=\lim_{\Delta x\to 0}\frac{\Delta y}{\Delta x}=\lim_{\Delta x\to 0}\frac{f(x_0+\Delta x)-f(x_0)}{\Delta x}.$$

如果上述极限不存在，则称函数 $f(x)$ 在点 x_0 处**不可导**.

> 函数 $f(x)$ 在点 x_0 处的导数还可记作 $y'\big|_{x=x_0}$，$\frac{dy}{dx}\Big|_{x=x_0}$ 或 $\frac{df(x)}{dx}\Big|_{x=x_0}$.

例如，引例 2 中，瞬时速度为

$$v(t_0)=\lim_{\Delta t\to 0}\frac{\Delta s}{\Delta t}=\lim_{\Delta t\to 0}\frac{f(t_0+\Delta t)-f(t_0)}{\Delta t},$$

该式为函数 $f(t)$ 在 t_0 处的导数 $f'(t_0)$.

引例 3 中，切线斜率为

$$k=\lim_{\Delta x\to 0}\frac{\Delta y}{\Delta x}=\lim_{\Delta x\to 0}\frac{f(x_0+\Delta x)-f(x_0)}{\Delta x},$$

该式为函数 $f(x)$ 在 x_0 处的导数 $f'(x_0)$．

如果令 $x=x_0+\Delta x$，当 $\Delta x\to 0$ 时，$x\to x_0$，那么 $f'(x_0)=\lim\limits_{x\to x_0}\frac{f(x)-f(x_0)}{x-x_0}$.

定义 2 导函数　如果函数 $y=f(x)$ 在区间 I 内的每一个 x 处都有一个对应的导数值，则由这个对应关系所确定的函数称为函数 $y=f(x)$ 的**导函数**，简称**导数**，记作 $f'(x)$，y'，$\frac{dy}{dx}$ 或 $\frac{df(x)}{dx}$.

导函数的定义式为 $f'(x)=\lim\limits_{\Delta x\to 0}\frac{f(x+\Delta x)-f(x)}{\Delta x}$.

$f'(x_0)$ 与 $f'(x)$ 之间的关系为 $f'(x_0)=f'(x)\big|_{x=x_0}$，即函数在 x_0 处的导数值等于其导函数在 x_0 处的函数值.

归纳1 由导数的定义，可以得到求导数的一般步骤.

(1) 求增量：$\Delta y=f(x_0+\Delta x)-f(x_0)$.

(2) 算比值：$\dfrac{\Delta y}{\Delta x}=\dfrac{f(x_0+\Delta x)-f(x_0)}{\Delta x}$.

(3) 求极限：$f'(x_0)=\lim\limits_{\Delta x\to 0}\dfrac{\Delta y}{\Delta x}$.

归纳2 导数的几何意义

函数 $y=f(x)$ 在点 x_0 处的导数 $f'(x_0)$ 是曲线 $y=f(x)$ 在点 M_0 (x_0, y_0) 处的切线斜率，这就是导数的几何意义.

应用直线的点斜式方程，可得到曲线 $y=f(x)$ 在点 $M(x_0, y_0)$ 处切线方程为

$$y-y_0=f'(x_0)(x-x_0).$$

特别地，若 $f'(x_0)=\infty$，则切线垂直于 x 轴，切线的方程就是 $x=x_0$.

> 数学上常用简单的对象刻画复杂的对象，例如，用有理数 3.14 近似代替无理数 π. 这里，我们用曲线上某点处的切线近似代替这一点附近的曲线，这是微积分中重要的思想方法——**以直代曲**.

【应用举例】

例1 求函数 $f(x)=\dfrac{1}{x}$ 在 $x=1$ 处的导数.

解：(1) 求增量：$\Delta y=f(x_0+\Delta x)-f(x_0)=\dfrac{1}{1+\Delta x}-1$.

(2) 算比值：$\dfrac{\Delta y}{\Delta x}=\dfrac{f(x_0+\Delta x)-f(x_0)}{\Delta x}=\dfrac{\dfrac{1}{1+\Delta x}-1}{\Delta x}=-\dfrac{1}{1+\Delta x}$.

(3) 求极限：$f'(1)=\lim\limits_{\Delta x\to 0}\dfrac{\Delta y}{\Delta x}=\lim\limits_{\Delta x\to 0}\left(-\dfrac{1}{1+\Delta x}\right)=-1$.

因此，函数 $f(x)=\dfrac{1}{x}$ 在 $x=1$ 处的导数为 -1.

例2 求曲线 $y=x^2+1$ 在点 $(1, 2)$ 处的切线方程.

解：因为 $y'=2x$，所以曲线在点 $(1, 2)$ 处的切线斜率为 $k=y'\big|_{x=1}=2$.

因此，所求的切线方程为 $y-2=2(x-1)$，即 $y=2x$.

例3 导数的经济意义

经济学中，经常用到成本、收入、利润等量，其中利润等于收入与成本之差. 将产量或销量 q 作为自变量，成本、收入、利润分别作为因变量，可以得到成本函数 $C(q)$、收入函数 $R(q)$ 和利润函数 $L(q)$，其导数具有相应经济意义.

> 边际成本 $C'(q)$ 的经济意义为当产量为 q 时，再生产一个单位产品所增加的成本.
>
> 边际收入 $R'(q)$ 的经济意义为当销量为 q 时，再销售一个单位产品所增加的收入.
>
> 边际利润 $L'(q)$ 的经济意义为当销量为 q 时，再销售一个单位产品利润的改变量.

生产某产品的边际成本为 $C'(q)=6q$（单位：元/台），边际收入为 $R'(q)=100-4q$（单位：元/台），其中 q 为产量．请问产量为 2 台时，边际利润是多少？其意义是什么？（此处假设销量等于产量）

解： 边际利润函数为 $L'(q)=R'(q)-C'(q)=(100-4q)-6q=100-10q$，

所以当 $q=2$ 时，边际利润为 $L'(2)=100-10\times 2=80$ 元/台．

其经济意义是当产量为 2 台时，再增加 1 台将获得利润 80 元．

【巩固练习】

1. 设函数 $f(x)=2x^2+1$，则 x 从 1 到 1.5 内函数的平均变化率为（　　）．

A. 2　　B. 3　　C. 4　　D. 5

2. 直线运动的物体，从时刻 t 到 $t+\Delta t$ 时，物体的位移为 Δs，那么关于 $\lim\limits_{\Delta t\to 0}\dfrac{\Delta s}{\Delta t}$，下列说法正确的是（　　）．

A. 从时刻 t 到 $t+\Delta t$ 时物体的平均速度

B. 从时刻 t 到 $t+\Delta t$ 时位移的平均变化率

C. 当时刻为 Δt 时该物体的速度

D. 该物体在 t 时刻的瞬时速度

3. 若函数 $f(x)$ 满足 $f'(2)=-4$，则 $\lim\limits_{h\to 0}\dfrac{f(2+h)-f(2)}{-h}$ 为（　　）．

A. 8　　B. -8

C. 4　　D. -4

4. 我国自主研发的世界首套设计时速达 600 km 的高速磁浮交通系统，标志着我国掌握了高速磁浮成套技术和工程化能力，这是当前可实现的“地表最快”交通工具，因此高速磁浮也被形象地称为“贴地飞行”．某高速磁浮列车初始加速至时速 600 km 阶段为匀加速状态，此过程中，位移 x 与时间 t 关系满足函数为 $x(t)=v_0t+\dfrac{1}{2}kt^2$（$v_0$ 为初速度，加速度 $k\neq 0$）．位移的导函数（即速度）与时间的关系为 $v(t)=x'(t)=v_0+kt$. 已知从静止状态匀加速至位移 $\dfrac{10}{7}$ km 需 60 s，则时速从零加速到时速 600 km 需（　　）．

A. 120 s　　B. 180 s　　C. 210 s　　D. 240 s

5. 已知函数 $y=x^3$，则其图像在点（1，1）处的切线斜率为________．

6. 第 5 题中所对应的切线方程为________．

7. 设 $f(x)=x$，求 $f'(1)$．

8. 求过点（1，0）且与 $y=x^2$ 相切的直线方程．

6.2 导数运算

【情境创设】

由导函数的定义可知，一个函数的导函数是唯一确定的．第2章已经学过一些基本初等函数，并且知道很多复杂的函数都是通过对这些函数进行加、减、乘、除等运算得到的．由此自然想到，能否先求出基本初等函数的导函数，然后研究出导函数的运算法则，这样就可以利用导函数的运算法则和基本初等函数的导函数求出复杂函数的导函数．本节将研究这些问题．

【知识探究】

根据导数的定义求函数的导数，实际上就是求当 $\Delta x \to 0$ 时，$\frac{\Delta y}{\Delta x}$趋近于哪一个定值．但按定义求导数通常比较麻烦．为了便于应用，先给出一些基本初等函数的导函数（导数）公式（**求导公式**）．

（1）$C'=0$（C 为常数）．

（2）$(x^{\mu})'=\mu x^{\mu-1}$（μ 为常数），特别地 $(\sqrt{x})'=(x^{\frac{1}{2}})'=\frac{1}{2\sqrt{x}}$.

（3）$(a^{x})'=a^{x}\ln a$（$a>0$ 且 $a\neq 1$），特别地 $(e^{x})'=e^{x}$.

（4）$(\log_{a}x)'=\frac{1}{x\ln a}$（$a>0$ 且 $a\neq 1$），特别地 $(\ln x)'=\frac{1}{x}$.

（5）$(\sin x)'=\cos x$.

（6）$(\cos x)'=-\sin x$.

（7）$(\tan x)'=\sec^{2}x=\frac{1}{\cos^{2}x}$.

（8）$(\cot x)'=-\csc^{2}x=-\frac{1}{\sin^{2}x}$.

（9）$(\sec x)'=\sec x\tan x$.

（10）$(\csc x)'=-\csc x\cot x$.

（11）$(\arcsin x)'=\frac{1}{\sqrt{1-x^{2}}}$.

（12）$(\arccos x)'=-\frac{1}{\sqrt{1-x^{2}}}$.

（13）$(\arctan x)'=\frac{1}{1+x^{2}}$.

（14）$(\mathrm{arccot}\, x)'=-\frac{1}{1+x^{2}}$.

其中，$\sec x=\frac{1}{\cos x}$为正割函数，$\csc x=\frac{1}{\sin x}$为余割函数，$\arcsin x$ 为反正弦函数，$\arccos x$

为反余弦函数，arctan$x$ 为反正切函数，arccot$x$ 为反余切函数．

很多时候，我们还会遇到两个甚至多个函数相加、相减、相乘、相除的情况，例如，第6.1节中例3，经济学中利润函数 $L(q)=R(q)-C(q)$．一般地，对于四则运算（加、减、乘、除）得到的复杂函数，我们有如下导数运算法则（**四则运算求导法则**）．

设函数 $u=u(x)$ 及 $v=v(x)$ 都在点 x 处具有导数，那么它们的和、差、乘积、商（分母不为零）都在点 x 处具有导数，并且有以下公式．

（1）$(u+v)'=u'+v'$.

（2）$(u-v)'=u'-v'$.

（3）$(uv)'=u'v+uv'$.

（4）$\left(\dfrac{u}{v}\right)'=\dfrac{u'v-uv'}{v^2}$，$v\neq0$.

（5）$(Cu(x))'=Cu'(x)$（C 为常数）．

（6）$\left(\dfrac{1}{v}\right)'=-\dfrac{v'}{v^2}$，$v\neq0$.

思维点拨：上述法则中，
（5）可由（3）中取 $v(x)=C$ 得到，
（6）可由（4）中取 $u(x)=1$ 得到．

有时候，还会遇到某些函数，它们不能通过基本初等函数的四则运算得到，比如 $y=\cos2x$，就无法利用上述学习的方法进行求导．下面先来看看这类函数的结构特点．

对于函数 $y=\cos2x$，若设 $u=2x$，则 $y=\cos2x$ 可以看成由 $y=\cos u$ 和 $u=2x$ “复合而成”，即 $y=\cos2x$ 可以通过中间变量 u 表示为自变量 x 的函数．一般地，对于两个函数 $y=f(u)$，$u=g(x)$，如果通过中间变量 u，y 可以表示成 u 的函数，那么称这个函数为函数 $y=f(u)$ 和 $u=g(x)$ 的**复合函数**，记作 $y=f(g(x))$．

一般地，由函数 $y=f(u)$ 和 $u=g(x)$ 复合而成的函数 $y=f(g(x))$ 有如下导数运算法则，这就是**复合函数的求导法则**，即**链式法则**．

链式法则也可写为
$\dfrac{dy}{dx}=\dfrac{dy}{du}\cdot\dfrac{du}{dx}$

设 $y=f(u)$，$u=g(x)$，且 $g(x)$ 在点 x 处可导，$f(u)$ 在相应的点 u 处可导，则复合函数 $y=f(g(x))$ 在点 x 处也可导，且有 $y'_x=y'_u u'_x$.

【应用举例】

例1 求下列函数的导数．

（1）$y=x\sqrt{x\sqrt{x}}$，（2）$y=2^x e^x$.

解：（1）$y'=(x\sqrt{x\sqrt{x}})'=(x^{\frac{7}{4}})'=\dfrac{7}{4}x^{\frac{3}{4}}$.

（2）$y'=(2^x e^x)'=((2e)^x)'=(2e)^x\ln(2e)=2^x e^x(\ln2+1)$．

例2 求下列函数的导数．

（1）$y=x^3-x+3$.（2）$y=x^3e^x$.（3）$y=\dfrac{2\sin x}{x^2}$.

解：（1）$y'=(x^3-x+3)'=(x^3)'-(x)'+(3)'=3x^2-1$.

（2）$y'=(x^3e^x)'=(x^3)'e^x+x^3(e^x)'=3x^2e^x+x^3e^x$.

（3）$y'=\dfrac{(2\sin x)'x^2-2\sin x(x^2)'}{(x^2)^2}=\dfrac{2x^2\cos x-4x\sin x}{x^4}=\dfrac{2x\cos x-4\sin x}{x^3}$.

例 3　求函数 $y=(x^2-1)^4$ 的导数.

解： 把 x^2-1 看成中间变量 u，将 $y=(x^2-1)^4$ 看成由 $y=u^4$，$u=x^2-1$ 复合而成的函数，由链式法则可得 $y'_x=y'_u u'_x=4u^3 2x=8x(x^2-1)^3$.

例 4　某海湾拥有世界上最大的海潮，如图 6－2－1 所示，其高低水位之差可达 15 m，假设在该海湾某一固定点，大海水深 d（单位：m）与午夜后的时间 t（单位：h）之间的关系为 $d(t)=10+4\cos t$. 求下列时刻潮水的速度（精确到 0.01 m/h）.

（1）6：00.（2）9：00.

（3）12：00.（4）18：00.

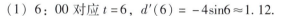

图 6－2－1

解： 由函数 $d(t)=10+4\cos t$ 得，$d'(t)=-4\sin t$.

（1）6：00 对应 $t=6$，$d'(6)=-4\sin 6\approx 1.12$.

（2）9：00 对应 $t=9$，$d'(9)=-4\sin 9\approx -1.65$.

（3）12：00 对应 $t=12$，$d'(12)=-4\sin 12\approx 2.15$.

（4）18：00 对应 $t=18$，$d'(18)=-4\sin 18\approx 3.00$.

【巩固练习】

1. 若 $f(x)=\sin x$，则 $f'\left(\dfrac{\pi}{3}\right)=$（　　）.

A. $\dfrac{\sqrt{3}}{2}$　　B. $\dfrac{1}{2}$　　C. $-\dfrac{\sqrt{3}}{2}$　　D. $-\dfrac{1}{2}$

2. 下列求导数的运算中错误的是（　　）.

A. $(3^x)'=3^x\ln 3$　　B. $(x^2\ln x)'=2x\ln x+x$

C. $\left(\dfrac{\cos x}{x}\right)'=\dfrac{x\sin x-\cos x}{x^2}$　　D. $(\sin x\cos x)'=\cos 2x$

3. 若函数 $f(x)=3^x+\sin 2x$，则（　　）.

A. $f'(x)=3^x\ln 3+2\cos 2x$　　B. $f'(x)=3^x+2\cos 2x$

C. $f'(x)=3^x\ln 3+\cos 2x$　　D. $f'(x)=3^x\ln 3-2\cos 2x$

4. 日常生活中的饮用水通常都是经过净化的，随着水纯净度的提高，所需净化费用不断增加. 已知 1 t 水净化到纯净度为 $x\%$ 时所需费用（单位：元）为 $c(x)=\dfrac{4000}{100-x}$（$80<x<10$），则净化到纯净度为 90% 时所需净化费用的瞬时变化率是（　　）.

A. －40 元/t　　B. －10 元/t　　C. 10 元/t　　D. 40 元/t

5. 函数 $f(x)=x\ln x+x$ 的导数是________.

6. 中国跳水队是中国体育奥运冠军团队. 在一次高台跳水比赛中，若某运动员在跳水过程中其重心相对于水面的高度 h（单位：m）与起跳后的时间 t（单位：s）存在函数关系

$h(t)=10-5t^2+5t$，则该运动员在起跳后 1 s 时的瞬时速度为________ m/s.

7. 已知 $f(x)=x\sqrt{x}$，求以下几项.

(1) $f'(x)$.

(2) $f'(1)$.

(3) $[f(2)]'$.

8. 假设某地在 20 年间的年均通货膨胀率为 5%，物价 p(单位：元) 与时间 t(单位：年) 之间的关系为 $p(t)=p_0(1+5\%)^t$，其中 p_0 为 $t=0$ 时的物价. 假定某种商品的 $p_0=1$，那么在第 10 个年头，这种商品的价格上涨的速度大约是多少 (精确到 0.01 元/年)? ($1.05^{10}\approx 1.629$，$\ln(1.05)\approx 0.049$)

6.3 导数在函数单调性中的应用

【情境创设】

在之前的学习中，通过图像直观地使用不等式和方程等知识，研究了函数的单调性. 同时，在第 6.1 节和 6.2 节中，学习了导数的概念和运算，了解到导数是关于瞬时变化率的数学表达，能够定量地描述函数的局部变化. 接下来，本节将探讨如何利用导数更精确地研究函数的性质.

引例 1 先来探究前面研究过的烟花升空爆裂问题.

烟花从腾空到爆裂再落地的过程中，其相对地面的高度 H 与时间 t 满足函数关系

$$H(t)=-4.9t^2+14.7t,$$

> 用运动变化观点研究问题是微积分的重要思想.

图 6-3-1 及图 6-3-2 分别为高度 H 与时间 t 的函数图像和烟花位于空中速度 v 与时间 t 的函数关系 $v(t)=-9.8t+14.7$ 的图像 ($a=1.5$，b 为 $H(t)$ 的零点).

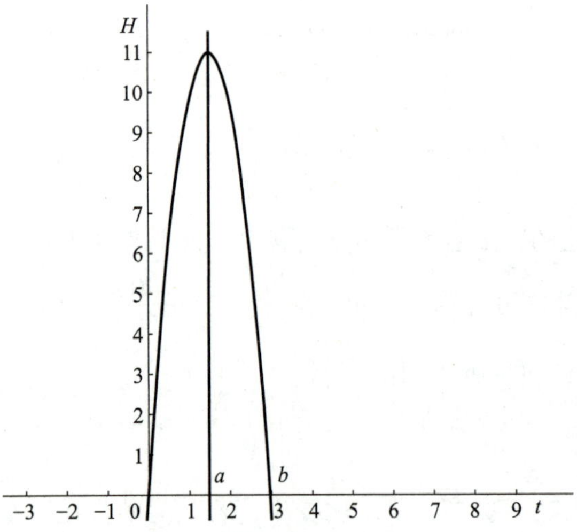

图 6-3-1

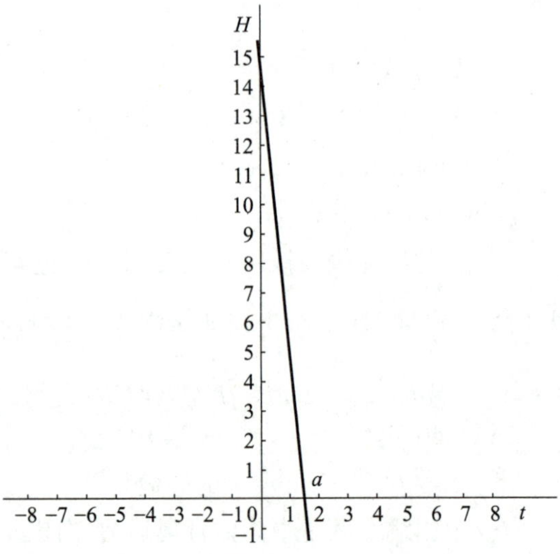

图 6-3-2

【知识探究】

思考：烟花“从升空到最高点”“从最高点爆裂后落地”这两段时间的运动状态有什么区别？数学上如何表示？

分析：观察图像可以发现：

（1）从升空到最高点，烟花处于上升状态，相对地面的高度 H 随时间 t 在增加，即 $H(t)$ 单调递增，相应有 $v(t)>0$；

（2）从最高点爆裂后落地，烟花处于下降状态，相对地面的高度 H 随时间 t 在减少，即 $H(t)$ 单调递减，相应有 $v(t)<0$.

对于上述问题，可以发现：

（1）当 $t\in(0,\ a)$，$H'(t)=v(t)>0$，$H(t)$ 在 $(0,\ a)$ 单调递增；

（2）当 $t\in(a,\ b)$，$H'(t)=v(t)<0$，$H(t)$ 在 $(a,\ b)$ 单调递减.

一般地，函数 $f(x)$ 的单调性和导函数 $f'(x)$ 正负之间具有如下关系.

> 说明：法则中，若在某个区间 $(a,\ b)$ 内 $f'(x)=0$，等号仅在个别点取到，结论同样成立.

单调性判断法则 在某个区间 $(a,\ b)$ 内，函数 $f(x)$ 和导函数 $f'(x)$ 都存在，则有：

（1）如果 $f'(x)>0$，那么 $f(x)$ 在区间 $(a,\ b)$ 内单调递增；

（2）如果 $f'(x)<0$，那么 $f(x)$ 在区间 $(a,\ b)$ 内单调递减.

【应用举例】

例1　利用导数判断函数 $f(x)=x^3+3x$ 的单调性.

解：由于 $f'(x)=3x^2+3=3(x^2+1)>0$，故 $f(x)$ 在 $\mathbf{R}$ 上单调递增.

例2　利用导数判断函数 $f(x)=\sin x-x$ 在区间 $(0,\ \pi)$ 上的单调性.

解：由于 $x\in(0,\ \pi)$，$f'(x)=\cos x-1<0$，故 $f(x)$ 在区间 $(0,\ \pi)$ 上单调递减.

例3　经过多年的运作，“双十一”抢购活动已经演变成为整个电商行业的大型集体促销盛宴. 为迎接“双十一”网购狂欢节，某厂商拟投入适当的广告费，对网上所售产品进行促销. 经调查测算，该促销产品在“双十一”的销售量 p 万件与促销费用 x 万元满足 $p=3-\dfrac{2}{x+1}$（其中 $0\leqslant x\leqslant a$，$a>1$ 为较大的某个正常数）. 已知生产该批产品 p 万件还需投入成本 $10+2p$ 万元（不含促销费用），产品的销售价格定为 $\left(4+\dfrac{20}{p}\right)$ 元/件，假定厂家的生产能力完全能满足市场的销售需求.

（1）将该产品的利润 y 万元表示为促销费用 x 万元的函数.

（2）厂家在投入促销费用时，投入的金额最多达到多少万元时，利润是增加的？

解：（1）由题意知 $y=\left(4+\dfrac{20}{p}\right)p-x-(10+2p)=2p-x+10$，将 $p=3-\dfrac{2}{x+1}$ 代入，得

$y=16-\frac{4}{x+1}-x$，$0\leqslant x\leqslant a$.

（2）求导 $y'=-1-\frac{-4}{(x+1)^2}=-\frac{(x+3)(x-1)}{(x+1)^2}$，当 $x\in(0,1)$ 时，$y'>0$，所以函数 $y=16-\frac{4}{x+1}-x$ 在（0，1）上单调递增．另外，当 $x\in(1,a)$ 时，$y'<0$，函数不再继续保持单调递增．所以促销费用投入最多到 1 万元时，即当 $x=1$ 时，厂家的利润是增加的．

【巩固练习】

1. 函数 $y=2\ln x-3x^2$ 的单调递增区间为（　　）．

A. $\left(0,\frac{\sqrt{3}}{3}\right)$　　B. $\left(\frac{\sqrt{3}}{3},+\infty\right)$　　C. $\left(-\infty,\frac{\sqrt{3}}{3}\right)$　　D. $\left(-\frac{\sqrt{3}}{3},\frac{\sqrt{3}}{3}\right)$

2. 函数 $f(x)=\frac{x-1}{x}$，在下面哪个区间上是单调递增的？（　　）．

A. （0，1）
B. （-1，+∞）
C. （-∞，1）
D. （-1，1）

> 注意：单调区间（a，b）与在区间（a，b）上是单调的区别．

3. 下列函数中，在（e，+∞）上是减函数的是（　　）．

A. $y=x+\frac{1}{x}$　　B. $y=x\ln x$　　C. $y=\frac{\ln x}{x}$　　D. $y=x-\sin x$

4. 已知函数 $y=f(x)$，其导函数 $y=f'(x)$ 的图像如图 6-3-3所示，则对于 $y=f(x)$的描述正确的是（　　）

A. 在（-∞，0）上单调递减
B. 在（0，2）上单调递增
C. 在（4，+∞）上单调递减
D. 在（2，4）上单调递减

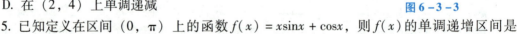

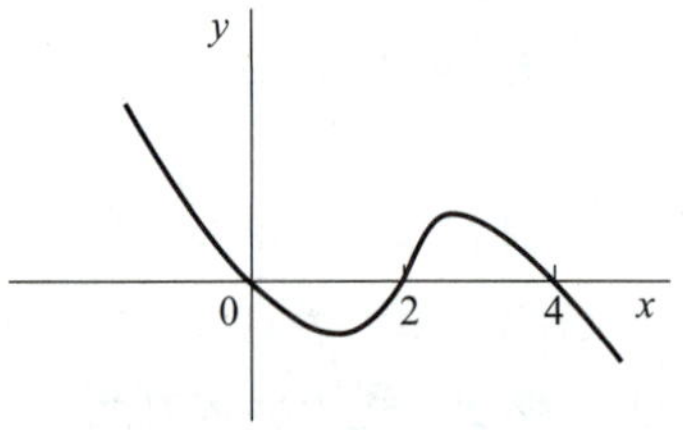

图 6-3-3

5. 已知定义在区间（0，π）上的函数 $f(x)=x\sin x+\cos x$，则 $f(x)$的单调递增区间是________．

6. 函数 $f(x)=\frac{e^x}{x}$的单调递减区间是________．

7. 求函数 $f(x)=\ln x-\frac{x+1}{x-1}$的单调递增区间．

8. 已知函数 $f(x)=x^2-\ln x$.

（1）求函数曲线 $f(x)$在点（1，$f(1)$）的切线方程．

（2）求函数 $f(x)$的单调区间．

6.4 导数在函数最值中的应用

【情境创设】

在第6.3节的学习中，通过导数的正负来研究函数的单调性这一局部性质，此外，还会遇到两类情况：第一，函数图像在局部范围内，有时像“小山峰”，有时又像“小山谷”，能否利用函数更加精确地研究函数的性质呢？第二，函数在整个定义域内的“最高峰”“最低谷”，能否利用导数进行研究？这就是本节要讨论的两类问题——函数极大（小）值和最大（小）值.

回顾第6.3节研究过的烟花爆裂问题.

引例1 烟花从升空到爆裂，再到落地的过程中，其相对地面的高度 H 与时间 t 满足函数关系为

$$H(t)=-4.9t^2+14.7t,$$

如图6－4－1所示，（$a=1.5$，b 为 $H(t)$ 的零点），可以发现，当 $t=a$ 时，烟花距地面的高度最大.

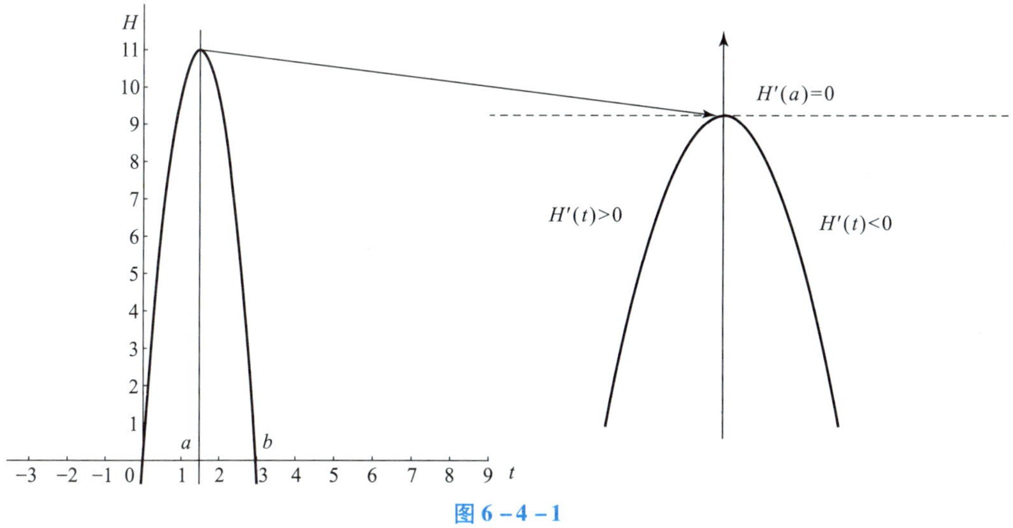

图6－4－1

【知识探究一】函数的极值

思考： 引例1中在 $t=a$ 处的导数是多少？此点附近图像有什么特点？相应地，导数的正负性有什么变化规律？

分析： 当 $t=a$ 时，烟花距地面的高度最大，如图6－4－1所示，此时 $H'(a)=0$；在 $t=a$ 附近，当 $t<a$ 时，函数 $H(t)$ 单调递增，$H'(t)>0$；当 $t>a$ 时，函数 $H(t)$ 单调递减，$H'(t)<0$. 即在 $t=a$ 附近，函数值先增（$t<a$，$H'(t)>0$）后减（$t>a$，$H'(t)<0$）. 这

样，t 在 a 的附近从小到大经过 a 时，$H'(t)$ 先正后负且连续变化，于是 $H'(a)=0$.

形如点 $t=a$，在其附近，此处函数值最大. 类似地，函数 $f(x)$ 在另一些点附近函数值最小，这两类情况具有一定的实际意义.

一般地，设函数 $f(x)$ 在 x_0 处及其附近有定义，如果对于该点附近任何不同于 x_0 的 x，若

(1) $f(x)<f(x_0)$ 成立，则称 $f(x_0)$ 为 $f(x)$ 的**极大值**，称 x_0 为 $f(x)$ 的**极大值点**；

(2) $f(x)>f(x_0)$ 成立，则称 $f(x_0)$ 为 $f(x)$ 的**极小值**，称 x_0 为 $f(x)$ 的**极小值点**.

导数为 0 的点不一定是函数的极值点，例如 $y=x^3$，虽然 $f'(0)=0$，但在 $x=0$ 左右导数都大于 0，故 0 不为极值点.

极大、极小值统称**极值**，极大、极小值点统称**极值点**. 极值反映的是函数在某一点附近的**局部性质**.

一般地，对于可导函数，我们可以按如下方法求极值.

解方程 $f'(x)=0$，当 $f'(x_0)=0$ 时，可知：

(1) 若在 x_0 处左侧 $f'(x)>0$，右侧 $f'(x)<0$，则 $f(x_0)$ 为极大值；

(2) 若在 x_0 处左侧 $f'(x)<0$，右侧 $f'(x)>0$，则 $f(x_0)$ 为极小值.

【知识探究二】函数的最值

我们知道，极值反映的是函数在某一点附近的局部性质，而不是在整个定义域内的性质. 在实际问题中，我们往往更关心的是在某个区间范围内，哪个值最大，哪个值最小. 若 x_0 是某个区间上函数 $f(x)$ 的**最大（小）**值点，则 $f(x_0)$ **不小（大）**于函数 $f(x)$ 在此区间上的所有函数值.

一般地，如果函数 $f(x)$ 在闭区间 $[a, b]$ 上是连续的，那么它必有最大值和最小值（**最值定理**）. 不难看出，只要把函数 $f(x)$ 的所有**极值点**连同**端点**函数值进行比较，就可以求出最大值、最小值.

极值与最值的区别与联系：

(1) 极值是局部的，最值是整体的；

(2) 极值一定在区间内部取到，最值可能在区间端点取到；

(3) 极值可能多个，极大值可能比极小值还小，而最值唯一；

(4) 在开区间内，唯一的极值点一定是该区间的最值点.

【应用举例】

例 1 函数 $f(x)=x^3-2x^2+x+a$（a 为待定常数）的极值点的个数是（　　）.

A. 2　　B. 1　　C. 0　　D. 由 a 确定

解： 由题意，$f'(x)=3x^2-4x+1=(3x-1)(x-1)$. 当 $x<\frac{1}{3}$ 或 $x>1$ 时，$f'(x)>0$，$f(x)$ 递增. 当 $\frac{1}{3}<x<1$ 时，$f'(x)<0$，$f(x)$ 递减. 故 $f(x)$ 的极大值点为 $x=\frac{1}{3}$，极小值点为

$x=1$. 故选 A.

例2　求函数 $f(x)=3x^4-4x^3-1$ 在区间 $[-1, 2]$ 上的最大值和最小值.

解: 在区间 $[-1, 2]$ 上，令 $f'(x)=12x^3-12x^2=0$，得 $x_1=1$，$x_2=0$，则有 $f(1)=-2$，$f(0)=-1$，又端点函数值 $f(-1)=6$，$f(2)=15$，于是，函数的最大值是 $f(2)=15$，最小值是 $f(1)=-2$.

归纳: 在求最值的时候只需将导数为0的点或不可导点（可能的极值点）求出，不必要去确定哪个是极大值点，哪个是极小值点，将可能的极值与区间端点函数值进行比较，即可确定最大、最小值.

例3　某房地产公司有50套公寓要出租．当房租定为每月900元时，公寓会全部租出去；当房租每月每增加50元时，就有一套公寓租不出去．而租出去的房子每套每月需花费100元的整修维护费．试问房租定为多少可使利润最大?

解:（1）建立目标函数，要想收入不为负，房租每月至少要不少于100元．当房租为3400元时刚好一套公寓都租不出去．所以，房租的变化范围为 $x\in[100, 3400]$，设房租为每月 x 元，则租出去的房子有 $50-\left(\dfrac{x-900}{50}\right)$ 套，每月总利润为

$$R(x)=(x-100)\left(50-\frac{x-900}{50}\right)=(x-100)\left(68-\frac{x}{50}\right),\ x\in[100, 3400].$$

（2）对目标函数求导，令

$$R'(x)=\left(68-\frac{x}{50}\right)+(x-100)\left(-\frac{1}{50}\right)=70-\frac{x}{25}=0,$$

解得 $x=1750$.

（3）$R(100)=0$，$R(3400)=0$，$R(1750)=54450$. 因此，每月每套公寓房租定为1750元时可使收入最高．此时最大收入为54450元.

【巩固练习】

1. 若函数 $f(x)$ 的导函数的图像如图6-4-2所示，则 $f(x)$ 极值点的个数为（　　）.

A. 3　　B. 4

C. 5　　D. 6

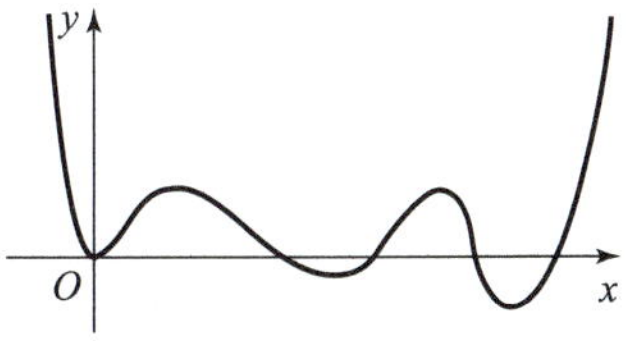

图6-4-2

2. 一艘船从 A 地到 B 地，其燃料费 w 与船速 v 的关系为 $w(v)=\dfrac{1000v^2}{v-8}$，$v\in[18, 30]$，要使燃料费最低，则 $v=$（　　）.

A. 18　　B. 20　　C. 25　　D. 30

3. 函数 $f(x)=x^3-3x^2+1$，$x\in[-1, 4]$ 的最小值为（　　）.

A. -3　　B. 1　　C. 3　　D. 17

4. 函数 $f(x)=\dfrac{1}{3}x^3-4x+4$ 的极值情况为（　　）.

A. 极大值 $-\dfrac{4}{3}$　　B. 极大值 $\dfrac{28}{3}$　　C. 极小值 $\dfrac{4}{3}$　　D. 极小值 $\dfrac{28}{3}$

5. 声音是由于物体的振动产生的能引起听觉的波，其中包含正弦函数．其数学模型是函数 $y=A\sin\omega t$. 我们听到的声音是由声音合成的，称为复合音．已知一个复合音的数学模型是函数 $f(x)=\sin x+\frac{1}{2}\sin 2x$，给出下列四个结论．

（1）$f(x)$ 的最小正周期是 π. （2）$f(x)$ 在 $\left[0,\ \frac{\pi}{2}\right]$ 上是增函数．（3）$f(x)$，$x\in[0,\ 2\pi]$ 上的最大值为 $\frac{3\sqrt{3}}{4}$. 其中正确结论的序号是________.

6. 已知 A 地距离 M 市 500 km，设车队从 A 地匀速行驶到 M 市，高速公路限速为 60 ~ 110 km/h，车队每小时运输成本（单位：元）由可变部分和固定部分组成，可变部分与速度 v(单元：km/h）的立方成正比，比例系数为 b，固定部分为 a 元．若 $b=\frac{1}{200}$，$a=10^4$，为了使全程运输成本最低，车队速度 v 应为________.

7. 已知函数 $f(x)=x^2-8\ln x$，求函数 $f(x)$ 的极值．

8. 已知函数 $f(x)=-x^3+48x$，$x\in[-2,\ 5]$．

（1）求函数 $f(x)$ 的单调区间与极值．

（2）求函数 $f(x)$ 的最大值与最小值．

【章复习题】

1. 若函数 $f(x)=x^2+\frac{1}{x}$，则 $f'(-1)=$（　　）.

A. -3　　B. 1　　C. -1　　D. 3

2. 函数 $y=\cos\left(2x-\frac{\pi}{3}\right)$ 的导函数是（　　）.

A. $y'=\sin\left(2x-\frac{\pi}{3}\right)$　　B. $y'=-2\sin\left(2x-\frac{\pi}{3}\right)$

C. $y'=-\sin\left(2x-\frac{\pi}{3}\right)$　　D. $y'=2\sin\left(2x-\frac{\pi}{3}\right)$

3. 一质点做直线运动，它所经过的路程 s 与时间 t 的关系为 $s(t)=t^3+t^2+1$，若该质点在时间段［1，2］内的平均速度为 v_1，在 $t=2$ 时的瞬时速度为 v_2，则 v_1+v_2 为（　　）.

A. 10　　B. 16　　C. 26　　D. 28

4. 若 $f(x)=\sin x$，则 $\lim\limits_{t\to 0}\frac{f(2t)-f(0)}{t}=$（　　）.

A. 0　　B. $\frac{1}{2}$　　C. 1　　D. 2

5. 已知函数 $f(x)=xe^{x-1}+x^2$，则 $f(x)$ 的图像在 $x=1$ 处的切线方程为（　　）.

A. $4x-y-2=0$　　B. $x-4y-2=0$

C. $4x-y+2=0$　　D. $x-4y+2=0$

6. 已知函数 $f(x)=x+4\sin x$，则曲线 $y=f(x)$ 在点（0，$f(0)$）处的切线方程为（　　）.

A. $5x-y=0$　　B. $5x+y=0$　　C. $x-5y=0$　　D. $5x+y=0$

7. 函数 $f(x)=(x-3)e^x$ 的单调递减区间是（　　）.

A. $(-\infty,\ 2)$　　B. $(0,\ 3)$　　C. $(1,\ 4)$　　D. $(2,\ +\infty)$

8. 已知定义在 $\mathbf{R}$ 上的函数 $f(x)$，其导函数 $f'(x)$ 的大致图像如下，则下列叙述正确的是（　　）.

A. $f(x)$ 在 $(a,\ c)$ 上单调递减

B. $f(x)$ 在 $(c,\ e)$ 上单调递增

C. $f(x)$ 的极大值点为 $x=c$

D. $f(x)$ 的极大值点为 $x=e$

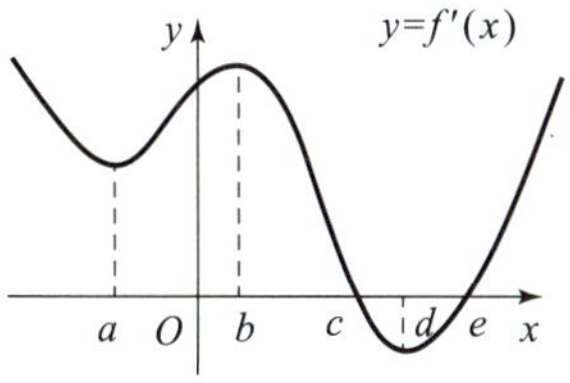

第 6 章题 8 图

9. 设可导函数 $f(x)$ 满足 $\lim\limits_{\Delta x\to 0}\dfrac{f(x_0-\Delta x)-f(x_0)}{2\Delta x}=3$，则 $f'(x_0)=$________.

10. 已知 $f(x)=x^2+2f'(1)x$，则 $f'(1)=$________.

11. 函数 $f(x)=e^x\cos 2x$ 的导函数 $f'(x)=$________.

12. 函数 $f(x)=x+\ln x$ 在点 $x=1$ 处的切线方程为________.

13. 函数 $y=3+x\ln x$ 的单调减区间为________.

14. 已知 $f(x)=e^x+e^{-x}$，则 $f(x)$ 的最小值为________.

15. 已知函数 $f(x)=x^2-1$，当自变量 x 由 1 变到 1.1 时，我们引入一个新的量，即函数在 x 处的微分，记为 dy，其定义如下 $dy=f'(x)\Delta x$，求以下几项.

（1）自变量的增量 Δx.

（2）函数的增量 Δy.

（3）函数的平均变化率 $\dfrac{\Delta y}{\Delta x}$.

（4）函数在 $x=1$，自变量 x 由 1 变到 1.1 的微分 dy 以及函数的增量与微分之差 $\Delta y-dy$.

16. 已知函数 $f(x)=x^3-3x$.

（1）求函数 $f(x)$ 的极值.

（2）求函数 $f(x)$ 在 $\left[-3,\ \dfrac{3}{2}\right]$ 上的最大值和最小值.

17. 某学校学生食堂准备用钢材建一个蓄水池，现在有一块边长为 6 m 的正方形钢板，将其四个角各截去一个边长为 x 的小正方形，然后焊接成一个无盖的蓄水池（其中底面是边长为 $6-2x$ 的正方形，高为 x）.

（1）写出以 x 为自变量的容积 V 的函数解析式 $V(x)$，并写出定义域.

（2）蓄水池的底边为多少时，它的容积最大？最大容积是多少？

18. 茶起源于中国，盛行于世界，是承载历史文化的中国名片．武夷山，素有茶叶种类王国之称，茶文化历史久远，茶产业生机勃勃．2021 年 3 月 22 日下午，习近平总书记来到福建南平武夷山市星村镇燕子窠生态茶园考察．据了解，该企业年固定成本为 50 万元，每生产百件产品需增加投入 7 万元．在 2021 年该企业年内生产的产品为 x（单位：百件），并能全部销售完．据统计，每百件产品的销售收入为 $G(x)$（单位：万元），且满足 $G(x)=-\dfrac{2}{x^2}+\dfrac{\ln x}{x}+\dfrac{80}{x}+4$.

（1）写出该企业年利润 $F(x)$ 关于该产品年销售量 x 百件的函数关系式．

（2）年产量为多少百件时，该企业在这种茶文化衍生产品中获利最大？最大利润多少？

【阅读拓展】

1. 函数增量的近似计算——函数的微分

一块正方形金属薄片面积受温度变化的影响（见下图），其边长从 x_0 变到 $x_0+\Delta x$，问金属薄片的面积变化了多少？

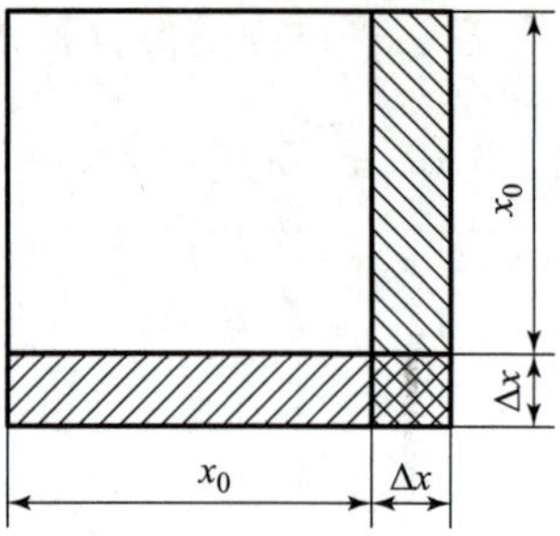

对此问题我们分析如下：设金属薄片的边长为 x，则面积为 $f(x)=x^2$.

加热前金属薄片的面积为

$$f(x_0)=x_0^2.$$

加热后金属薄片的面积为

$$f(x_0+\Delta x)=(x_0+\Delta x)^2.$$

则加热前后面积的增量为

$$\Delta y=(x_0+\Delta x)^2-{x_0}^2=2x_0\Delta x+(\Delta x)^2.$$

可以看出 Δy 由两部分组成：第一部分是 Δx 的线性函数 $2x_0\Delta x$，当 $\Delta x\to 0$ 时，它是 Δx 的同阶无穷小；第二部分是 $(\Delta x)^2$，当 $\Delta x\to 0$ 时，它是 Δx 的高阶无穷小．因此，当 $|\Delta x|$ 很小时，第一部分是主要的，我们称第一部分 $2x_0\Delta x$ 为 Δy 的线性主部．第二部分 $(\Delta x)^2$ 所起的作用很微小，可以忽略．因此，可得 Δy 的近似值为 $\Delta y\approx 2x_0\Delta x$. 同时注意到 $f'(x_0)=2x_0$，于是有 $\Delta y\approx f'(x_0)\Delta x$.

对于一般函数，实际上也有类似情形，由此我们找到了一个近似效果好又容易计算的量——微分.

微分定义如下：设函数 $y=f(x)$ 在点 x_0 处有导数 $f'(x_0)$，则称 $f'(x_0)\Delta x$ 为函数 $y=f(x)$ 在点 x_0 处的微分，记作 $\mathrm{d}y$，即 $\mathrm{d}y=f'(x_0)\Delta x$. 此时也称函数 $y=f(x)$ 在点 x_0 处是可微的.

故当 $f(x)=x$，则 $\mathrm{d}f(x)=\mathrm{d}x=x'\Delta x=\Delta x$，因而自变量 x 的增量 Δx 与自变量的微分 $\mathrm{d}x$ 相等，即 $\mathrm{d}x=\Delta x$. 从而，函数的微分可以写成 $\mathrm{d}y=f'(x_0)\mathrm{d}x$.

函数 $y=f(x)$ 在任意一点 x 处的微分 $\mathrm{d}y=f'(x)\ \mathrm{d}x$ 与导数的关系如下：函数的微分 $\mathrm{d}y$ 与自变量的微分 $\mathrm{d}x$ 之商 $\frac{\mathrm{d}y}{\mathrm{d}x}$ 等于该函数的导数 $f'(x)$ ．因此，导数又称为微商，这也从另一角度辅证了之前学习中导数为何可以记为 $\frac{\mathrm{d}y}{\mathrm{d}x}$.

我们通过一个例题来比较微分近似计算的优越之处．

已知函数 $f(x)=x^2-1$，当自变量 x 由 1 变到 1.1 时，求以下两题．

（1）函数的增量 Δy.（2）函数在当 $x=1$ 时，自变量 x 由 1 变到 1.1 的微分 $\mathrm{d}y$ 以及函数的增量与微分之差 $\Delta y-\mathrm{d}y$.

解：（1）函数的增量为 $f(1.1)-f(1)=1.1^2-1-1^2+1=0.21$.

（2）由于 $f'(x)=2x$，故 $f'(1)=2$，$\Delta x=1.1-1=0.1$，于是函数的微分为

$$dy = f'(1)\Delta x = 2\times 0.1 = 0.2.$$

另外，$\Delta y - dy = 0.21 - 0.2 = 0.01$.

由此可见，在选用函数的微分去近似计算函数增量时，它们仅差一个 Δx（趋于 0 时）的高阶无穷小．如果还需要更精确的近似，感兴趣的同学们可查阅“函数泰勒展开公式”相关知识．

2. 方程根近似求解——牛顿－拉夫森法

英国数学家牛顿在 17 世纪给出一种求方程近似解的方法——牛顿－拉夫森法（Newton－Raphson method）．

其做法如下．

设 r 是 $f(x)=0$ 的根，选取 x_0 作为 r 的初始近似值，过点（x_0，$f(x_0)$）的曲线 $y=f(x)$ 的切线 l：$y-f(x_0)=f'(x_0)(x-x_0)$，则 l 与 x 轴交点的横坐标为 $x_1=x_0-\dfrac{f(x_0)}{f'(x_0)}$（$f'(x_0)\neq 0$），称 x_1 是 r 的一次近似值；重复以上过程，得 r 的近似值序列，其中 $x_{n+1}=x_n-\dfrac{f(x_n)}{f'(x_n)}$（$f'(x_n)\neq 0$），称 x_n 是 r 的 $n+1$ 次近似值．运用上述方法，我们可以非常迅速地求出近似度较好的方程的解．

我们通过一个例题来看一看此方法的优越之处．

设函数 $f(x)=\ln x+x-3$ 的零点一次近似值为（　　）.（精确到小数点后 3 位，参考数据：$\ln 2\approx 0.693$.）

A. 2.205　　B. 2.208　　C. 2.207　　D. 2.204

分析： 易知函数 $f(x)=\ln x+x-3$ 在定义域上单调递增，且

$f(2)=2+\ln 2-3$，$f(3)=\ln 3+3-3$，$f(2)<0<f(3)$，于是由零点定理可知函数的零点有且只有一个，且在区间（2，3）上．故选取初始近似值 $x_0=2$，$f'(x)=\dfrac{1}{x}+1$，$x_1=x_0-\dfrac{f(x_0)}{f'(x_0)}=2-\dfrac{f(2)}{f'(2)}=2-\dfrac{2\ln 2-2}{3}=2+\dfrac{0.614}{3}\approx 2.205$. 故选 A.

习题解析与参考答案

第 1 章

巩固练习 1.1

1. A　2. C　3. D　4. B

5. 表达判断，T，F.

6. （1） F. （2） F. （3） F （4） T.

7. 解：（2）（4）（5）（6） 是命题，（2）（4）（5） 是真命题，（6） 是假命题.

8. 解：因为不等式 $x^2-2x-3>0$ 的解集为 $\{x \mid x<-1$ 或 $x>3\}$，所以使语句“$x^2-2x-3>0$”为真命题的 x 的取值集合为 $\{x \mid x<-1$ 或 $x>3\}$.

巩固练习 1.2

1. C　2. B　3. C　4. D

5.

p	q	$p \wedge q$
T	T	T
T	F	F
F	T	F
F	F	F

p	q	$p \vee q$
T	T	T
T	F	T
F	T	T
F	F	F

p	$\neg p$
T	F
F	T

6. （1） T. （2） F. （3） T.

7. 解：（1） $p \vee q$. （2） $p \wedge \neg q$.

8. 解：（1） 他现在正在教室里且他现在在看书. （2） 他现在正在教室里，但是他没有在看书. （3） 他现在不在教室里或他现在正在看书.

巩固练习 1.3

1. B　2. C　3. B　4. C

5.

p	q	$p \Rightarrow q$
T	T	T
T	F	F
F	T	T
F	F	T

6. (1)(2)(5)(7)

7. 解:(1)$p \Rightarrow q$.(2)$q \Rightarrow p$.(3)$p \Rightarrow q$.

8. 解:

如果他在跑步,那么他在听音乐.

只要他在跑步,他就在听音乐.

他在跑步是他在听音乐的充分条件.

他在听音乐是他在跑步的必要条件.

仅当他在听音乐,他在跑步才有可能.

他没有在跑步或者他在听音乐.

巩固练习 1.4

1. C 2. C 3. B 4. A

解析:命题 $\forall x \in \mathbf{R}$, $x>3 \Rightarrow x>2$ 断言实数集 $\mathbf{R}$ 中的每一个数均使"$x>3 \Rightarrow x>2$"为真命题.因为大于 3 的每一个实数均使"$x>3$""$x>2$"同时为真命题,因此均使"$x>3 \Rightarrow x>2$"为真命题;又因为小于或等于 3 的每一个实数均使"$x>3$"为假命题,因此均使"$x>3 \Rightarrow x>2$"为真命题,所以实数集 $\mathbf{R}$ 中的每一个数均使"$x>3 \Rightarrow x>2$"为真命题.因此,命题 $\forall x \in \mathbf{R}$, $x>3 \Rightarrow x>2$ 为真命题.

命题 $\forall x \in \mathbf{R}$, $x>2 \Rightarrow x>3$ 断言实数集 $\mathbf{R}$ 中的每一个数均使"$x>2 \Rightarrow x>3$"为真命题.因为实数集 $\mathbf{R}$ 中的 2.5 使"$x>2$"为真命题,使"$x>3$"为假命题,所以使"$x>2 \Rightarrow x>3$"为假命题.因此,命题 $\forall x \in \mathbf{R}$, $x>2 \Rightarrow x>3$ 为假命题.

命题 $\exists x \in \mathbf{R}$, $x>3 \wedge x<2$ 断言实数集 $\mathbf{R}$ 中有数使"$x>3 \wedge x<2$"为真命题.因为大于 3 的每一个实数均使"$x>3$"为真命题,使"$x<2$"为假命题,因此均使"$x>3 \wedge x<2$"为假命题;又因为小于或等于 3 的每一个实数均使"$x>3$"为假命题,因此均使"$x>3 \wedge x<2$"为假命题,所以实数集 $\mathbf{R}$ 中的每一个数均使"$x>3 \wedge x<2$"为假命题.因此,命题 $\exists x \in \mathbf{R}$, $x>3 \wedge x<2$ 为假命题.

命题 $\exists x \in \mathbf{R}$, $x^2<0 \wedge |x| \geqslant 0$ 断言实数集 $\mathbf{R}$ 中有数使"$x^2<0 \wedge |x| \geqslant 0$"为真命题.因为实数集 $\mathbf{R}$ 中的每一个数均使"$x^2<0$"为假命题,所以均使"$x^2<0 \wedge |x| \geqslant 0$"为假命题.因此,命题 $\exists x \in \mathbf{R}$, $x^2<0 \wedge |x| \geqslant 0$ 为假命题.

5. (1)(2),(3)(4)

6. (1)(3)(4),(2)

7. 解:(1)班上的所有同学现在都在教室.

(2)班上有同学现在在教室.

(3)班上的所有同学现在都不在教室.

(4)班上有同学现在不在教室.

8. 解:(1)实数集 $\mathbf{R}$ 中的每一个数均使语句"$\forall y \in \mathbf{R}$, $x+y=0$"为真命题.因为命题 $\forall y \in \mathbf{R}$, $1+y=0$ 为假命题,即实数集 $\mathbf{R}$ 中的 1 使语句"$\forall y \in \mathbf{R}$, $x+y=0$"为假命题,所以命题 $\forall x \in \mathbf{R}$, $\forall y \in \mathbf{R}$, $x+y=0$ 为假命题.

(2)实数集 $\mathbf{R}$ 中的每一个数均使语句"$\exists y \in \mathbf{R}$, $x+y=0$"为真命题.命题 $\exists y \in \mathbf{R}$, $1+y=0$为真命题,即实数集 $\mathbf{R}$ 中的 1 使语句"$\exists y \in \mathbf{R}$, $x+y=0$"为真命题,因为实数集

$\mathbf{R}$ 中每一个数都像 1 那样使语句"$\exists y\in\mathbf{R}$，$x+y=0$"为真命题，所以命题 $\forall x\in\mathbf{R}$，$\exists y\in\mathbf{R}$，$x+y=0$ 为真命题.

(3) 实数集 $\mathbf{R}$ 中有数使语句"$\forall y\in\mathbf{R}$，$x^2+y^2=-1$"为真命题. 命题 $\forall y\in\mathbf{R}$，$1^2+y^2=-1$ 为假命题，即实数集 $\mathbf{R}$ 中的 1 使语句"$\forall y\in\mathbf{R}$，$x^2+y^2=-1$"为假命题，因为实数集 $\mathbf{R}$ 中每一个数都像 1 那样使语句"$\forall y\in\mathbf{R}$，$x^2+y^2=-1$"为假命题，所以命题 $\exists x\in\mathbf{R}$，$\forall y\in\mathbf{R}$，$x^2+y^2=-1$ 为假命题.

(4) 实数集 $\mathbf{R}$ 中有数使语句"$\exists y\in\mathbf{R}$，$x^2+y^2=-1$"为真命题. 命题 $\exists y\in\mathbf{R}$，$1^2+y^2=-1$ 为假命题，即实数集 $\mathbf{R}$ 中的 1 使语句"$\exists y\in\mathbf{R}$，$x^2+y^2=-1$"为假命题，因为实数集 $\mathbf{R}$ 中每一个数都像 1 那样使语句"$\exists y\in\mathbf{R}$，$x^2+y^2=-1$"为假命题，所以命题 $\exists x\in\mathbf{R}$，$\exists y\in\mathbf{R}$，$x^2+y^2=-1$ 为假命题.

巩固练习 1.5

1. C　2. D　3. D　4. B

5. $\neg p\vee\neg q$，$\neg p\wedge\neg q$

6. $\exists x\in\mathbf{D}$，$\neg P(x)$，$\forall x\in\mathbf{D}$，$\neg P(x)$

7. 解：(1) 他没有戴着眼镜或者他没有戴着手表.

(2) 他不是计算机专业的学生并且他是大一新生.

(3) $\exists x\in\mathbf{R}$，$x^2<0$.

(4) $\forall x\in\mathbf{Q}$，$x^2\neq 2$.

8. 解：(1) $\exists x\in\mathbf{R}$，$\forall y\in\mathbf{R}$，$xy\neq 1$.

(2) $\forall x\in\mathbf{N}$，$\exists y\in\mathbf{N}$，$y<x$.

巩固练习 1.6

1. C　2. B　3. C　4. D

5. $q\Rightarrow p$，$\neg p\Rightarrow\neg q$，$\neg q\Rightarrow\neg p$

6. (2) (4)

7. 解：原命题为真命题.

逆命题：如果 $9<12$，那么 $4>6$. 逆命题为假命题.

否命题：如果 $4\leqslant 6$，那么 $9\geqslant 12$. 否命题为假命题.

逆否命题：如果 $9\geqslant 12$，那么 $4\leqslant 6$. 逆否命题为真命题.

8. 证明：因为 $(p\Rightarrow q)\Leftrightarrow(\neg q\Rightarrow\neg p)$，所以需要证明命题"$\forall n\in\mathbf{Z}$，$n$ 是偶数$\Rightarrow n^2$ 是偶数"为真命题. 当 n 为偶数时，$n=2k(k\in\mathbf{Z})$，$n^2=(2k)^2=4k^2=2(2k^2)$，$2(2k^2)$ 为偶数. 所以，当 n 为偶数时，命题"n 是偶数$\Rightarrow n^2$ 是偶数"为真命题；当 n 为奇数时，命题"n 是偶数"均为假命题，所以命题"n 是偶数$\Rightarrow n^2$ 是偶数"均为真命题. 因此，命题"$\forall n\in\mathbf{Z}$，n 是偶数$\Rightarrow n^2$ 是偶数"为真命题. 所以可以证明：如果 n^2 是奇数，那么 n 是奇数.

章复习题

1. A　2. D　3. B　4. A　5. B　6. D

7. $p\wedge q$，$\neg p\vee q$，$\neg q$，$\neg(p\vee q)$

8. $p \Rightarrow q$，$p \Rightarrow q$，$q \Rightarrow p$，$q \Rightarrow p$

9. （1）$\forall x \in \mathbf{R}$，$P(x)$.

（2）$\exists x \in \mathbf{R}$，$\neg P(x)$.

10. 如果你不可以进入影院，那么你没有买票

11. （1）现在没有在下雨或者现在的气温不低于 0 ℃.

（2）他没有手机并且他没有笔记本电脑.

（3）$\exists x \in \mathbf{R}$，$x+1 \leqslant 0$.

（4）$\forall x \in \mathbf{R}$，$x+1 \neq 0$.

12. 证明：因 $(p \Rightarrow q) \Leftrightarrow (\neg q \Rightarrow \neg p)$，所以需要证明命题“$\forall n \in \mathbf{Z}$，$n$ 是奇数$\Rightarrow 3n+2$ 是奇数”为真命题. 当 n 为奇数时，$n=2k+1$（$k \in \mathbf{Z}$），$3n+2=3(2k+1)+2=6k+5=2(3k+2)+1$，$2(3k+2)+1$ 为奇数. 所以，当 n 为奇数时，命题“n 是奇数$\Rightarrow 3n+2$ 是奇数”均为真命题；当 n 为偶数时，命题“n 是奇数”为假命题，所以命题“n 是奇数$\Rightarrow 3n+2$ 是奇数”为真命题. 因此，命题“$\forall n \in \mathbf{Z}$，n 是奇数$\Rightarrow 3n+2$ 是奇数”为真命题. 所以可以证明：如果 $3n+2$ 是偶数，那么 n 是偶数.

第 2 章

巩固练习 2. 1

1. C　提示：由 $x^2-4 \geqslant 0$ 可得，$x \leqslant -2$ 或 $x \geqslant 2$. 故选 C.

2. C　提示：由 $\dfrac{1}{x-2}>0$ 可得，$x>2$. 故选 C.

3. D　提示：由 $-1 \leqslant \sin x \leqslant 1$ 可得，$-2 \leqslant -2\sin x \leqslant 2$，$1 \leqslant 3-2\sin x \leqslant 5$，函数值域为 $[1, 5]$. 故选 D.

4. C　提示：$y=-x^2-2x+3=-(x+1)^2+4$，当 $x=-1$ 时，$y_{\max}=4$，当 $x=-5$ 时，$y_{\min}=-12$. 故选 C.

5. $2^{x-1}-1$　提示：令 $x+1=t$，可得 $x=t-1$，则 $f(t)=2^{t-1}-1$，即 $f(x)=2^{x-1}-1$.

6. 0　提示：由 $-a^2+1=1$，可得 $a=0$.

7. $f(x)=x^2-x+1$

解：令 $f(x)=ax^2+bx+c$，则 $f(0)=c=1$，$f(x+1)-f(x)=2ax+a+b=2x$，可得 $c=1$，$a=1$，$b=-1$，所以 $f(x)=x^2-x+1$.

8. （1）$y=-\dfrac{4}{45}x^2+10$. （2）12. （3）$15+5\sqrt{3}$（h）.

解：（1）依题意 $A\left(-\dfrac{15}{2}, 5\right)$，$B\left(\dfrac{15}{2}, 5\right)$，$E$（0，10），设抛物线所对应的函数表达式为 $y=ax^2+10$，将 $B\left(\dfrac{15}{2}, 5\right)$代入$y=ax^2+10$ 中可求得 $a=-\dfrac{4}{45}$，所以 $y=-\dfrac{4}{45}x^2+10$.

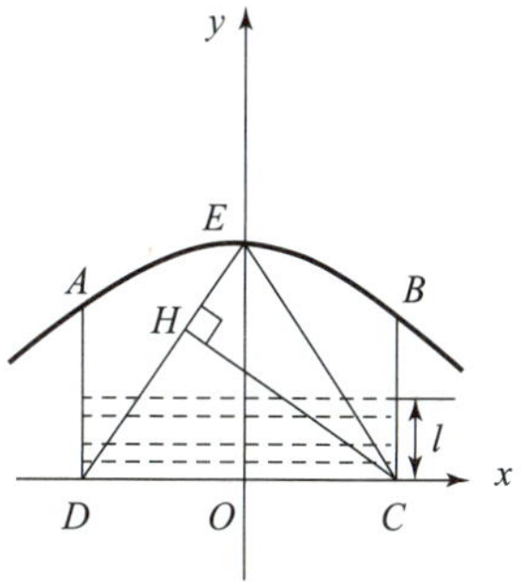

巩固练习 2. 1 题 8 图

（2）如图 2-1-4 所示，过点 C 作 DE 的垂线，垂足为点

H. 令$\angle EDC=\alpha$，在$\mathrm{Rt}\triangle ODE$中，$\tan\alpha=\dfrac{OE}{OD}=\dfrac{10}{\frac{15}{2}}=\dfrac{4}{3}$，在$\mathrm{Rt}\triangle CDH$中，设$\dfrac{CH}{DH}=\tan\alpha=\dfrac{4}{3}=\dfrac{4x}{3x}$. 由$DH^2+CH^2=CD^2$，即$(3x)^2+(4x)^2=15^2$，解得$x=3$，则$CH=4x=12$，所以点$C$到$DE$距离为12 m.

（3）由题意可知$l=-\dfrac{1}{15}(t-15)^2+10$. 当$l<5$时，船只禁止通行，求得$15-5\sqrt{3}<t<15+5\sqrt{3}$，又因为$0\leqslant t\leqslant 30$，所以$t\in[0,\ 15+5\sqrt{3})$.

巩固练习 2.2

1. D　提示：略.

2. A　提示：$y=|x|+4=\begin{cases}x+4\ (x\geqslant 0),\\ -x+4\ (x<0),\end{cases}$函数在区间$[0,\ +\infty)$上单调递增. 故选 A.

3. B　提示：$y=x^2-2x+2=(x-1)^2+1$，当$x=-2$时函数最大值为10，当$x=1$时函数最小值为1. 故选 B.

4. A　提示：一次函数$y=(k-1)x+b$在$(-\infty,\ +\infty)$上是增函数，则$k-1>0$，$k>1$. 故选 A.

5. $(-\infty,\ 0)$　提示：结合分段函数图像求得.

6. $\sqrt{2}$　提示：由$a^0+a^2=3$，可得$a=\sqrt{2}$或$a=-\sqrt{2}$（舍去）.

7. 提示：略

解：设x_1，$x_2\in(-\infty,\ 1)$，且$x_1<x_2$.

则$f(x_1)-f(x_2)=(x_1-x_2)(x_1+x_2-2)>0$，所以$f(x)$在$(-\infty,\ 1)$上是减函数.

8. $\dfrac{2}{3}<m<1$

解：由$f(1-m)-f(2m-1)>0$，可得$f(1-m)>f(2m-1)$，又$f(x)$在$(-1,\ 1)$上是减函数，所以$\begin{cases}1-m<2m-1,\\ -1<1-m<1,\\ -1<2m-1<1,\end{cases}$解得$\dfrac{2}{3}<m<1$.

巩固练习 2.3

1. A　提示：$f(-x)=2(-x)^2+4=2x^2+4=f(x)$. 故选 A.

2. B　提示：偶函数的图像不一定与纵轴相交，如$y=\dfrac{1}{x^2}$；奇函数的图像不一定通过原点，如$y=\dfrac{1}{x}$；偶函数的图像一定关于y轴对称. 故选 B.

3. B　提示：略.

4. B　提示：设$x<0$，则$-x>0$，$f(-x)=(1+x)(-x)=-x-x^2$. 因为$y=f(x)$是奇函数，所以$f(x)=-f(-x)=-(-x-x^2)$. 故选 B.

5. 3　提示：$f(-2)=-f(2)=3$.

6. 既是奇函数也是偶函数　提示：$f(x)=\sqrt{1-x^2}+\sqrt{x^2-1}$的定义域为 $\{-1, 1\}$，且 $f(x)=0$，故$f(x)$ 既是奇函数也是偶函数.

7. $a=-1$，$b=0$　提示：函数 $f(x)=ax^2+bx+c(-2a-3\leqslant x\leqslant 1)$ 是偶函数，则 $\begin{cases}b=0,\\-2a-3=-1,\end{cases}$ 解得 $a=-1$，$b=0$.

8. $\left\{x \mid 0<x<\frac{1}{2}\right\}$　提示：由$f(1-x)+f(1-3x)<0$ 可得，$f(1-x)<-f(1-3x)$，因为 $y=f(x)$ 是奇函数，则$f(1-x)<f(3x-1)$. 又因为 $y=f(x)$ 在区间 $(-1, 1)$ 上是减函数，所以$\begin{cases}1-x>3x-1,\\-1<1-x<1,\\-1<3x-1<1,\end{cases}$ 解得 $0<x<\frac{1}{2}$，所以不等式的解集为$\left\{x \mid 0<x<\frac{1}{2}\right\}$.

巩固练习 2. 4

1. D　提示：略.

2. A　提示：略.

3. B　提示：函数 $y=|\sin x|$ 的图像可以由 $y=\sin x$ 的图像中横轴上方的图像不变，下方的图像关于横轴对称得到，结合图像可得其最小正周期为 π. 故选 B.

4. D　提示：用枚举法可得函数的最小正周期为 2，所以周期为 $2k(k\in \mathbf{Z}, k\neq 0)$. 故选 D.

5. 2　提示：$y=2\sin^2\frac{\pi x}{2}+1=2-\cos\pi x$，最小正周期 $T=\frac{2\pi}{\pi}=2$.

6. 3　提示：由$f(x-1)=f(x)$ 可得，$f\left(\frac{1}{2}\right)=f\left(\frac{1}{2}-1\right)=f\left(-\frac{1}{2}-1\right)=f\left(-\frac{3}{2}\right)$，所以 $f\left(-\frac{3}{2}\right)=3$.

7. $y=(x-2)+2=x(1<x\leqslant 2)$

解：由函数在区间 $(0, 1]$ 上的图像可得解析式为 $y=-x+2$ $(0<x\leqslant 1)$，又函数是偶函数，则其在 $(-1, 0]$ 上的解析式为 $y=x+2(-1<x\leqslant 0)$，由周期性可得函数在 $(1, 2]$ 上的解析式为 $y=(x-2)+2=x(1<x\leqslant 2)$.

8. (1) 略. (2) 0.

解：(1) 对任意的 $x\in\mathbf{R}$，有$f(x+4)=-f(x+2)=f(x)$，所以$f(x)$ 是周期为 4 的周期函数.

(2) $f(0)=0$，$f(1)=1$，$f(2)=0$，$f(3)=f(1+2)=-f(1)=-1$，$f(4)=f(2+2)=-f(2)=0$，…，又因为 $2024=4\times 506$，所以$f(0)+f(1)+f(2)+\cdots+f(2023)+f(2024)=0$.

巩固练习 2. 5

1. D　提示：略.

2. A　提示：由 $y=\frac{x}{x-2}$ 可得 $x=\frac{2y}{y-1}$，所以其反函数为 $y=\frac{2x}{x-1}$. 故选 A.

3. B　提示：函数 $y=f(x)$ 满足 $b=f(a)$，则点 (a,b) 在函数 $y=f(x)$ 的图像上，根据互为反函数的函数图像关于直线 $y=x$ 对称可得，点 (b,a) 在函数 $y=f^{-1}(x)$ 的图像上. 故选 B.

4. C　提示：函数 $y=\frac{x-1}{x+2}$ 的反函数为 $y=\frac{2x+1}{1-x}$，由互为反函数的性质可得函数 $y=\frac{x-1}{x+2}$ 的值域即为反函数 $y=\frac{2x+1}{1-x}$ 的定义域. 故选 C.

5. **R**　提示：由互为反函数的性质可得 $y=2^{x-1}$ 反函数的值域即为 $y=2^{x-1}$ 的定义域，故值域为 **R**.

6. $y=3^x-1$　提示：略.

7. 略

解：图像关于直线 $y=x$ 对称，定义域和值域均为 **R**，函数在 **R** 上均单调递增.

8. 定义域为 $(3,+\infty)$，值域为 **R**，在 $(3,+\infty)$ 上为增函数.

解：$y=\left(\frac{1}{2}\right)^x+3$ 的定义域为 **R**，值域为 $(3,+\infty)$，在 $(-\infty,+\infty)$ 上为减函数. 所以其反函数的定义域为 $(3,+\infty)$，值域为 **R**，在 $(3,+\infty)$ 上为减函数.

巩固练习 2.6

1. D　提示：已知幂函数 $y=x^a$（a 是常数），当 $a=\frac{1}{2}$，$y=x^a=\sqrt{x}$，此时定义域为 $[0,+\infty)$，A 错误；当 $a=-1$ 时，$y=x^a=\frac{1}{x}$，此时 $f(x)$ 在 $(0,+\infty)$ 单调递减，B 错误；当 $a=-1$ 时，$y=x^{-1}$，此时 $f(x)$ 的值域为 $(-\infty,0)\cup(0,+\infty)$，C 错误. D 正确. 故选 D.

2. B　提示：对于 A，由 $a^{-2}=\frac{1}{a^2}$ 可知，当 $a=0$ 时，表达式无意义；对于 B，根据幂函数性质可知，$a\in\mathbf{R}$ 时，表达式 $a^{\frac{1}{3}}$ 恒有意义；对于 C，易知 $a^{\frac{1}{2}}=\sqrt{a}$，当 $a<0$ 时，表达式无意义；对于 D，当 $a=0$ 时，a^0 无意义. 故选 B.

3. C　提示：略.

4. C　提示：A 中函数 $y=-x^2$ 为偶函数，不满足条件. B 中函数 $y=\sqrt{x}$ 的定义域为 $[0,+\infty)$，定义域不对称，为非奇非偶函数，不满足条件. C 中函数 $y=\frac{1}{x}$ 为奇函数且在区间 $(0,+\infty)$ 上单调递减，满足条件. D 中函数 $y=x^3$ 为奇函数，在区间 $(0,+\infty)$ 上单调递增，不满足条件. 故选 C.

5. $\sqrt{2}$　提示：由题意 $f(4)=4^a=2^{2a}=2$，解得 $a=\frac{1}{2}$，所以 $f(2)=2^{\frac{1}{2}}=\sqrt{2}$.

6. -1　提示：令 $m^2-2m-2=1$，解得 $m=3$ 或 -1. 当 $m=3$ 时，$f(x)=x^2$，经过坐标原点，不合要求；当 $m=-1$ 时，$f(x)=x^{-2}$，图像不经过坐标原点，满足要求.

7. 解：（1）因为函数 $y=x^{0.3}$ 在 $(0, +\infty)$ 上单调递增，且 $\frac{2}{5}>\frac{1}{3}$，所以 $\left(\frac{2}{5}\right)^{0.3}>\left(\frac{1}{3}\right)^{0.3}$.

（2）函数 $y=x^{-1}$ 在 $(0, +\infty)$ 上单调递减，且 $y=x^{-1}$ 是奇函数，所以 $y=x^{-1}$ 在 $(-\infty, 0)$ 单调递减，又因为 $-\frac{2}{3}<-\frac{3}{5}$，所以 $\left(-\frac{2}{3}\right)^{-1}>\left(-\frac{3}{5}\right)^{-1}$.

8. 解：（1）由已知得 $4=2^a$，所以 $a=2$，所以函数 $f(x)$ 的解析式为 $f(x)=x^2$.

（2）由（1）得 $g(x)=x^2-2x$，因为 $g(x)\leqslant 3$ 恒成立，即 $x^2-2x\leqslant 3$ 恒成立，解得 $-1\leqslant x\leqslant 3$，所以 x 的取值范围为 $[-1, 3]$.

巩固练习 2.7

1. D 提示：$5^{\frac{3}{2}}=\sqrt{5^3}$. 故选 D.

2. A 提示：因为 $\sqrt{4x^2}=2|x|$，可得 $2|x|=-2x$，又因为 $x\neq 0$，解得 $x<0$. 故选 A.

3. D 提示：对于选项 A，$a^2\cdot a^3=a^{2+3}=a^5$，A 错误．对于选项 B，$a^8\div a^4=a^{8-4}=a^4$，B 错误．对于选项 C，$a^3+a^3=2a^3\neq 2a^6$，C 错误．对于选项 D，$(a^3)^2=a^{3\times 2}=a^6$，D 正确，故选 D.

4. C 提示：$\sqrt[5]{a^2\cdot\sqrt[3]{a\cdot\sqrt{a}}}=[a^2\cdot(a\cdot a^{\frac{1}{2}})^{\frac{1}{3}}]^{\frac{1}{5}}=[a^2\cdot(a^{\frac{3}{2}})^{\frac{1}{3}}]^{\frac{1}{5}}=(a^2\cdot a^{\frac{1}{2}})^{\frac{1}{5}}=(a^{\frac{5}{2}})^{\frac{1}{5}}=a^{\frac{1}{2}}$，故选 C.

5. $\sqrt{5}$ 提示：由 $a^{\frac{1}{2}}+a^{-\frac{1}{2}}>0$，而 $(a^{\frac{1}{2}}+a^{-\frac{1}{2}})^2=a+a^{-1}+2=5$，故 $a^{\frac{1}{2}}+a^{-\frac{1}{2}}=\sqrt{5}$.

6. 6 提示：由已知 $2^{a+b}=2^a\cdot 2^b=2\times 3=6$.

7. 解：原式 $=-3+2+1=1$.

8. 解：原式 $=|\pi-5|-(2-\pi)=5-\pi-2+\pi=5-2=3$.

巩固练习 2.8

1. D 提示：因为函数 $y=(2a^2-3a+2)a^x$ 是指数函数，所以 $2a^2-3a+2=1$ 且 $a>0$ 且 $a\neq 1$，由 $2a^2-3a+2=1$ 解得 $a=1$ 或 $a=\frac{1}{2}$，根据指数函数概念，$a=\frac{1}{2}$. 故选 D.

2. C 提示：因为指数函数的形式为 $y=a^x(a>0$ 且 $a\neq 1)$，所以 $y=\pi^x$ 是指数函数，即 C 正确．而 A，B，D 中的函数都不满足要求，故 A，B，D 错误．故选 C.

3. C 提示：设 $f(x)=a^x(a>0$ 且 $a\neq 1)$，因 $f(x)$ 的图像过点 $(3, 8)$，则 $a^3=8$，解得 $a=2$，所以 $f(x)=2^x$. 故选 C.

4. B 提示：因为 $y=3^x$ 在 $\mathbf{R}$ 上单调递增，所以 $3^{0.5}>3^0=1$，因为 $y=0.8^x$ 在 $\mathbf{R}$ 上单调递减，所以 $0.8^2<0.8^0=1$，所以 $3^{0.5}>1>0.8^2$，即 $a>c>b$. 故选 B.

5. $(1, 3)$ 提示：令 $x=1$，则 $f(1)=a^{1-1}+2=3$，故函数图像过定点 $(1, 3)$.

6. $(-\infty, 2]$ 提示：函数 $f(x)=\sqrt{4-2^x}$ 有意义则必有 $4-2^x\geqslant 0$，解得 $x\leqslant 2$，所以定义域为 $(-\infty, 2]$.

7. 解：（1）将点 $(2, 4)$ 代入 $f(x)=a^x$，得 $4=a^2$，$a=2$，故 $f(x)=2^x$.

（2）由 $2>1$ 知，函数是增函数，$f(2m-1)-f(m+3)<0$ 即 $f(2m-1)<f(m+3)$，可知 $2m-1<m+3$，解得 $m<4$，故 m 的取值范围是 $(-\infty, 4)$.

8. 解：由 $\left(\frac{1}{2}\right)^{3x+2}>2^{2x+3}$ 得 $2^{-3x-2}>2^{2x+3}$，可知 $-3x-2>2x+3$，解得 $x<-1$，故不等式 $\left(\frac{1}{2}\right)^{3x+2}>2^{2x+3}$ 的解集为 $(-\infty, -1)$.

巩固练习 2.9

1. D　提示：$\log_2 4=\log_2 2^2=2$. 故选 D.

2. C　提示：$\log_5 4-2\log_5 10=\log_5 4-\log_5 100=\log_5\frac{1}{25}=-2$. 故选 C.

3. A　提示：$\lg 2+\lg 5=\lg(2\times 5)=\lg 10=1$. 故选 A.

4. A　提示：$\lg 6=\lg(2\times 3)=\lg 2+\lg 3=a+b$. 故选 A.

5. $\frac{7}{2}$　提示：$2^{\log_2 3}+\log_2\sqrt{2}=3+\log_2 2^{\frac{1}{2}}=3+\frac{1}{2}=\frac{7}{2}$.

6. 1　提示：由 $4^a=6^b=24$ 知，$a=\log_4 24$，$b=\log_6 24$，得到 $\frac{1}{a}=\log_{24}4$，$\frac{1}{b}=\log_{24}6$，则 $\frac{1}{a}+\frac{1}{b}=\log_{24}4+\log_{24}6=1$.

7. 解：（1）$\log_3 1+\log_2 4-\log_2\frac{1}{2}=0+2-(-1)=3$.

（2）原式 $=(\lg 2+\lg 5)[(\lg 2)^2-\lg 2\times\lg 5+(\lg 5)^2]+3\lg 2\times\lg 5=(\lg 2)^2+2\lg 2\times\lg 5+(\lg 5)^2=(\lg 2+\lg 5)^2=1$.

8. 解：原式 $=\frac{\lg 5}{\lg 2}\times\frac{\lg 2}{\lg 3}\times\frac{\lg 3}{\lg 5}=1$.

巩固练习 2.10

1. B　提示：因为函数 $f(x)=\log_a(x+2)$ 的图像过点 $(6, 3)$，所以 $\log_a(6+2)=3$ 可得 $\log_a 8=\log_a a^3$，则 $a^3=8\Rightarrow a=2$，所以 $f(x)=\log_2(x+2)$，$f(2)=\log_2(2+2)=2$. 故选 B.

2. D　提示：因为 $f(x)=\frac{1}{x}+\ln(3+x)$，所以 $\begin{cases}x\neq 0,\\ 3+x>0,\end{cases}$ 解得 $x>-3$ 且 $x\neq 0$，所以 $f(x)$ 的定义域为 $(-3, 0)\cup(0, +\infty)$. 故选 D.

3. A　提示：因为 $y=\log_{\frac{1}{2}}x$ 在 $[1, 2]$ 上是减函数，所以 $-1\leqslant\log_{\frac{1}{2}}x\leqslant 0$，即值域为 $[-1, 0]$. 故选 A.

4. C　提示：当 $0<a<1$ 时，$\frac{1}{a}>1$，函数 $y=a^{-x}=\left(\frac{1}{a}\right)^x$ 为底数大于 1 的指数函数，是增函数，函数 $y=\log_a x$ 为底数大于 0、小于 1 的对数函数，是减函数. 故选 C.

5. $(1, 1)$　提示：因为对数函数 $y=\log_a x(a>0$ 且 $a\neq 1)$ 过定点 $(1, 0)$，所以函数 $y=\log_a x+1$（$a>0$ 且 $a\neq 1$）的图像必过定点 $(1, 1)$.

6. $(0,1)\cup(3,+\infty)$　提示：由已知得 $\log_a 3<1=\log_a a$，当 $0<a<1$ 时，不等式明显成立；当 $a>1$ 时，$a>3$. 所以实数 a 的取值范围是 $(0,1)\cup(3,+\infty)$.

7. 解：(1) 因为 $y=\log_2 x$ 在区间 $(0,+\infty)$ 上是增函数，$0<3.4<3.8$，所以 $\log_2 3.4<\log_2 3.8$.

(2) 因为函数 $y=\log_{0.5}x$ 在区间 $(0,+\infty)$ 上是减函数，$0<1.8<2.1$，所以 $\log_{0.5}1.8>\log_{0.5}2.1$.

(3) 因为函数 $y=\log_7 x$，$y=\log_6 x$ 在区间 $(0,+\infty)$ 上是增函数，所以 $\log_7 5<\log_7 7=1$，$\log_6 7>\log_6 6=1$，所以 $\log_7 5<\log_6 7$.

8. 解：

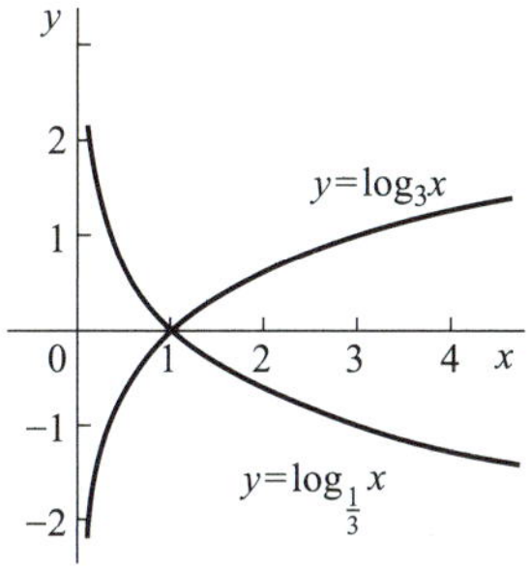

相同点为两图像都位于 y 轴的右侧，都经过点 $(1,0)$，说明两函数的定义域都是 $(0,+\infty)$，两函数的值域都是 **R**.

不同点为 $y=\log_3 x$ 的图像是上升曲线，$y=\log_{\frac{1}{3}}x$ 的图像是下降曲线，说明前者在定义域 $(0,+\infty)$ 上是增函数，后者在定义域 $(0,+\infty)$ 上是减函数.

由于 $\log_{\frac{1}{3}}x=-\log_3 x$，所以两函数图像关于 x 轴对称.

章复习题

1. A　提示：根据函数定义，对于每一个自变量都有唯一确定的函数值与之对应，A 选项中存在一个自变量对应两个函数值，所以 A 不是函数图像. 故选 A.

2. A　提示：把对数式 $\log_3 0.81=x$ 化成指数式，为 $3^x=0.81$. 故选 A.

3. B　提示：因为函数 $y=-x^2+8x(0\leqslant x\leqslant 5)$ 的对称轴为 $x=4$，则当 $x=4$ 时，$y_{\max}=-4^2+4\times 8=16$；当 $x=0$ 时，$y_{\min}=0$，即 $y\in[0,16]$. 故选 B.

4. B　提示：由题可知 $\begin{cases}2x-3\geqslant 0,\\ x-3\neq 0,\end{cases}$ 解得 $x\geqslant\frac{3}{2}$ 且 $x\neq 3$，所以函数 $y=\sqrt{2x-3}+\frac{1}{x-3}$ 的定义域为 $\left[\frac{3}{2},3\right)\cup(3,+\infty)$. 故选 B.

5. C　提示：根据偶函数的图像性质可知，关于 y 轴对称的函数是偶函数. 故选 C.

6. D　提示：因为 $f(x)=(a-2)x^3$ 是幂函数，所以 $a-2=1$，解得 $a=3$. 故选 D.

7. B　提示：由 $f(x+2)=f(x)$ 可知，函数 $f(x)$ 的周期为 2，当 $x\in[-1,1]$ 时，$f(x)=x^2+1$，有 $f(2020.5)=f\left(2020+\frac{1}{2}\right)=f\left(\frac{1}{2}\right)=\frac{1}{4}+1=\frac{5}{4}$. 故选 B.

8. C　提示：令 $x=1$，则 $y=a^{1-1}+4=5$，故函数过定点（1，5）. 故选 C.

9. $(-2,\ -1]$　提示：由二次函数的性质可知 $y=x^2+2x-3$ 的对称轴为 $x=-1$，开口向上，所以其单调区间为 $(-2,\ -1]$. 故答案为 $(-2,\ -1]$.

10. $y=2^x$　提示：设 $y=\log_2 x$，则 $x=2^y$，所以函数 $f(x)=\log_2 x$ 的反函数为 $y=2^x$. 故答案为 $y=2^x$.

11. $\left[\frac{1}{12},\ 144\right]$　提示：由 $12>1$ 可知，指数函数 $f(x)=12^x$ 在区间 $[-1,\ 2]$ 上单调递增，又 $f(-1)=12^{-1}=\frac{1}{12}$，$f(2)=12^2=144$，则函数 $y=12^x$，$x\in[-1,\ 2]$ 的值域为 $\left[\frac{1}{12},\ 144\right]$. 故答案为 $\left[\frac{1}{12},\ 144\right]$.

12. $\pi-1$　提示：$\sqrt{(\pi-3.1)^2}+2.1=\pi-3.1+2.1=\pi-1$. 故答案为 $\pi-1$.

13. 2　提示：因为 $\left(\frac{1}{4}\right)^0=1$，$\log_2 2=1$，所以原式 $=1+1=2$. 故答案为 2.

14. $\frac{9}{4}$　提示：因为 $\log_a 3=m$，$\log_a 4=n$，则 $a^m=3$，$a^n=4$，$a^{2m-n}=\frac{a^{2m}}{a^n}=\frac{(a^m)^2}{a^n}=\frac{3^2}{4}=\frac{9}{4}$. 故答案为 $\frac{9}{4}$.

15. （1）3. （2）$\frac{19}{6}$.

提示：（1）$\lg\frac{5}{2}+2\lg 2+\log_2 5\times\log_5 4=\lg\frac{5}{2}+\lg 2^2+\log_2 5\times\log_5 2^2=\lg\left(\frac{5}{2}\times 4\right)+2\log_2 5\times\log_5 2=\lg 10+2=1+2=3$.

（2）$\left(\frac{1}{2}\right)^{-1}-4\times(-2)^{-3}+\left(\frac{1}{4}\right)^0-9^{-\frac{1}{2}}=2-4\times\left(-\frac{1}{8}\right)+1-(3^2)^{-\frac{1}{2}}=2+\frac{1}{2}+1-\frac{1}{3}=\frac{19}{6}$.

16. （1）$f(1)=2$，$g(1)=\frac{1}{3}$.

（2）$f(g(1))=-\frac{2}{3}$，$g(f(1))=\frac{1}{4}$.

解：（1）因为 $f(x)=3x^2-1$，所以 $f(1)=3\times 1^2-1=2$.

因为 $g(x)=\frac{1}{x+2}$，所以 $g(1)=\frac{1}{1+2}=\frac{1}{3}$.

（2）由（1）知 $f(g(1))=f\left(\frac{1}{3}\right)=3\times\left(\frac{1}{3}\right)^2-1=-\frac{2}{3}$，$g(f(1))=g(2)=\frac{1}{2+2}=\frac{1}{4}$.

17. （1）$(-1,\ +\infty)$. （2）$[0,\ +\infty)$.

解：（1）由 $x+1>0$，解得 $x>-1$，定义域为 $(-1,\ +\infty)$.

（2）$f(x)=\ln(x+1)$ 在定义域上是增函数，所以 $\ln(x+1)\geqslant 0=\ln(0+1)$，所以 $x\geqslant 0$. 综上，$f(x)$ 的定义域为 $(-1,\ +\infty)$，$\ln(x+1)\geqslant 0$ 时 x 的取值范围是 $[0,\ +\infty)$.

18. （1）50 元.（2）55 元，450 元.

解：（1）设每件售价应定为 $x(40<x<60)$（单位：元），则每件的销售利润为 $(x-40)$ 元，日销售量为 $20+\frac{60-x}{5}\times10=(140-2x)$ 件，依题意，可知 $(x-40)(140-2x)=(60-40)\times20$，即 $x^2-110x+3000=0$，

解得：$x_1=50$，$x_2=60$（不合题意，舍去）.

答：每件售价应定为 50 元.

（2）设每天的销售利润为 w（单位：元）．依题意，可知 $w=(x-40)(140-2x)$，

即 $w=-2x^2+220x-5600$，化成顶点式为 $w=-2(x-55)^2+450$，

即当 $x=55$ 时，每天的销售利润最大，最大利润是 450 元.

第 3 章

巩固练习 3.1

1. B　提示：直角不属于任何一个象限，故 A 不正确；钝角是大于 90°小于 180°的角，是第二象限角，故 B 正确；由于 120°是第二象限角，390°是第一象限角，120°<390°，故 C 不正确；由于零角和负角也小于 180°，故 D 不正确．故选 B.

2. A　提示：略.

3. A　提示：略.

4. D　提示：设扇形的半径为 r，所对弧长为 l，则有 $\begin{cases}2r+l=4,\\ \frac{1}{2}lr=1,\end{cases}$ 解得 $\begin{cases}r=1,\\ l=2.\end{cases}$ 故 $\alpha=\frac{l}{r}=2.$

5. （1）四；（2）三；（3）二；（4）三　提示：略.

6. $\beta<\theta<\alpha<\gamma$　提示：因为 $\theta=55°=55\times\frac{\pi}{180}=\frac{11\pi}{36}$，$\beta=\frac{54\pi}{180}$，$\theta=\frac{55\pi}{180}$，$\alpha=\frac{56\pi}{180}$，$\gamma=1$，所以 $\beta<\theta<\alpha<\gamma$.

7. $\alpha=\frac{56\pi}{45}+2k\pi$，$\alpha$ 是第三象限角.

提示：略

8. 4 cm^2.

提示：由题可知 $\begin{cases}l+2r=8,\\ l=2r,\end{cases}$ 解得 $\begin{cases}l=4,\\ r=2,\end{cases}$ 所以 $S=\frac{1}{2}lr=4\ cm^2$.

巩固练习 3.2

1. C　提示：$\tan\left(-\frac{\pi}{3}\right)=-\sqrt{3}=\frac{m}{\sqrt{2}}$，解得 $m=-\sqrt{6}$．故选 C.

2. B　提示：略

3. B　提示：因为$\frac{\pi}{2}<3<\pi$，所以α是第二象限角，则$\sin\alpha>0$，$\sec\alpha<0$. 故选B.

4. C　提示：由$|OP|^2=\frac{1}{4}+y^2=1$得$y^2=\frac{3}{4}$，$\sin\alpha\tan\alpha=\frac{\sin\alpha^2}{\cos\alpha}=\frac{y^2}{-\frac{1}{2}}=-\frac{3}{2}$. 故选C.

5. （1）$-\frac{\sqrt{3}}{2}$；（2）$-\frac{\sqrt{3}}{2}$；（3）$\sqrt{3}$；（4）$-\frac{\sqrt{3}}{3}$；（5）$\sqrt{2}$；（6）$-\frac{2\sqrt{3}}{3}$　提示：略.

6. $\frac{3\sqrt{5}-10}{5}$　提示：$r=\sqrt{(-1)^2+2^2}=\sqrt{5}$，则$\sin\alpha=\frac{2}{\sqrt{5}}$，$\cos\alpha=\frac{-1}{\sqrt{5}}$，$\tan\alpha=\frac{2}{-1}=-2$，所以$\sin\alpha-\cos\alpha+\tan\alpha=\frac{3\sqrt{5}-10}{5}$.

7. （1）①，③；（2）①，④；（3）②，④；（4）②，③. 提示：由正割函数和余割定义即可求得.

8. 解：当$x=-3$时，$r=\sqrt{10}$，可得$y=\pm1$.

（1）当$y=1$时，$\sin\alpha=\frac{\sqrt{10}}{10}$，$\cos\alpha=-\frac{3\sqrt{10}}{10}$，$\tan\alpha=-\frac{1}{3}$.

（2）当$y=-1$时，$\sin\alpha=-\frac{\sqrt{10}}{10}$，$\cos\alpha=-\frac{3\sqrt{10}}{10}$，$\tan\alpha=\frac{1}{3}$.

巩固练习3.3

1. A　提示：因为$\sin\alpha=\frac{3}{5}$，且α为第二象限角，故$\tan\alpha=-\frac{3}{4}$，$\frac{\sin\alpha+\cos\alpha}{\sin\alpha-2\cos\alpha}=\frac{\tan\alpha+1}{\tan\alpha-2}=\frac{-\frac{3}{4}+1}{-\frac{3}{4}-2}=-\frac{1}{11}$. 故选A.

2. D　提示：因为$\sin\theta\cdot\cos\theta=-\frac{1}{8}<0$，$\theta\in(0,\pi)$，所以$\theta\in\left(\frac{\pi}{2},\pi\right)$，所以$\sin\theta>0$，$\cos\theta<0$，所以$\sin\theta-\cos\theta>0$. $(\sin\theta-\cos\theta)^2=1-2\sin\theta\cos\theta=1+\frac{1}{4}=\frac{5}{4}$，所以$\sin\theta-\cos\theta=\frac{\sqrt{5}}{2}$. 故选D.

3. B　提示：$(\sin\alpha+\cos\alpha)^2=1+2\sin\alpha\cos\alpha=1+2\times\left(-\frac{12}{25}\right)=\frac{1}{25}$，又$\alpha\in\left(-\frac{\pi}{4},0\right)$，所以$\sin\alpha+\cos\alpha>0$，所以$\sin\alpha+\cos\alpha=\frac{1}{5}$. 故选B.

4. A　提示：略

5. $-\sqrt{k^2+1}$　提示：因为$\tan\alpha=k$，α为钝角，且$\begin{cases}\frac{\sin\alpha}{\cos\alpha}=\tan\alpha,\\ \sin^2\alpha+\cos^2\alpha=1,\end{cases}$求得$\cos\alpha=-\frac{1}{\sqrt{k^2+1}}$，又因为$\sec\alpha=\frac{1}{\cos\alpha}$，所以$\sec\alpha=-\sqrt{k^2+1}$.

6. $-\frac{25}{12}$　提示：由 $\cos\theta+\sin\theta=\frac{1}{5}$得 $1+2\sin\theta\cos\theta=\frac{1}{25}$，即 $\sin\theta\cos\theta=-\frac{12}{25}$.

$\tan\theta+\frac{\cos\theta}{\sin\theta}=\frac{\sin\theta}{\cos\theta}+\frac{\cos\theta}{\sin\theta}=\frac{1}{\sin\theta\cos\theta}=-\frac{25}{12}$.

7. $-\frac{2\sqrt{5}}{5}$，$-\frac{\sqrt{5}}{5}$，$\frac{1}{2}$，$-\sqrt{5}$，$-\frac{\sqrt{5}}{2}$　提示：略

8. $\frac{6}{11}$　提示：由$\frac{2\sin\alpha+\cos\alpha}{3\cos\alpha-\sin\alpha}=5$ 得$\frac{2\tan\alpha+1}{3-\tan\alpha}=5$，解得 $\tan\alpha=2$.

$$\frac{4\cos\left(\alpha-\frac{\pi}{2}\right)-2\cos\alpha}{5\sin\left(\alpha-\frac{3\pi}{2}\right)+3\sin\alpha}=\frac{4\sin\alpha-2\cos\alpha}{5\cos\alpha+3\sin\alpha}=\frac{4\tan\alpha-2}{3\tan\alpha+5}=\frac{4\times2-2}{3\times2+5}=\frac{6}{11}.$$

巩固练习 3.4

1. A　提示：$\sin(\alpha-3\pi)=\sin(\alpha+\pi)=-\sin\alpha$，故 A 不正确；$\cos\left(\alpha-\frac{7\pi}{2}\right)=\cos\left(\alpha+\frac{\pi}{2}\right)=-\sin\alpha$，故 B 正确；$\tan(-\alpha-\pi)=\tan(-\alpha)=-\tan\alpha$，故 C 正确；$\sin\left(\frac{5\pi}{2}-\alpha\right)=\sin\left(\frac{\pi}{2}-\alpha\right)=\cos\alpha$，故 D 正确．故选 A.

2. C　提示：$\cos593°=\cos(360°+233°)=\cos233°=\cos(180°+53°)=-\cos53°=-\cos(90°-37°)=-\sin37°=-k$. 故选 C.

3. B　提示：由 $\cos\left(\frac{3\pi}{2}-\alpha\right)=-2\cos(\pi+\alpha)$ 得 $-\sin\alpha=2\cos\alpha$，则 $\tan\alpha=\frac{\sin\alpha}{\cos\alpha}=-2$. 故选 B.

4. D　提示：由 $\cos\left(\frac{\pi}{6}-\alpha\right)=\frac{\sqrt{3}}{3}$得 $\cos\left(\frac{5\pi}{6}+\alpha\right)=\cos\left[\pi-\left(\frac{\pi}{6}-\alpha\right)\right]=-\cos\left(\frac{\pi}{6}-\alpha\right)=-\frac{\sqrt{3}}{3}$，$\sin^2\left(\alpha-\frac{\pi}{6}\right)=\sin^2\left(\frac{\pi}{6}-\alpha\right)=1-\cos^2\left(\frac{\pi}{6}-\alpha\right)=1-\left(\frac{\sqrt{3}}{3}\right)^2=\frac{2}{3}$，所以原式 $=-\frac{\sqrt{3}}{3}-\frac{2}{3}=-\frac{2+\sqrt{3}}{3}$. 故选 D.

5. $\frac{\sqrt{3}}{2}$　提示：由 α 是锐角，得 $\cos(-\alpha)=\cos\alpha=\sqrt{1-\sin^2\alpha}=\frac{\sqrt{3}}{2}$.

6. 1　提示：原式 $=2\sin\left(\pi-\frac{\pi}{6}\right)+2\cos\left(\pi+\frac{\pi}{6}\right)+\tan\frac{\pi}{3}=2\sin\frac{\pi}{6}-2\cos\frac{\pi}{6}+\tan\frac{\pi}{3}=2\times\frac{1}{2}-2\times\frac{\sqrt{3}}{2}+\sqrt{3}=1$.

7. (1) 1，(2) $\frac{\sqrt{3}}{3}$

解：(1) $\frac{\sin(2\pi-\alpha)\ \cos(3\pi+\alpha)\ \cos\left(\frac{3\pi}{2}+\alpha\right)}{\sin(-\pi+\alpha)\ \sin(3\pi-\alpha)\ \cos(-\alpha-\pi)}=\frac{-\sin\alpha\ (-\cos\alpha)\ \sin\alpha}{-\sin\alpha\sin\alpha\ (-\cos\alpha)}=1$.

(2) $\frac{\tan315° + \tan570°}{\tan(-60°) - \tan675°} = \frac{\tan(360° - 45°) + \tan(540° + 30°)}{-\tan60° - \tan(720° - 45°)}$

$= \frac{-\tan45° + \tan30°}{-\tan60° + \tan45°} = \frac{-1 + \frac{\sqrt{3}}{3}}{-\sqrt{3} + 1} = \frac{\sqrt{3}}{3}.$

8. $\frac{1}{3}$

解：因为 $\sin\alpha + \cos\alpha = -\frac{\sqrt{3}}{3}$，所以 $(\sin\alpha + \cos\alpha)^2 = \left(-\frac{\sqrt{3}}{3}\right)^2$，即 $1 + 2\sin\alpha\cos\alpha = \frac{1}{3}$，所以 $\sin\alpha\cos\alpha = -\frac{1}{3}$，所以 $\sin\left(\frac{\pi}{2} + \alpha\right)\cos\left(\frac{3\pi}{2} - \alpha\right) = -\sin\alpha\cos\alpha = \frac{1}{3}$.

巩固练习 3.5

1. D　提示：$\tan\left(\alpha - \frac{\pi}{4}\right) = \frac{\tan\alpha - \tan\frac{\pi}{4}}{1 + \tan\alpha\tan\frac{\pi}{4}} = \frac{3-1}{1+3} = \frac{1}{2}$.

2. C　提示：由题意可得 $2\cos80° - \cos20° = 2\cos(60° + 20°) - \cos20° = 2\cos60°\cos20° - 2\sin60°\sin20° - \cos20° = \cos20° - \sqrt{3}\sin20° - \cos20° = -\sqrt{3}\sin20°$.

3. A　提示：

$\sin\frac{5\pi}{12}\cos\frac{5\pi}{12} = \frac{1}{2}\sin\frac{5\pi}{6} = \frac{1}{2}\sin\left(\pi - \frac{\pi}{6}\right) = \frac{1}{2}\sin\frac{\pi}{6} = \frac{1}{4}$.

4. B　提示：因为 $0 < \alpha < \frac{\pi}{2}$，$0 < \beta < \frac{\pi}{2}$，所以 $0 < \alpha + \beta < \pi$. 又因为 $\sin\alpha = \frac{3}{5}$，所以 $\cos\alpha = \sqrt{1 - \sin^2\alpha} = \frac{4}{5}$. 因为 $\cos(\alpha + \beta) = \frac{5}{13}$，所以 $\sin(\alpha + \beta) = \sqrt{1 - \cos^2(\alpha + \beta)} = \frac{12}{13}$，所以 $\cos\beta = \cos[(\alpha + \beta) - \alpha] = \cos(\alpha + \beta)\cos\alpha + \sin(\alpha + \beta)\sin\alpha = \frac{5}{13} \times \frac{4}{5} + \frac{12}{13} \times \frac{3}{5} = \frac{56}{65}$.

又因为 $0 < \frac{\beta}{2} < \frac{\pi}{4}$，所以 $\cos\frac{\beta}{2} = \sqrt{\frac{1 + \cos\beta}{2}} = \sqrt{\frac{121}{130}} = \frac{11\sqrt{130}}{130}$.

5. $\frac{1}{2}$或0.5

提示：$\sin\left(\frac{\pi}{6} - \alpha\right)\cos\alpha + \cos\left(\frac{\pi}{6} - \alpha\right)\sin\alpha = \sin\left[\left(\frac{\pi}{6} - \alpha\right) + \alpha\right] = \sin\frac{\pi}{6} = \frac{1}{2}$.

6. $\frac{1}{3}$或$\frac{1}{2}$提示：$\begin{cases}\sin\alpha + \cos\alpha = \frac{7}{5}, \\ \sin^2\alpha + \cos^2\alpha = 1\end{cases} \Rightarrow \begin{cases}\sin\alpha = \frac{4}{5}, \\ \cos\alpha = \frac{3}{5}\end{cases}$ 或 $\begin{cases}\sin\alpha = \frac{3}{5}, \\ \cos\alpha = \frac{4}{5},\end{cases}$ 所以 $\tan\frac{\alpha}{2} = \frac{\sin\frac{\alpha}{2}}{\cos\frac{\alpha}{2}} = \frac{\sin\alpha}{1 + \cos\alpha} = \frac{1}{2}$或$\frac{1}{3}$.

7. (1) $\cos\alpha = -\frac{4}{5}$，$\tan\alpha = -\frac{3}{4}$. (2) $\sin2\alpha = -\frac{24}{25}$，$\cos2\alpha = \frac{7}{25}$. (3) $\cos\left(\alpha - \frac{\pi}{3}\right) =$

$\frac{3\sqrt{3}-4}{10}$. 提示：略

8. $-\frac{56}{65}$

解：因为$\frac{\pi}{2}<\beta<\alpha<\frac{3\pi}{4}$，所以 $\pi<\alpha+\beta<\frac{3\pi}{2}$，$0<\alpha-\beta<\frac{\pi}{4}$.

所以 $\sin(\alpha-\beta)=\sqrt{1-\cos^2(\alpha-\beta)}=\sqrt{1-\left(\frac{12}{13}\right)^2}=\frac{5}{13}$. 所以 $\cos(\alpha+\beta)=-\sqrt{1-\sin^2(\alpha+\beta)}=-\sqrt{1-\left(-\frac{3}{5}\right)^2}=-\frac{4}{5}$.

则 $\sin2\alpha=\sin[(\alpha+\beta)+(\alpha-\beta)]=\sin(\alpha+\beta)\cos(\alpha-\beta)+\cos(\alpha+\beta)\sin(\alpha-\beta)=\left(-\frac{3}{5}\right)\times\frac{12}{13}+\left(-\frac{4}{5}\right)\times\frac{5}{13}=-\frac{56}{65}$.

巩固练习 3.6

1. B　提示：令 $2x$ 分别等于 0，$\frac{\pi}{2}$，π，$\frac{3\pi}{2}$，2π 时，得横坐标 $x=0$，$\frac{\pi}{4}$，$\frac{\pi}{2}$，$\frac{3\pi}{4}$，π. 故选 B.

2. C　提示：对 A，由余弦函数的周期 $T=2\pi$，则区间 $[0,2\pi]$ 和 $[4\pi,2\pi]$ 相差 4π，故图像形状相同，只是位置不同，A 正确；对 B，由余弦函数的值域为 $[-1,1]$，可知其图像介于直线 $y=1$ 与直线 $y=-1$ 之间，B 正确；由余弦函数的图像，可得 C 错误，D 正确. 故选 C.

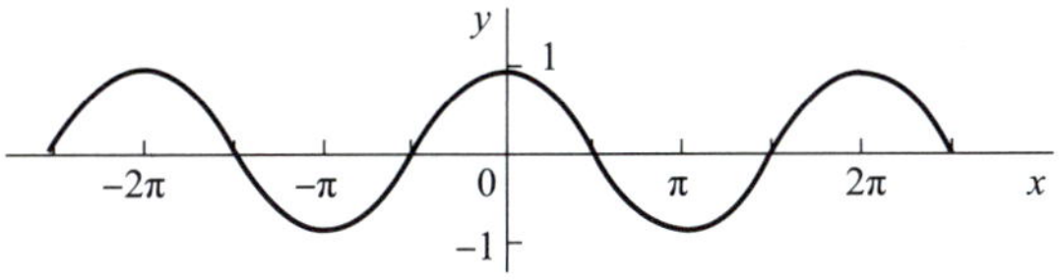

巩固练习 3.6 题 2 图

3. C　提示：由题意得 $\sin47°=\sin(90°-43°)=\cos43°$，所以 $b>a>c$. 故选 C.

4. B　提示：结合 $y=\sin x$ 图像可以求得 $x\in\left(\frac{\pi}{3},\frac{2\pi}{3}\right)$.

5. $\frac{\sqrt{3}}{2}$　提示：略.

6. 3　提示：画出函数 $y=\sin x$ 和 $y=\lg x$ 的图像，结合图像易知这两个函数的图像有 3 个交点. 故方程有 3 个解.

7. $a=\frac{1}{2}$，$b=1$　提示：根据题意知 $y=a-b\cos x(b>0)$，所以$\frac{3}{2}=a+b$，$-\frac{1}{2}=a-b$，解得 $a=\frac{1}{2}$，$b=1$.

8. 解：(1) 该图像与 $y=\sin x$ 的图像关于 x 轴对称，故将 $y=\sin x$ 的图像作关于 x 轴对称的图像即可得到 $y=-\sin x$ 的图像.

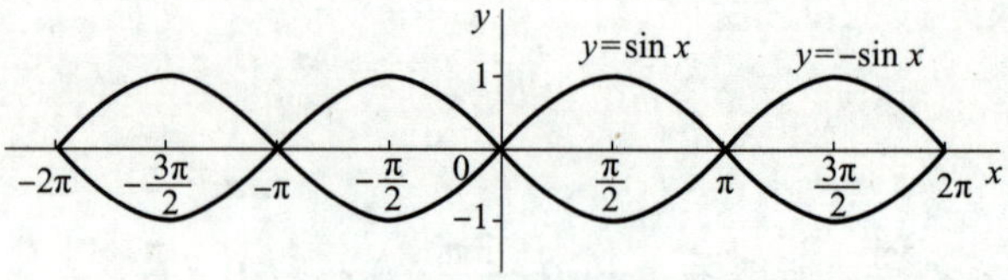

巩固练习 3.6 题 8 图 -1

（2）$y=|\sin x|=\begin{cases}\sin x, & -2\pi\leqslant x\leqslant -\pi,\ 0\leqslant x\leqslant \pi,\\ -\sin x, & -\pi\leqslant x\leqslant 0,\ \pi\leqslant x\leqslant 2\pi,\end{cases}$将 $y=\sin x$ 的图像在 x 轴上方部分保持不变，下半部分作关于 x 轴对称的图形，即可得到 $y=|\sin x|$ 的图像.

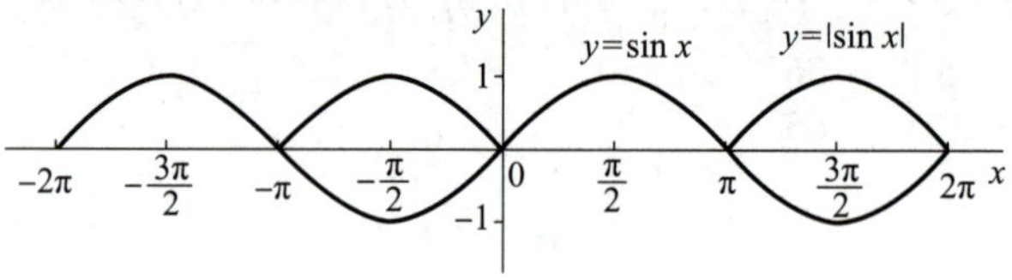

巩固练习 3.6 题 8 图 -2

（3）$y=\sin|x|=\begin{cases}\sin x, & x\geqslant 0,\\ -\sin x, & x<0,\end{cases}$将 $y=\sin x$ 的图像在 y 轴右边部分保持不变，并将其作关于 y 轴对称的图形，即可得到 $y=\sin|x|$ 的图像.

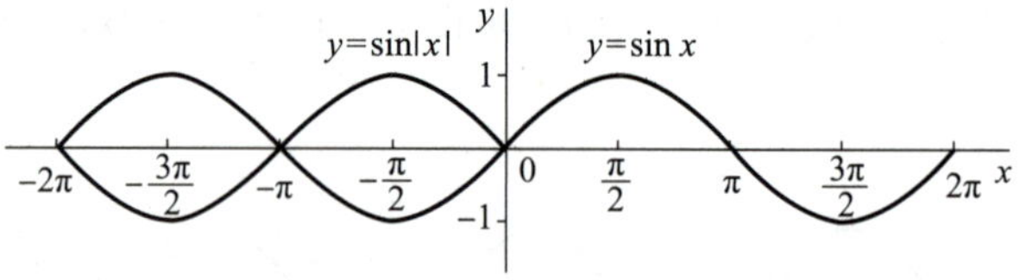

巩固练习 3.6 题 8 图 -3

巩固练习 3.7

1. C　提示：设 $t=5x$，则 $y=\tan t$ 的定义域为 $\left\{t\,|\,t\neq k\pi+\frac{\pi}{2},\ k\in\mathbf{Z}\right\}$.

由 $5x\neq k\pi+\frac{\pi}{2}$，得 $x\neq\frac{k\pi}{5}+\frac{\pi}{10}$，因此，函数的定义域为 $\left\{x\,|\,x\neq\frac{k\pi}{5}+\frac{\pi}{10},\ k\in\mathbf{Z}\right\}$. 故选 C.

2. B　提示：根据正切函数的性质可知 $y=\tan x$ 在 $\left(-\frac{\pi}{4},\ \frac{\pi}{4}\right)$ 上单调递增，当 $x=-\frac{\pi}{4}$ 时，$y=\tan\frac{2}{4}=1$；当 $x=\frac{\pi}{4}$ 时，$y=\tan\frac{\pi}{4}=1$. 因为 $\tan x\neq 0$，由 $y=\frac{1}{x}$ 在（$-\infty$，0）或（0，$+\infty$）上单调递减可得，当 $-1<\tan x<0$ 时，$\frac{1}{\tan x}<-1$；当 $0<\tan x<1$ 时，$\frac{1}{\tan x}>1$. 所以函数 $y=\frac{1}{\tan x}\left(-\frac{\pi}{4}<x<\frac{\pi}{4}，且 x\neq 0\right)$ 的值域是 $(-\infty,\ -1)\cup(1,\ +\infty)$. 故选 B.

3. A　提示：因为 $f(x)=\frac{\tan x}{2-\cos x}$，$f(-x)=\frac{\tan(-x)}{2-\cos(-x)}=\frac{-\tan x}{2-\cos x}=-f(x)$，所以函数

$f(x)=\frac{\tan x}{2-\cos x}$是奇函数．故选 A.

4. C　提示：因为 $-1\leqslant\sin x\leqslant 1$，所以 $-\frac{\pi}{2}<-1\leqslant\sin x\leqslant 1<\frac{\pi}{2}$. 因为 $y=\tan x$ 在 $\left(-\frac{\pi}{2},\ \frac{\pi}{2}\right)$上是递增的，所以 $y\in[-\tan 1,\ \tan 1]$．故选 C.

5. $[-4,\ 4]$　提示：因为 $-\frac{\pi}{4}\leqslant x\leqslant\frac{\pi}{4}$，所以 $-1\leqslant\tan x\leqslant 1$.

令 $\tan x=t$，则 $t\in[-1,\ 1]$，

所以 $y=-t^2+4t+1=-(t-2)^2+5$.

所以当 $t=-1$，即 $x=-\frac{\pi}{4}$ 时，$y_{\min}=-4$，当 $t=1$，即 $x=\frac{\pi}{4}$ 时，$y_{\max}=4$. 故所求函数的值域为 $[-4,\ 4]$．

6. （1）$\tan 167°<\tan 173°$. （2）$\tan\left(-\frac{11\pi}{4}\right)<\tan\left(-\frac{13\pi}{5}\right)$.

解：（1）因为$167°<173°$，且函数 $y=\tan x$ 在每一个区间$\left(-\frac{\pi}{2}+2k\pi,\ \frac{\pi}{2}+2k\pi\right)$（$k\in\mathbf{Z}$）上都单调递增，所以 $\tan 167°<\tan 173°$.

（2）因为 $\tan\left(-\frac{11\pi}{4}\right)=\tan\left(-\frac{3\pi}{4}\right)$，$\tan\left(-\frac{13\pi}{5}\right)=\tan\left(-\frac{3\pi}{5}\right)$，又因为 $-\frac{3\pi}{2}<-\frac{3\pi}{4}<-\frac{3\pi}{5}<-\frac{\pi}{2}$，函数 $y=\tan x$，$x\in\left(-\frac{3\pi}{2},\ -\frac{\pi}{2}\right)$是增函数，所以 $\tan\left(-\frac{11\pi}{4}\right)<\tan\left(-\frac{13\pi}{5}\right)$.

7. $a=-7$ 或 $a=7$

解：设 $t=\tan x$，因为 $|x|\leqslant\frac{\pi}{4}$，所以 $t\in[-1,\ 1]$．

则原函数简化为 $y=t^2-at=\left(t-\frac{a}{2}\right)^2-\frac{a^2}{4}$，对称轴 $t=\frac{a}{2}$.

①若 $-1\leqslant\frac{a}{2}\leqslant 1$，即 $-2\leqslant a\leqslant 2$，则当 $t=\frac{a}{2}$时，$y_{\min}=-\frac{a^2}{4}=-6$，所以 $a^2=24$（舍去）．

②若$\frac{a}{2}<-1$，即 $a<-2$ 时，二次函数在 $[-1,\ 1]$ 上递增．

$y_{\min}=\left(-1-\frac{a}{2}\right)^2-\frac{a^2}{4}=1+a=-6$，所以 $a=-7$.

③若$\frac{a}{2}>1$，即 $a>2$ 时，二次函数在 $[-1,\ 1]$ 上递减．

$y_{\min}=\left(1-\frac{a}{2}\right)^2-\frac{a^2}{4}=1-a=-6$，所以 $a=7$.

综上所述，$a=-7$ 或 $a=7$.

8. （1）定义域$\left\{x\mid x\neq\frac{5\pi}{3}+2k\pi,\ k\in\mathbf{Z}\right\}$，最小正周期 $T=2\pi$.

（2）$\left\{x\mid\frac{\pi}{6}+2k\pi\leqslant x\leqslant\frac{4\pi}{3}+2k\pi,\ k\in\mathbf{Z}\right\}$.

解：(1) 函数$f(x)=\tan\left(\frac{x}{2}-\frac{\pi}{3}\right)$的定义域满足函数$\frac{x}{2}-\frac{\pi}{3}\neq\frac{\pi}{2}+k\pi$，$k\in\mathbf{Z}$，所以$x\neq\frac{5\pi}{3}+2k\pi$，$k\in\mathbf{Z}$，所以函数的定义域为$\left\{x \mid x\neq\frac{5\pi}{3}+2k\pi,\ k\in\mathbf{Z}\right\}$，最小正周期$T=\frac{\pi}{\frac{1}{2}}=2\pi$.

(2) 由不等式$-1\leqslant f(x)\leqslant\sqrt{3}$，则$-\frac{\pi}{4}+k\pi\leqslant\frac{x}{2}-\frac{\pi}{3}\leqslant\frac{\pi}{3}+k\pi$，$k\in\mathbf{Z}$，解得$\frac{\pi}{6}+2k\pi\leqslant x\leqslant\frac{4\pi}{3}+2k\pi$，$k\in\mathbf{Z}$，所以不等式的解集为$\left\{x \mid \frac{\pi}{6}+2k\pi\leqslant x\leqslant\frac{4\pi}{3}+2k\pi,\ k\in\mathbf{Z}\right\}$.

巩固练习 3.8

1. A　提示：正弦型函数$y=A\sin(\omega x+\varphi)$周期$T=\frac{2\pi}{\omega}$，则$y=5\sin\left(\frac{x}{2}-\frac{\pi}{6}\right)$的周期$T=\frac{2\pi}{\frac{1}{2}}=4\pi$，振幅为5. 故选A.

2. A　提示：φ使正弦函数的图像发生平移，$y=\sin\left(x-\frac{\pi}{3}\right)$向左平移$\frac{\pi}{3}$得到$y=\sin x$. 故选A.

3. A　提示:逆推，把$y=\sin\left(x+\frac{\pi}{4}\right)$向左平移$\frac{\pi}{2}$个单位得$y=\sin\left[\left(x+\frac{\pi}{4}\right)+\frac{\pi}{2}\right]=\sin\left(x+\frac{3\pi}{4}\right)$. 故选A.

4. C　提示：根据性质(1)最小正周期是π，可以排除选项A；根据性质(2)图像关于直线$x=\frac{\pi}{3}$对称，可以排除选项D；根据性质(3)在$\left[-\frac{\pi}{6},\frac{\pi}{3}\right]$上是增函数，可以排除选项B. 故选C.

5. 右，$\frac{\pi}{4}$　提示：$y=\sin\left(2x+\frac{\pi}{4}\right)$的图像向右平移$\frac{\pi}{4}$个单位，得到函数$y=\sin\left(2x-\frac{\pi}{4}\right)$的图像.

6. $y=2\sin\left(2x+\frac{\pi}{3}\right)$

提示：由图知$A=2$，$T=\pi$，则$\omega=2$，$y=2\sin(2x+\varphi)$，把点$\left(-\frac{\pi}{6},0\right)$代入$y=2\sin(2x+\varphi)$得$-\frac{\pi}{12}+\varphi=2k\pi$，$k\in\mathbf{Z}$.

因为$|\varphi|<\frac{\pi}{2}$，所以$\varphi=\frac{\pi}{3}$.

综上所述，$y=2\sin\left(2x+\frac{\pi}{3}\right)$.

7. $y=2\sin\left(3x-\frac{2\pi}{3}\right)$或$y=2\sin\left(3x+\frac{\pi}{3}\right)$

解：由题知$A=2$，$\omega=3$，则$y=2\sin(3x+\varphi)$.

因为图像经过点$\left(\frac{5\pi}{9},\ 0\right)$，得$\frac{5\pi}{3}+\varphi=k\pi$，$k\in\mathbf{Z}$.

所以$\varphi=-\frac{5\pi}{3}+k\pi$，$k\in\mathbf{Z}$.

因为$|\varphi|<\pi$，得$\varphi=-\frac{2\pi}{3}$或$\varphi=\frac{\pi}{3}$，所以函数的解析式为$y=2\sin\left(3x-\frac{2\pi}{3}\right)$或$y=2\sin\left(3x+\frac{\pi}{3}\right)$.

8.（1）$A=4$，$\omega=\frac{\pi}{20}$，$\varphi=-\frac{\pi}{6}$，$K=2$.（2）13.33 s.

解：因为筒车按逆时针方向每分钟转 1.5 圈，所以$T=\frac{60}{1.5}=40$，则$\omega=\frac{2\pi}{T}=\frac{\pi}{20}$. 振幅$A$为筒车的半径，即$A=4$，$K=\frac{4+2+2-4}{2}=2$.

由题意，$t=0$时，$d=0$，所以$0=4\sin\varphi+2$，即$\sin\varphi=-\frac{1}{2}$.

因为$-\frac{\pi}{2}<\varphi<\frac{\pi}{2}$，所以$\varphi=-\frac{\pi}{6}$，则$d=4\sin\left(\frac{\pi}{20}t-\frac{\pi}{6}\right)+2$.

（2）由$d=6$，得$6=4\sin\left(\frac{\pi}{20}t-\frac{\pi}{6}\right)+2$，所以$\sin\left(\frac{\pi}{20}t-\frac{\pi}{6}\right)=1$，所以$\frac{\pi}{20}t-\frac{\pi}{6}=\frac{\pi}{2}+2k\pi$，$k\in\mathbf{Z}$. 所以，当$k=0$时，$t$取最小值为$\frac{40}{3}$，即$t\approx 13.33$ s.

巩固练习 3.9

1. D　提示：(1) 变区间，x的取值范围$[\pi,\ 2\pi]$不包括反余弦函数的值域，且这个区间所在的象限与反余弦函数的值域所在的象限不相交，我们总可以选取适当的整数k，使$k\pi\pm x$所在的区间包含于这个值域．本题的区间变化是$\pi\leqslant x\leqslant 2\pi$，变区间为$0\leqslant x-\pi\leqslant\pi$. (2) 用诱导公式，$y=\cos x=-\cos(x-\pi)$．(3) 取反余弦，$\arccos y=\arccos[-\cos(x-\pi)]=\pi-(x-\pi)$，所以$x=2\pi-\arccos y$，故$y=2\pi-\arccos x$，$x\in[-1,\ 1]$为所求．故选 D. 以上解题程序我们可以将其简记为“先变区间，后用诱导，再取反三角”.

2. A　提示：由$-1\leqslant 5-2x\leqslant 1$，则$x\in[2,\ 3]$. $\arcsin(5-2x)\in\left[-\frac{\pi}{2},\ \frac{\pi}{2}\right]$，则$y\in[-\pi,\ \pi]$．故选 A.

3. B　提示：A 中虽然$y=\arccos(\cos x)=x$，但$\cos x$此时大于 0，由反三角函数得值域$[0,\ \pi]$，与$y=x$不相同；B 显然正确；C，D 的值域最大是$[-1,\ 1]$，在$\left[-1,\ \frac{3}{2}\right]$上函数$y=x$的值域是$\left[-1,\ \frac{3}{2}\right]$，所以也不可能．故选 B.

4. B

提示：令$a=\arccos\left(-\frac{3}{5}\right)$，所以$\cos\alpha=-\frac{3}{5}$，$\alpha\in\left[\frac{\pi}{2},\ \pi\right]$. 所以$\sin\alpha=\frac{4}{5}$.

令 $\beta=\arcsin\left(-\frac{5}{13}\right)$，$\alpha\in\left[-\frac{\pi}{2},\ 0\right]$，所以 $\cos\beta=\frac{12}{13}$，

所以 $\cos\left[\arccos\left(-\frac{3}{5}\right)+\arcsin\left(-\frac{5}{13}\right)\right]=\cos(\alpha+\beta)=\cos\alpha\cos\beta-\sin\alpha\sin\beta=-\frac{16}{65}$. 故选 B.

5. 定义域为 $\{x\mid x\leqslant-1$ 或 $x\geqslant1\}$，值域为 $\left[-\frac{\pi}{6},\ 0\right)\cup\left(0,\ \frac{\pi}{6}\right]$

提示：由函数 $y=\frac{1}{3}\arcsin\frac{1}{x}$，可得 $-1\leqslant\frac{1}{x}\leqslant1$，求得 $x\leqslant-1$ 或 $x\geqslant1$，故函数的定义域为 $\{x\mid x\leqslant-1$ 或 $x\geqslant1\}$. 由 $-1\leqslant\frac{1}{x}\leqslant1$，且 $\frac{1}{x}\neq0$，求得 $\arcsin\frac{1}{x}\in\left[-\frac{\pi}{2},\ \frac{\pi}{2}\right]$，且 $\arcsin\frac{1}{x}\neq0$，故函数的值域为 $\left[-\frac{\pi}{6},\ 0\right)\cup\left(0,\ \frac{\pi}{6}\right]$.

6. (1)(3)(4)

提示：(1) $\arcsin\left(-\frac{1}{2}\right)=-\frac{\pi}{6}$，$-\arcsin\frac{1}{2}=-\frac{\pi}{6}$，所以 $\arcsin\left(-\frac{1}{2}\right)=-\arcsin\frac{1}{2}$.

(2) $\arccos\left(-\frac{\sqrt{2}}{2}\right)=\frac{3\pi}{4}$，$-\arccos\frac{\sqrt{2}}{2}=-\frac{\pi}{4}$，所以 $\arccos\left(-\frac{\sqrt{2}}{2}\right)\neq-\arccos\frac{\sqrt{2}}{2}$.

(3) $\arctan(-1)=-\frac{\pi}{4}$，$-\arctan1=-\frac{\pi}{4}$，所以 $\arctan(-1)=-\arctan1$.

(4) 因为 $\sin\frac{\pi}{2}=1$，且 $\frac{\pi}{2}\in\left[-\frac{\pi}{2},\ \frac{\pi}{2}\right]$，所以 $\arcsin1=\frac{\pi}{2}$.

(5) 因为 $\cos0=1$，且 $0\in[0,\ \pi]$，所以 $\arccos0=1$.

(6) 因为 $\tan\frac{\pi}{3}=\sqrt{3}$，所以 $\arctan\sqrt{3}=\frac{\pi}{3}$，又因为 $\arctan(-\sqrt{3})=-\arctan\sqrt{3}$，$-\frac{\pi}{3}\in\left[-\frac{\pi}{2},\ \frac{\pi}{2}\right]$，所以 $\arctan(-\sqrt{3})=-\frac{\pi}{3}$.

7. (1)$\frac{\sqrt{7}}{3}$，(2)$2+\sqrt{3}$，(3)$\frac{4}{5}$，(4)$\frac{33}{65}$

解：(1) 设 $x=\arccos\left(-\frac{\sqrt{2}}{3}\right)$，则 $\cos x=-\frac{\sqrt{2}}{3}$ 且 $x\in\left[\frac{\pi}{2},\ \pi\right]$，则 $\sin x=\frac{\sqrt{7}}{3}$.

(2) $\tan\left(\frac{3\pi}{4}-\frac{\pi}{3}\right)=\frac{-1-\sqrt{3}}{1-\sqrt{3}}=\frac{(\sqrt{3}+1)^2}{2}=2+\sqrt{3}$.

(3) 设 $x=\arccos\frac{3}{5}$，则 $\cos x=\frac{3}{5}$ 且 $x\in\left[0,\ \frac{\pi}{2}\right]$，则 $\cos^2\frac{x}{2}=\frac{1+\cos x}{2}=\frac{4}{5}$.

(4) 设 $\alpha=\arctan\frac{12}{5}$，$\beta=\arcsin\frac{3}{5}$，则 $\tan\alpha=\frac{12}{5}$，$\sin\beta=\frac{3}{5}$，且 α，$\beta\in\left(0,\ \frac{\pi}{2}\right)$，则 $\sin\left[\arctan\frac{12}{5}-\arcsin\frac{3}{5}\right]=\sin(\alpha-\beta)=\frac{12}{13}\times\frac{4}{5}-\frac{5}{13}\times\frac{3}{5}=\frac{33}{65}$.

8.

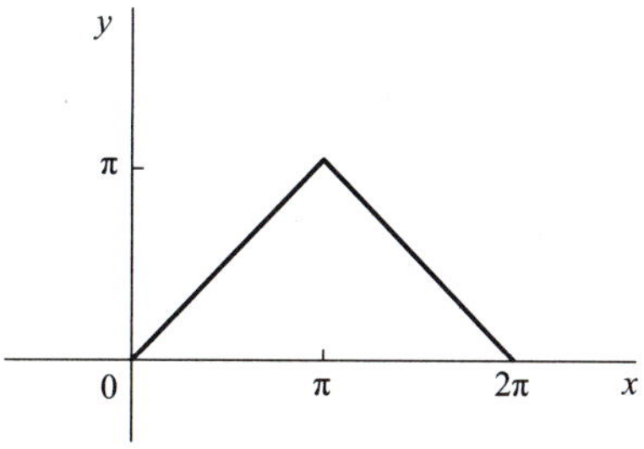

解：因为 $\arccos(\cos x)=\begin{cases}x, & x\in[0,\ \pi],\\ 2\pi-x, & x\in[\pi,\ 2\pi],\end{cases}$ 所以 $y=\begin{cases}x, & x\in[0,\ \pi],\\ 2\pi-x, & x\in[\pi,\ 2\pi].\end{cases}$

章复习题

1. D　提示：由已知 $\sin\left(\frac{\pi}{2}+\alpha\right)=\frac{3}{5}$，得 $\cos\alpha=\frac{3}{5}$，因为 $\alpha\in\left(0,\ \frac{\pi}{2}\right)$，所以 $\sin\alpha=\frac{4}{5}$，所以 $\sin(\pi+\alpha)=-\sin\alpha=-\frac{4}{5}$. 故选 D.

2. B

提示：$\frac{\sqrt{3}-\sqrt{3}\tan 15^\circ}{1+\tan 15^\circ}=\sqrt{3}\times\frac{1-\tan 15^\circ}{1+\tan 15^\circ}=\sqrt{3}\times\frac{\tan 45^\circ-\tan 15^\circ}{1+\tan 45^\circ\times\tan 15^\circ}=\sqrt{3}\tan(45^\circ-15^\circ)=1$. 故选 B.

3. D

提示：设扇形的半径为 r，所对弧长为 l，则有 $\begin{cases}2r+l=4,\\ \frac{1}{2}lr=1,\end{cases}$ 解得 $\begin{cases}r=1,\\ l=2,\end{cases}$ 故 $\alpha=\frac{l}{r}=2$. 故选 D.

4. D　提示：$2\times\frac{\pi}{3}-\frac{\pi}{3}=\frac{\pi}{3}\neq\frac{\pi}{2}+k\pi$，$k\in\mathbf{Z}$，故 A 错误；$2\times\frac{\pi}{6}-\frac{\pi}{3}=0\neq\frac{\pi}{2}+k\pi$，$k\in\mathbf{Z}$，故 B 错误；$2\times\frac{\pi}{3}-\frac{\pi}{3}=\frac{\pi}{3}\neq k\pi$，$k\in\mathbf{Z}$，故 C 错误；$2\times\frac{\pi}{6}-\frac{\pi}{3}=0=k\pi$，此时 $k=0$，故 D 正确. 故选 D.

5. B　提示：$y=\sin x$ 的图像横坐标变为原来的 $\frac{1}{2}$，再向左平移 $\frac{\pi}{8}$ 个单位，得 $y=\sin\left[2\left(x+\frac{\pi}{8}\right)\right]=\sin\left(2x+\frac{\pi}{4}\right)$ 的图像，故 B 正确. 故选 B.

6. B　提示：函数 $y=\frac{\pi}{2}-\arcsin 3x\ \left(x\in\left[-\frac{1}{3},\ \frac{1}{3}\right]\right)$，$\arcsin 3x=\frac{\pi}{2}-y$，$x=\frac{1}{3}\sin\left(\frac{\pi}{2}-y\right)=\frac{1}{3}\cos y$，所以反函数是 $y=\frac{1}{3}\cos x(x\in[0,\ \pi])$. 故选 B.

7. A　提示：对于 A，因为 $y=\arcsin x$ 的定义域为 $[-1,\ 1]$，所以 $\arcsin\sqrt{2}$ 无意义，故

A 错误；对于 B，因为 $y=\arccos x$ 在$[-1, 1]$上单调递减，且 $-\frac{\sqrt{2}}{2}<\frac{\sqrt{2}}{2}$，所以$\arccos\left(-\frac{\sqrt{2}}{2}\right)>\arccos\frac{\sqrt{2}}{2}$，故 B 正确；对于 C，因为 $y=\arctan x$ 在 $\mathbf{R}$ 上单调递增，且 $-\frac{\sqrt{2}}{2}>-\sqrt{2}$，所以 $\arctan\left(-\frac{\sqrt{2}}{2}\right)>\arctan(-\sqrt{2})$，故 C 正确；对于 D，因为 $y=\operatorname{arccot} x$ 在 $\mathbf{R}$ 上单调递减，且$\frac{\sqrt{2}}{2}<\sqrt{2}$，所以 $\operatorname{arccot}\frac{\sqrt{2}}{2}>\operatorname{arccot}\sqrt{2}$，故 D 正确．故选 A.

8. A　提示：因为角 α 的终边经过点$(\sin 60°, \cos 120°)$，即角 α 的终边过点$\left(\frac{\sqrt{3}}{3}, -\frac{1}{2}\right)$，所以 $\tan\alpha=-\frac{\sqrt{3}}{3}$，所以 $\tan\alpha=\frac{2\tan\alpha}{1-\tan^2\alpha}=-\sqrt{3}$. 故选 A.

9. 1　提示：因为 $1°=\frac{\pi}{180}$ rad，所以$\frac{180°}{\pi}=\frac{180}{\pi}\times\frac{\pi}{180}=1$ rad，故答案为 1.

10. $[0, 2]$　提示：由题知 $-1\leqslant x-1\leqslant 1$，所以 $0\leqslant x\leqslant 2$，故函数 $y=\arccos(x-1)$的定义域是$[0, 2]$.

11. $\frac{\sqrt{3}}{2}$　提示：$2\cos^2 15°-1=\cos 30°=\frac{\sqrt{3}}{2}$.

12. $\left[\frac{\pi}{8}+k\pi, \frac{5\pi}{8}+k\pi\right](k\in\mathbf{Z})$　提示：$\frac{\pi}{2}+2k\pi\leqslant 2x+\frac{\pi}{4}\leqslant\frac{3\pi}{2}+2k\pi$，$k\in\mathbf{Z}$，即$\frac{\pi}{8}+k\pi\leqslant x\leqslant\frac{5\pi}{8}+k\pi$，$k\in\mathbf{Z}$，即单调递减区间为$\left[\frac{\pi}{8}+k\pi, \frac{5\pi}{8}+k\pi\right](k\in\mathbf{Z})$.

13. $-\frac{4}{3}$　提示：因为 $\sin\left(\theta+\frac{\pi}{4}\right)=\frac{3}{5}$，所以 $\cos\left(\theta-\frac{\pi}{4}\right)=\sin\left[\frac{\pi}{2}+\left(\theta-\frac{\pi}{4}\right)\right]=\sin\left(\theta+\frac{\pi}{4}\right)=\frac{3}{5}$，因为 θ 为第四象限角，所以 $-\frac{\pi}{2}+2k\pi<\theta<2k\pi$，$k\in\mathbf{Z}$，所以 $-\frac{3\pi}{4}+2k\pi<\theta-\frac{\pi}{4}<2k\pi$，$-\frac{\pi}{4}$，$k\in\mathbf{Z}$，所以 $\sin\left(\theta-\frac{\pi}{4}\right)=-\sqrt{1-\left(\frac{3}{5}\right)^2}=-\frac{4}{5}$，所以 $\tan\left(\theta-\frac{\pi}{4}\right)=\frac{\sin\left(\theta-\frac{\pi}{4}\right)}{\cos\left(\theta-\frac{\pi}{4}\right)}=-\frac{4}{3}$.

14. $\pi-\arccos\frac{1}{4}$，0　提示：设 $t=x^2+x=\left(x+\frac{1}{2}\right)^2-\frac{1}{4}$，故 $-\frac{1}{4}\leqslant t\leqslant 1$，$y=\operatorname{arccos} t$ 单调递减，故当 $t=1$ 时，$y=\operatorname{arccos} t$ 最小为 0；当 $t=-\frac{1}{4}$，$y=\operatorname{arccos} t$ 最大值为$\arccos\left(-\frac{1}{4}\right)=\pi-\arccos\frac{1}{4}$.

15. (1) $-\frac{4}{5}$. (2) $-\frac{16}{15}$　提示：(1) 因为 $\cos\alpha=-\frac{3}{5}$，且 α 为第三象限角，结合$\sin^2\alpha+\cos^2\alpha=1$ 可知 $\sin\alpha=-\sqrt{1-\cos^2\alpha}=-\sqrt{1-\left(-\frac{3}{5}\right)^2}=-\frac{4}{5}$.

(2) 由诱导公式可知 $\tan(\pi-\alpha)=-\tan\alpha$，$\sin(\pi-\alpha)=\sin\alpha$，$\cos(\pi+\alpha)=-\cos\alpha$，$\sin\left(-\frac{3\pi}{2}-\alpha\right)=\sin\left(\frac{\pi}{2}-\alpha\right)=\cos\alpha$，因此由题意有

$$f(\alpha)=\frac{\tan(\pi-\alpha)\sin(\pi-\alpha)\sin\left(-\frac{3\pi}{2}-\alpha\right)}{\cos(\pi+\alpha)}=\frac{-\tan\alpha\sin\alpha\cos\alpha}{-\cos\alpha}=\tan\alpha\sin\alpha=\frac{\sin^2\alpha}{\cos\alpha}=\frac{\frac{16}{25}}{-\frac{3}{5}}=-\frac{16}{15}.$$

16. $\frac{16}{65}$

解：令 $\alpha=\arccos\frac{4}{5}$，则 $\cos\alpha=\frac{4}{5}$，$\alpha\in\left(0,\frac{\pi}{2}\right)$，所以 $\sin\alpha=\frac{3}{5}$，$\cos\alpha=\frac{4}{5}$.

令 $\beta=\arccos\left(-\frac{5}{13}\right)$，则 $\cos\beta=-\frac{5}{13}$，$\beta\in\left(\frac{\pi}{2},\pi\right)$，

所以 $\sin\beta=\frac{12}{13}$，$\cos\beta=-\frac{5}{13}$.

所以 $\cos\left[\arccos\frac{4}{5}-\arccos\left(-\frac{5}{13}\right)\right]=\cos(\alpha-\beta)=\cos\alpha\cos\beta+\sin\alpha\sin\beta=\frac{4}{5}\times\left(-\frac{5}{13}\right)+\frac{3}{5}\times\frac{12}{13}=\frac{16}{65}$.

17. (1) $\frac{3}{2}$. (2) $f(x)=3\sin\left(4x+\frac{\pi}{6}\right)$. (3) $\pm\frac{4}{5}$

解：(1) 因为 $f(x)=3\sin\left(\omega x+\frac{\pi}{6}\right)$，所以 $f(0)=3\sin\frac{\pi}{6}=\frac{3}{2}$.

(2) 因为 $T=\frac{\pi}{2}$，所以 $\omega=\frac{2\pi}{T}=4$，$f(x)$的解析式为 $f(x)=3\sin\left(4x+\frac{\pi}{6}\right)$.

(3) $f\left(\frac{\alpha}{4}+\frac{\pi}{12}\right)=3\sin\left[4\left(\frac{\alpha}{4}+\frac{\pi}{12}\right)+\frac{\pi}{6}\right]=3\sin\left(\alpha+\frac{\pi}{3}+\frac{\pi}{6}\right)=3\sin\left(\alpha+\frac{\pi}{2}\right)=3\cos\alpha$. 因为 $f\left(\frac{\alpha}{4}+\frac{\pi}{12}\right)=\frac{9}{5}$，所以 $\cos\alpha=\frac{3}{5}$. 所以 $\sin\alpha=\pm\sqrt{1-\cos^2\alpha}=\pm\sqrt{1-\left(\frac{3}{5}\right)^2}=\pm\frac{4}{5}$.

18. 当 $x=\sqrt{ab}$ m 时，$\theta_{max}=\arctan\left(\frac{a-b}{2\sqrt{ab}}\right)$.

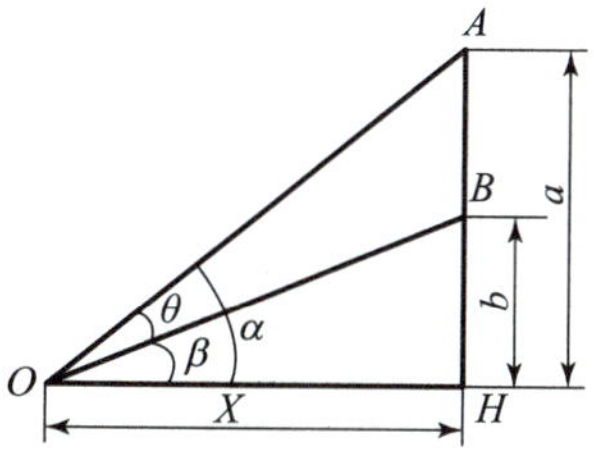

第 3 章复习题 18 题图

解法 1：解，设幻灯机头 O 距墙面距离 $OH=x$(单位：m)，过 H 垂直于地面的直线与屏幕上下边缘的交点依次是 A 与 B，则 $AH=a$(单位：m)，$BH=b$(单位：m). 设 $\angle AOH=\alpha$，$\angle BOH=\beta$，则幻灯机头对屏幕的上下视角为 $\theta=\alpha-\beta\left(0<\theta<\frac{\pi}{2}\right)$. 由于 $\tan\alpha=\frac{a}{x}$，$\tan\beta=\frac{b}{x}$，且 $a>b$

>0，则 $\tan\theta=\tan(\alpha-\beta)=\dfrac{\tan\alpha-\tan\beta}{1+\tan\alpha\tan\beta}=\dfrac{\dfrac{a}{x}-\dfrac{b}{x}}{1+\dfrac{a}{x}\cdot\dfrac{b}{x}}=\dfrac{a-b}{x+\dfrac{ab}{x}}$，因为 $x+\dfrac{ab}{x}\geqslant 2\sqrt{x\cdot\dfrac{ab}{x}}$，即 $x+\dfrac{ab}{2}\geqslant 2\sqrt{ab}$，其中当且仅当 $x=\dfrac{ab}{x}$ 即 $x=\sqrt{ab}$ 时，等号成立，所以 $\tan\theta\leqslant\dfrac{a-b}{2\sqrt{ab}}$. 所以 $(\tan\theta)_{\max}=\dfrac{a-b}{2\sqrt{ab}}\left(0<\theta<\dfrac{\pi}{2}\right)$. 又因为 $f(\theta)=\tan\theta$ 在 $\left(0,\dfrac{\pi}{2}\right)$ 是增函数，则当 $x=\sqrt{ab}$ m 时，$\theta_{\max}=\arctan\left(\dfrac{a-b}{2\sqrt{ab}}\right)$.

答：当幻灯机头距墙面 $\sqrt{ab}$ m 时，对于屏幕的上下视角最大，最大视角为 $\arctan\left(\dfrac{a-b}{2\sqrt{ab}}\right)$.

解法 2 提示

$\sin\theta=\sin(\alpha-\beta)=\sin\alpha\cos\beta-\cos\alpha\sin\beta=\dfrac{(a-b)x}{\sqrt{x^4+(a^2+b^2)x^2+a^2b^2}}$.

解法 3 提示

$\cos\theta=\cos(\alpha-\beta)=\cos\alpha\cos\beta+\sin\alpha\sin\beta=\dfrac{x^2+ab}{\sqrt{x^4+(a^2+b^2)x^2+a^2b^2}}$.

解法 4 提示

由于 $\dfrac{1}{2}|OA|\cdot|OB|\cdot\sin\theta=S_{\triangle AOB}=\dfrac{1}{2}|AB|\cdot|OH|$，则 $\sin\theta=\dfrac{(a-b)x}{\sqrt{(x^2+a^2)(x^2+b^2)}}$.

第 4 章

巩固练习 4.1

1. D　提示：路程只有大小，没有方向，不是向量．故选 D.

2. B　提示：速度、位移是向量，既有大小，又有方向，不能比较大小，路程可以比较大小．故选 B.

3. A　提示：对于(1)，单位向量的模长相等，但方向不一定相同，故(1)错误．

对于(2)，模相等的两个平行向量是相等向量或相反向量，故(2)错误．

对于(3)，向量是有方向的量，不能比较大小，故(3)错误．

对于(4)，向量是可以自由平移的矢量．当两个向量相等时，它们的起点和终点不一定相同，故(4)错误．

对于(5)，$\boldsymbol{b}=\boldsymbol{0}$ 时，若 $\boldsymbol{a}/\!/\boldsymbol{b}$，$\boldsymbol{b}/\!/\boldsymbol{c}$，则 $\boldsymbol{a}$ 与 $\boldsymbol{c}$ 不一定平行．

综上，以上正确的命题个数是0. 故选 A.

4. D　提示：略．

5. (1) $\overrightarrow{CB}$. (2) $\overrightarrow{CD}$，$\overrightarrow{BA}$. (3) $\overrightarrow{BA}$，$\overrightarrow{DC}$，$\overrightarrow{CD}$. 提示：略．

6. $\sqrt{3}$　提示：$\triangle ABC$ 是以 B 为直角的直角三角形，所以 $|\overrightarrow{BC}|=\sqrt{|\overrightarrow{AC}|^2-|\overrightarrow{AB}|^2}=$

$\sqrt{2^2-1^2}=\sqrt{3}$.

7. 解：

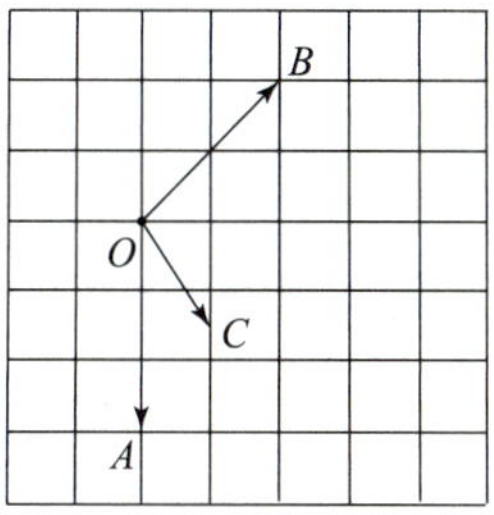

8. 解：(1)

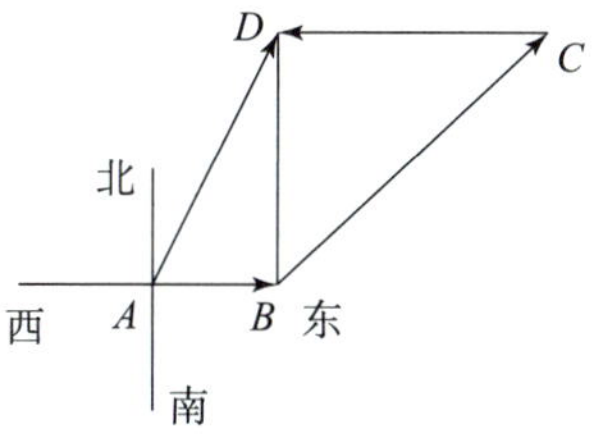

(2)由题意得，$\triangle BDC$ 和 $\triangle ABD$ 都是直角三角形，其中 $\angle BDC=90°$，$\angle ABD=90°$，$AB=5$ m，$BD=10$ m，所以 $AD=\sqrt{5^2+10^2}=5\sqrt{5}$ m，所以 $|\overrightarrow{AD}|=5\sqrt{5}$ m.

巩固练习 4.2

1. C　提示：由向量加法运算律知，$\overrightarrow{CA}+\overrightarrow{AC}=\vec{0}$，$\overrightarrow{OA}-\overrightarrow{OC}+\overrightarrow{CA}=2\overrightarrow{CA}$，所以选项 C 错误，A，B，D 选项正确. 故选 C.

2. D　提示：因为 $|\overrightarrow{AB}+\overrightarrow{BC}-\overrightarrow{CA}|=|\overrightarrow{AC}-\overrightarrow{CA}|=|\overrightarrow{AC}+\overrightarrow{AC}|=|2\overrightarrow{AC}|=2|\overrightarrow{AC}|$，$|\overrightarrow{AC}|=\sqrt{|\overrightarrow{AB}|^2+|\overrightarrow{BC}|^2}=\sqrt{2}$，所以 $|\overrightarrow{AB}+\overrightarrow{BC}-\overrightarrow{CA}|=2\sqrt{2}$. 故选 D.

3. C　提示：$\frac{1}{2}(2\boldsymbol{a}-4\boldsymbol{b})+2\boldsymbol{b}=\boldsymbol{a}-2\boldsymbol{b}+2\boldsymbol{b}=\boldsymbol{a}$. 故选 C.

4. B　提示：平行四边形 $ABCD$ 中，$ABCD$，则 $\triangle ABF\backsim\triangle CEF$，因为点 E 是 CD 上靠近 C 的四等分点，所以 $\frac{AF}{CF}=\frac{AB}{CE}=4$，所以 $AF=\frac{4}{5}AC$，故 $\overrightarrow{DF}=\overrightarrow{AF}-\overrightarrow{AD}=\frac{4}{5}(\overrightarrow{AB}+\overrightarrow{AD})-\overrightarrow{AD}=\frac{4}{5}\overrightarrow{AB}-\frac{1}{5}\overrightarrow{AD}$. 故选 B.

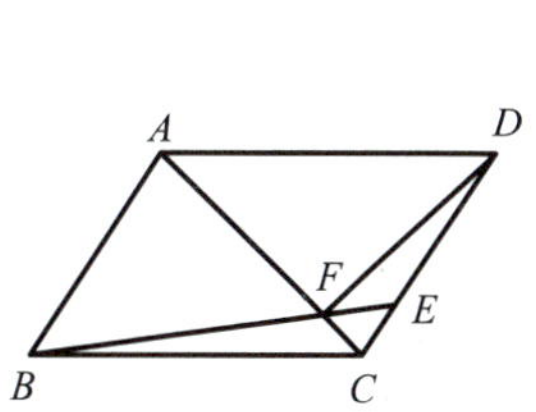

巩固练习 4.2 题 4 图

5. $6\boldsymbol{a}+4\boldsymbol{b}$　提示：原式 $=16\boldsymbol{a}-8\boldsymbol{b}+8\boldsymbol{c}-6\boldsymbol{a}+12\boldsymbol{b}-6\boldsymbol{c}-4\boldsymbol{a}-2\boldsymbol{c}=(16-6-4)\boldsymbol{a}+(-8+12)\boldsymbol{b}+(8-6-2)\boldsymbol{c}=6\boldsymbol{a}+4\boldsymbol{b}$.

6. $\frac{1}{2}\boldsymbol{a}+\frac{1}{2}\boldsymbol{b}$　提示：因为 M 是 BC 的中点，所以 $\overrightarrow{AM}=\overrightarrow{AB}+\overrightarrow{BM}=\overrightarrow{AB}+\frac{1}{2}\overrightarrow{BC}=\overrightarrow{AB}+$

$\frac{1}{2}(\overrightarrow{AC}-\overrightarrow{AB})=\frac{1}{2}\overrightarrow{AB}+\frac{1}{2}\overrightarrow{AC}=\frac{1}{2}\boldsymbol{a}+\frac{1}{2}\boldsymbol{b}$.

7. 解：(1) $5(3\boldsymbol{a}-2\boldsymbol{b})+4(2\boldsymbol{b}-3\boldsymbol{a})=15\boldsymbol{a}-10\boldsymbol{b}+8\boldsymbol{b}-12\boldsymbol{a}=3\boldsymbol{a}-2\boldsymbol{b}$.

(2) $(\overrightarrow{AD}-\overrightarrow{BM})+(\overrightarrow{BC}-\overrightarrow{MC})=\overrightarrow{AD}+(\overrightarrow{BC}-\overrightarrow{BM})+(-\overrightarrow{MC})=\overrightarrow{AD}+\overrightarrow{MC}+(-\overrightarrow{MC})=\overrightarrow{AD}$.

8. 解：在梯形 $ABCD$ 中，$AB//CD$，且 $AB=4CD$，则$\overrightarrow{DC}=\frac{1}{4}\overrightarrow{AB}$，

因为点 E 在线段 CB 上，且 $CE=2EB$，则$\overrightarrow{BE}=\frac{1}{3}\overrightarrow{BC}$，$\overrightarrow{BC}=\overrightarrow{BA}+\overrightarrow{AD}+\overrightarrow{DC}=-\boldsymbol{a}+\boldsymbol{b}+\frac{1}{4}\boldsymbol{a}=\boldsymbol{b}-\frac{3}{4}\boldsymbol{a}$，所以$\overrightarrow{AE}=\overrightarrow{AB}+\overrightarrow{BE}=\overrightarrow{AB}+\frac{1}{3}\overrightarrow{BC}=\boldsymbol{a}+\frac{1}{3}\left(\boldsymbol{b}-\frac{3}{4}\boldsymbol{a}\right)=\frac{3}{4}\boldsymbol{a}+\frac{1}{3}\boldsymbol{b}$.

巩固练习 4.3

1. C　提示：略.

2. D　提示：$|\boldsymbol{b}|=\frac{\boldsymbol{ab}}{|\boldsymbol{a}|\cos\langle\boldsymbol{a},\boldsymbol{b}\rangle}=\frac{-3}{2\times\left(-\frac{\sqrt{3}}{2}\right)}=\sqrt{3}$. 故选 D.

3. A　提示：$\cos<\boldsymbol{a},\boldsymbol{b}>=\frac{\boldsymbol{a}\cdot\boldsymbol{b}}{|\boldsymbol{a}|\cdot|\boldsymbol{b}|}=\frac{5}{\sqrt{5}\times\sqrt{10}}=\frac{\sqrt{2}}{2}$,所以 $<\boldsymbol{a},\boldsymbol{b}>=\frac{\pi}{4}$. 故选 A.

4. B　提示：因为在△ABC 中，D 为线段 BC 的中点，

所以有$\begin{cases}\overrightarrow{AD}=\frac{1}{2}(\overrightarrow{AB}+\overrightarrow{AC}),\\ \overrightarrow{BC}=\overrightarrow{AC}-\overrightarrow{AB},\end{cases}$可得$\overrightarrow{AB}=\overrightarrow{AD}-\frac{1}{2}\overrightarrow{BC}$，$\overrightarrow{AC}=\overrightarrow{AD}+\frac{1}{2}\overrightarrow{BC}$.

所以$\overrightarrow{AB}\cdot\overrightarrow{AC}=\left(\overrightarrow{AD}-\frac{1}{2}\overrightarrow{BC}\right)\cdot\left(\overrightarrow{AD}+\frac{1}{2}\overrightarrow{BC}\right)=\overrightarrow{AD}^2-\frac{1}{4}\overrightarrow{BC}^2=-\frac{5}{4}$. 故选 B.

5. D　提示：设 $\boldsymbol{a}$ 在 $\boldsymbol{b}$ 方向上的投影向量为 $|\boldsymbol{a}|\cos\theta\frac{\boldsymbol{b}}{|\boldsymbol{b}|}=2\times\left(-\frac{\sqrt{2}}{2}\right)\times\frac{\boldsymbol{b}}{3}=-\frac{\sqrt{2}}{3}\boldsymbol{b}$. 故选 D.

6. $\frac{1}{2}$　提示：因为平面向量 $\boldsymbol{a}$，$\boldsymbol{b}$，满足 $\boldsymbol{a}\cdot(2\boldsymbol{a}-\boldsymbol{b})=5$，且$|\boldsymbol{a}|=2$，$|\boldsymbol{b}|=3$，所以 $5=2\boldsymbol{a}^2-|\boldsymbol{a}||\boldsymbol{b}|\cos<\boldsymbol{a},\boldsymbol{b}>$，解得 $\cos<\boldsymbol{a},\boldsymbol{b}>=\frac{5-2\times2^2}{-2\times3}=\frac{1}{2}$. 故答案为$\frac{1}{2}$.

7. 解：$\cos\langle\boldsymbol{a},\boldsymbol{b}\rangle=\frac{\boldsymbol{a}\cdot\boldsymbol{b}}{|\boldsymbol{a}||\boldsymbol{b}|}=\frac{-3\sqrt{2}}{\sqrt{6}\cdot\sqrt{6}}=-\frac{\sqrt{2}}{2}$.

由于$0\leqslant<\boldsymbol{a},\boldsymbol{b}>\leqslant180°$，

所以$<\boldsymbol{a},\boldsymbol{b}>=135°$.

8. 解：由题知 G 为△ABC 的重心，因为点 D 是 BC 的中点，

所以$\overrightarrow{AG}=\frac{2}{3}\overrightarrow{AD}=\frac{2}{3}\times\frac{1}{2}(\overrightarrow{AB}+\overrightarrow{AC})=\frac{1}{3}(\overrightarrow{AB}+\overrightarrow{AC})$，

$\overrightarrow{BC}=\overrightarrow{AC}-\overrightarrow{AB}$.

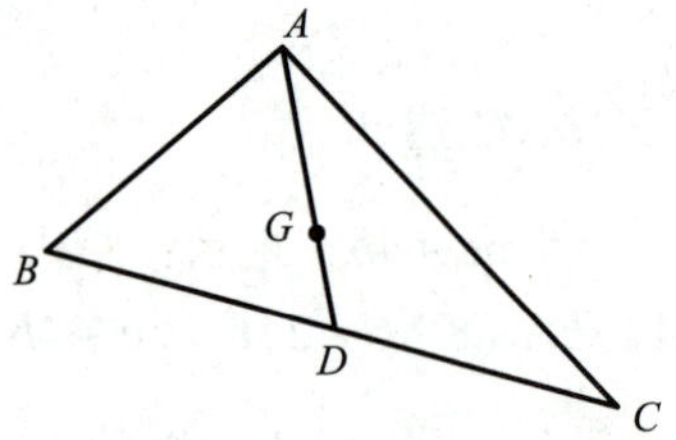

巩固练习 4.3 题 8 图

所以$\overrightarrow{AG}\cdot\overrightarrow{BC}=\frac{1}{3}(\overrightarrow{AB}+\overrightarrow{AC})\cdot(\overrightarrow{AC}-\overrightarrow{AB})$

$=\frac{1}{3}(\overrightarrow{AC}^2-\overrightarrow{AB}^2)=\frac{1}{3}(26-8)=6.$

巩固练习 4.4

1. A　提示：$\frac{1}{2}\boldsymbol{a}-2\boldsymbol{b}=(-1,0)-(-2,-2)=(1,2)$．故选 A.

2. A　提示：平面向量 $\boldsymbol{a}=(1,2)$，$\boldsymbol{b}=(-1,\lambda)$，由 $\boldsymbol{a}\perp\boldsymbol{b}$，得 $\boldsymbol{a}\cdot\boldsymbol{b}=-1+2\lambda=0$，所以 $\lambda=\frac{1}{2}$. 故选 A.

3. C　提示：$\frac{\boldsymbol{a}\cdot\boldsymbol{b}}{|\boldsymbol{b}|}=\frac{(-2)\times(-1)+0\times(-1)}{\sqrt{(-1)^2+(-1)^2}}=\sqrt{2}$. 故选 C

4. B　提示：设点 B 坐标为 (x,y)，所以 $\overrightarrow{AB}=(x+1,y-2)=(3,-6)$，解得 $\begin{cases}x=2,\\ y=-4,\end{cases}$ 所以点 B 的坐标为 $(2,-4)$．故选 B.

5. A　提示：因为 $\boldsymbol{b}-\boldsymbol{c}=(2,-2)$，所以 $\cos\langle\boldsymbol{a},\boldsymbol{b}-\boldsymbol{c}\rangle=\frac{\boldsymbol{a}\cdot(\boldsymbol{b}-\boldsymbol{c})}{|\boldsymbol{a}||\boldsymbol{b}-\boldsymbol{c}|}$

$=\frac{3\times2+1\times(-2)}{\sqrt{3^2+1^2}\times\sqrt{2^2+(-2)^2}}=\frac{4}{\sqrt{10}\times2\sqrt{2}}=\frac{\sqrt{5}}{5}$. 故选 A.

6. 解：因为 $\boldsymbol{a}=(1,1)$，$\boldsymbol{b}=(1,-1)$，所以 $\frac{1}{2}\boldsymbol{a}=\left(\frac{1}{2},\frac{1}{2}\right)$，$\frac{3}{2}\boldsymbol{b}=\left(\frac{3}{2},-\frac{3}{2}\right)$.

所以 $\frac{1}{2}\boldsymbol{a}-\frac{3}{2}\boldsymbol{b}=(-1,2)$.

7. 解：因为 $\boldsymbol{a}+\boldsymbol{b}=(2,3)$，$\boldsymbol{a}-\boldsymbol{b}=(-2,1)$，两式相加得 $2\boldsymbol{a}=(0,4)$，即 $\boldsymbol{a}=(0,2)$，$\boldsymbol{b}=\boldsymbol{a}+\boldsymbol{b}-\boldsymbol{a}=(2,1)$，所以 $\boldsymbol{a}-2\boldsymbol{b}=(-4,0)$．故答案为 $(-4,0)$.

8. 解：因为向量 $\boldsymbol{a}=(2,1)$，$\boldsymbol{b}=(-8,6)$，$\boldsymbol{c}=(4,6)$，所以 $2\boldsymbol{a}+5\boldsymbol{b}-\boldsymbol{c}=2(2,1)+5(-8,6)-(4,6)=(-40,26)$.

9. 解：(1) 由题可知 $|\boldsymbol{b}|=\sqrt{(\sqrt{3})^2+1}=2$，则 $\boldsymbol{a}\cdot\boldsymbol{b}=|\boldsymbol{a}|\cdot|\boldsymbol{b}|\cos\theta=1\times2\cos60^\circ=1$.

(2) 由 $|\boldsymbol{a}-2\boldsymbol{b}|^2=(\boldsymbol{a}-2\boldsymbol{b})^2=\boldsymbol{a}^2-4\boldsymbol{a}\cdot\boldsymbol{b}+4\boldsymbol{b}^2=1^2-4\times1\times2\times\cos60^\circ+4\times2^2=13$，可知 $|\boldsymbol{a}-2\boldsymbol{b}|=\sqrt{13}$.

巩固练习 4.5

1. A　提示：因为 $\overrightarrow{AB}/\!/\overrightarrow{CD}$，所以四边形 $ABCD$ 有一组对边平行，所以四边形 $ABCD$ 为平行四边形或梯形．故选 A.

2. B　提示：因为 $\boldsymbol{a}=(4,-2)$，$\boldsymbol{b}=(x,1)$，且 $\boldsymbol{a}$，$\boldsymbol{b}$ 共线，所以 $-2x=4$，解得 $x=-2$. 故选 B.

3. A　提示：因为向量 $\boldsymbol{a}=(x,2)$，$\boldsymbol{b}=(2,1)$，若 $\boldsymbol{a}\perp\boldsymbol{b}$，则 $\boldsymbol{a}\cdot\boldsymbol{b}=2x+2=0$，所以实数 $x=-1$. 故选 A.

4. C　提示：$(2\boldsymbol{a}-\boldsymbol{b})=(1,2-t)$，因为 $(2\boldsymbol{a}-\boldsymbol{b})\perp\boldsymbol{b}$，所以 $(2\boldsymbol{a}-\boldsymbol{b})\cdot\boldsymbol{b}=3+t(2-t)=0$，解得 $t=-1$ 或 3. 故选 C.

5. $\boldsymbol{a}\perp\boldsymbol{b}\Rightarrow\boldsymbol{a}\cdot\boldsymbol{b}=-24+3m=0\Rightarrow m=8$.

6. 因为 $\boldsymbol{a}=(2,2)$，$\boldsymbol{b}=(1,x)$，所以 $\boldsymbol{a}+2\boldsymbol{b}=(2,2)+2(1,x)=(4,2+2x)$.

因为 $\boldsymbol{a}/\!/(\boldsymbol{a}+2\boldsymbol{b})$，所以 $2\times(2+2x)-2\times4=0$，解得 $x=1$，所以 $\boldsymbol{b}=(1,1)$，$|\boldsymbol{b}|=\sqrt{1^2+1^2}=\sqrt{2}$. 故答案为$\sqrt{2}$.

7. 解：因为$\overrightarrow{OA}=\boldsymbol{a}+\boldsymbol{b}$，$\overrightarrow{OB}=\boldsymbol{a}+2\boldsymbol{b}$，$\overrightarrow{OC}=\boldsymbol{a}+3\boldsymbol{b}$，

所以$\overrightarrow{AB}=\overrightarrow{OB}-\overrightarrow{OA}=(\boldsymbol{a}+2\boldsymbol{b})-(\boldsymbol{a}+\boldsymbol{b})=\boldsymbol{b}$.

同理$\overrightarrow{AC}=\overrightarrow{OC}-\overrightarrow{OA}=(\boldsymbol{a}+3\boldsymbol{b})-(\boldsymbol{a}+\boldsymbol{b})=2\boldsymbol{b}$，

所以$\overrightarrow{AC}=2\overrightarrow{AB}$，所以$\overrightarrow{AC}/\!/\overrightarrow{AB}$，

所以向量$\overrightarrow{AC}$与$\overrightarrow{AB}$共线，

所以 A，B，C 三点共线.

8. 解：(1) 因为 $\boldsymbol{a}=(-2,4)$，$\boldsymbol{b}=(x,-2)$，

所以 $\boldsymbol{a}+3\boldsymbol{b}=(-2+3x,-2)$，$k\boldsymbol{a}-2\boldsymbol{b}=(-2k-2x,4k+4)$.

因为 $\boldsymbol{a}+3\boldsymbol{b}$ 与 $k\boldsymbol{a}-2\boldsymbol{b}$ 平行，所以 $(-2+3x)\times(4k+4)-(-2)\times(-2k-2x)=0$.

整理得 $(3k+2)x=3k+2$，又因为 $x\neq1$，所以 $3k+2=0$，解得 $k=-\frac{2}{3}$.

(2) 若 $\boldsymbol{a}\perp\boldsymbol{b}$，则 $-2x-8=0$，解得 $x=-4$，即 $\boldsymbol{b}=(-4,-2)$，所以 $\lambda\boldsymbol{a}-\boldsymbol{b}=(-2\lambda+4,4\lambda+2)$，$\boldsymbol{a}+\lambda\boldsymbol{b}=(-2-4\lambda,4-2\lambda)$，则 $(\lambda\boldsymbol{a}-\boldsymbol{b})\cdot(\boldsymbol{a}+\lambda\boldsymbol{b})=(-2\lambda+4)(-2-4\lambda)+(4\lambda+2)(4-2\lambda)=4(\lambda-2)(2\lambda+1)-4(\lambda-2)(2\lambda+1)=0$，所以对任意实数 λ，$\lambda\boldsymbol{a}-\boldsymbol{b}$ 与 $\boldsymbol{a}+\lambda\boldsymbol{b}$ 垂直.

巩固练习 4.6

1. B 提示：因为 $-3<0$，$-7<0$，$5>0$，所以点 $(-3,-7,5)$ 在第Ⅲ卦限. 故选 B.

2. D 提示：点 A 的坐标为 $(1,-1,-1)$. 故选 D.

3. B 提示：直接根据中点坐标公式即可得结果，设点 A 关于点 B 的对称点坐标 $Q(x,y,z)$，由中点坐标公式可得$\begin{cases}x+1=6,\\y+1=-2,\\z+1=8,\end{cases}$解得$\begin{cases}x=5,\\y=-3,\\z=7,\end{cases}$即 $Q(5,-3,7)$. 故选 B.

4. C 提示：设该点坐标为 $(0,a,0)$，因为该点与点 $A(-2,1,2)$ 和点 $B(-1,0,4)$ 距离相等，所以 $2^2+(a-1)^2+(-2)^2=1^2+a^2+(-4)^2$，解得 $a=-4$，故该点为 $(0,-4,0)$. 故选 C.

5. 6 或 -2 提示：因为$|AB|=\sqrt{(x-2)^2+(1-3)^2+(2-4)^2}=\sqrt{8+(x-2)^2}=2\sqrt{6}$，所以$(x-2)^2=16$，解得 $x=6$ 或 $x=-2$. 故答案为 6 或 -2.

6. $(1,1,1)$ 解：先求出中点坐标，然后根据关于平面 Oxy 的对称点的特征即可得解. 由 $M(-1,0,2)$，$N(3,2,-4)$，得 MN 的中点坐标为 $(1,1,-1)$，所以 MN 的中点关于平面 Oxy 的对称点的坐标是 $(1,1,1)$. 故答案为 $(1,1,1)$.

7. $E(0,1,2)$，$F(1,0,2)$，$G(2,0,1)$，$H(2,1,0)$，$I(1,2,0)$，$J(0,2,1)$

解：根据正方体各棱长相等，结合中点坐标公式，即可求出六边形各顶点的坐标．正方体 $OABC-A'B'C'D'$ 的棱长为 2，且各顶点 E，F，G，H，I，J 分别是棱 $C'D'$，$D'A'$，AA'，AB，BC，CC' 的中点，所以正六边形 $EFGHIJ$ 各顶点的坐标为 $E(0,1,2)$，$F(1,0,2)$，$G(2,0,1)$，$H(2,1,0)$，$I(1,2,0)$，$J(0,2,1)$．

8. 证明：利用空间两点间距离公式，结合勾股定理的逆定理推理作答．

在 $\triangle ABC$ 中，$A(1,-2,-3)$，$B(-1,-1,-1)$，$C(0,0,-5)$，

则 $|AB|=\sqrt{2^2+(-1)^2+(-2)^2}=3$，$|AC|=\sqrt{1^2+(-2)^2+2^2}=3$，

$|BC|=\sqrt{(-1)^2+(-1)^2+4^2}=3\sqrt{2}$，因此 $|AB|^2+|AC|^2=18=|BC|^2$，

所以 $\triangle ABC$ 是直角三角形．

巩固练习 4.7

1. B　提示：由空间向量线性运算法则可知，$\overrightarrow{A_1B}=\overrightarrow{B_1B}+\overrightarrow{A_1B_1}=-\overrightarrow{CC_1}+(-\overrightarrow{CA}+\overrightarrow{CB})=-\boldsymbol{a}+\boldsymbol{b}-\boldsymbol{c}$. 故选 B.

2. B　提示：运用向量加法法则、减法法则计算，$\overrightarrow{AB}-\overrightarrow{DB}-\overrightarrow{AC}=\overrightarrow{AB}+\overrightarrow{BD}-\overrightarrow{AC}=\overrightarrow{AD}-\overrightarrow{AC}=\overrightarrow{CD}$. 故选 B.

3. D　提示：在棱长为 2 的正方体 $ABCD-A_1B_1C_1D_1$ 中，易知 $|\overrightarrow{AA_1}|=2$，$|\overrightarrow{BC_1}|=2\sqrt{2}$，因为 $\overrightarrow{AA_1}=\overrightarrow{BB_1}$，$\overrightarrow{BB_1}$ 与 $\overrightarrow{BC_1}$ 的夹角为 $\frac{\pi}{4}$，所以 $\overrightarrow{AA_1}$ 与 $\overrightarrow{BC_1}$ 的夹角为 $\frac{\pi}{4}$，所以 $\overrightarrow{AA_1}\cdot\overrightarrow{BC_1}=|\overrightarrow{AA_1}|\cdot|\overrightarrow{BC_1}|\cos\frac{\pi}{4}=2\times2\sqrt{2}\times\frac{\sqrt{2}}{2}=4$. 故选 D.

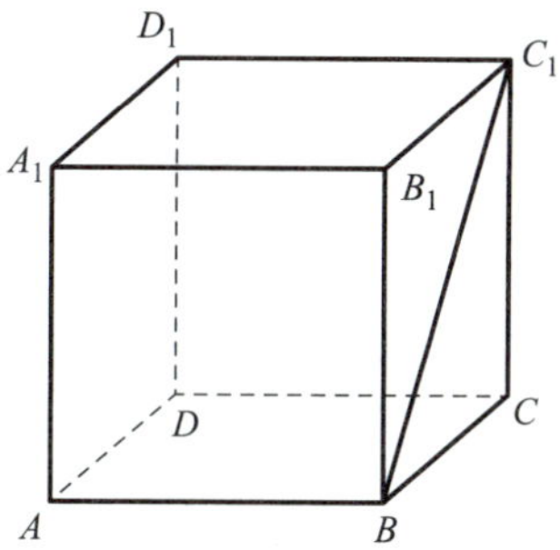

巩固练习 4.7 题 3 图

4. D　提示：点 M，N 分别为线段 AB，OC 的中点，则 $\overrightarrow{MN}=\overrightarrow{MA}+\overrightarrow{AO}+\overrightarrow{ON}=\frac{1}{2}\overrightarrow{BA}-\overrightarrow{OA}+\frac{1}{2}\overrightarrow{OC}=\frac{1}{2}(\overrightarrow{OA}-\overrightarrow{OB})-\overrightarrow{OA}+\frac{1}{2}\overrightarrow{OC}=-\frac{1}{2}\overrightarrow{OA}-\frac{1}{2}\overrightarrow{OB}+\frac{1}{2}\overrightarrow{OC}=\frac{1}{2}(\boldsymbol{c}-\boldsymbol{a}-\boldsymbol{b})$. 故选 D.

5. ①②③

提示：$\overrightarrow{AB}-\overrightarrow{CB}=\overrightarrow{AB}+\overrightarrow{BC}=\overrightarrow{AC}$，①正确；

$\overrightarrow{AB}+\overrightarrow{B'C'}+\overrightarrow{CC'}=\overrightarrow{AB}+\overrightarrow{BC}+\overrightarrow{CC'}=\overrightarrow{AC'}$，②正确；

由平行六面体 $ABCD-A'B'C'D'$ 性质可知，③正确；

记$B'D'$的中点为E，则$\overrightarrow{AB}+\overrightarrow{BB'}+\overrightarrow{BC}+\overrightarrow{CC'}=\overrightarrow{AB'}+\overrightarrow{BC'}=\overrightarrow{AB'}+\overrightarrow{AD'}=2\overrightarrow{AE}\neq\overrightarrow{AC'}$，④错误.

故答案为①②③

6. 13　解：空间向量$\boldsymbol{a}$，$\boldsymbol{b}$的夹角为$\frac{\pi}{3}$，$|\boldsymbol{a}|=2$，$|\boldsymbol{b}|=3$，

则$\boldsymbol{a}\cdot(\boldsymbol{a}+3\boldsymbol{b})=\boldsymbol{a}^2+3\boldsymbol{a}\cdot\boldsymbol{b}=|\boldsymbol{a}|^2+3|\boldsymbol{a}|\cdot|\boldsymbol{b}|\cos\frac{\pi}{3}=2^2+3\times2\times3\times\frac{1}{2}=13$.

故答案为13.

7. (1) $2\boldsymbol{a}+5\boldsymbol{b}-24\boldsymbol{c}$. (2) $\overrightarrow{CA}$.

解：(1) $3(2\boldsymbol{a}-\boldsymbol{b}-4\boldsymbol{c})-4(\boldsymbol{a}-2\boldsymbol{b}+3\boldsymbol{c})=6\boldsymbol{a}-3\boldsymbol{b}-12\boldsymbol{c}-4\boldsymbol{a}+8\boldsymbol{b}-12\boldsymbol{c}=2\boldsymbol{a}+5\boldsymbol{b}-24\boldsymbol{c}$.

(2) $\overrightarrow{OA}-[\overrightarrow{OB}-(\overrightarrow{AB}-\overrightarrow{AC})]=\overrightarrow{OA}-\overrightarrow{OB}+\overrightarrow{AB}-\overrightarrow{AC}=\overrightarrow{BA}+\overrightarrow{AB}+\overrightarrow{CA}=\overrightarrow{CA}$.

8. (1) $\overrightarrow{AE}=2\boldsymbol{a}+\boldsymbol{b}+\boldsymbol{c}$. (2) 4.

解：(1) 因为点E在棱CC_1的延长线上，且$|C_1E|=|CC_1|$，

所以$\overrightarrow{CE}=2\overrightarrow{CC_1}=2\overrightarrow{AA_1}$，则$\overrightarrow{AE}=\overrightarrow{AB}+\overrightarrow{BC}+\overrightarrow{CE}=\overrightarrow{AB}+\overrightarrow{BC}+2\overrightarrow{AA_1}=2\boldsymbol{a}+\boldsymbol{b}+\boldsymbol{c}$.

(2) 由题意得$\overrightarrow{AA_1}\cdot\overrightarrow{AD}=0$，$\overrightarrow{AB}\cdot\overrightarrow{AD}=0$，$|\overrightarrow{AD}|=|\overrightarrow{AA_1}|=2$，$|\overrightarrow{AB}|=6$，

则$\overrightarrow{BD_1}=\overrightarrow{BA}+\overrightarrow{AA_1}+\overrightarrow{A_1D_1}=\overrightarrow{AA_1}+\overrightarrow{AD}-\overrightarrow{AB}$，

所以$\overrightarrow{AD}\cdot\overrightarrow{BD_1}=\overrightarrow{AD}\cdot(\overrightarrow{AA_1}+\overrightarrow{AD}-\overrightarrow{AB})=\overrightarrow{AD}\cdot\overrightarrow{AA_1}+\overrightarrow{AD}^2-\overrightarrow{AD}\cdot\overrightarrow{AB}=4$.

巩固练习 4.8

1. A　分析：直接由空间向量的坐标线性运算即可得解.

提示：由题意，空间向量$\boldsymbol{a}=(1,2,-3)$，$\boldsymbol{b}=(2,-1,1)$，

则$\boldsymbol{a}-2\boldsymbol{b}=(1,2,-3)-2(2,-1,1)=(1,2,-3)-(4,-2,2)=(-3,4,-5)$. 故选A.

2. D　分析：由向量数乘的坐标运算和向量模的坐标运算求解.

提示：向量$\boldsymbol{a}=(1,-1,2)$，则$2\boldsymbol{a}=(2,-2,4)$，

所以$|2\boldsymbol{a}|=\sqrt{2^2+(-2)^2+4^2}=\sqrt{24}=2\sqrt{6}$.

故选D.

3. B　分析：根据$(\boldsymbol{a}+\boldsymbol{b})\perp\boldsymbol{a}$可得$(\boldsymbol{a}+\boldsymbol{b})\cdot\boldsymbol{a}=0$，代入坐标计算即得.

提示：由$\boldsymbol{a}=(2,0,3)$，$\boldsymbol{b}=(-2,2,x)$可得$\boldsymbol{a}+\boldsymbol{b}=(0,2,x+3)$，因$(\boldsymbol{a}+\boldsymbol{b})\perp\boldsymbol{a}$，所以$(\boldsymbol{a}+\boldsymbol{b})\cdot\boldsymbol{a}=0$，即$3(x+3)=0$，解得$x=-3$.

故选B.

4. C　分析：根据空间向量的一组基底，要求三个向量不共面，判断选项即可.

提示：易知$2\boldsymbol{a}=(\boldsymbol{a}+\boldsymbol{b})-(\boldsymbol{b}-\boldsymbol{a})$，$2\boldsymbol{b}=(\boldsymbol{a}+\boldsymbol{b})+(\boldsymbol{b}-\boldsymbol{a})$，$\boldsymbol{a}+\boldsymbol{b}+\boldsymbol{c}=(\boldsymbol{a}+\boldsymbol{b})+\boldsymbol{c}$，由向量共面定理，知$\boldsymbol{a}+\boldsymbol{b}$，$\boldsymbol{b}-\boldsymbol{a}$，$\boldsymbol{a}$共面，同时$\boldsymbol{a}+\boldsymbol{b}$，$\boldsymbol{b}-\boldsymbol{a}$，$\boldsymbol{b}$及$\boldsymbol{a}+\boldsymbol{b}+\boldsymbol{c}$，$\boldsymbol{a}+\boldsymbol{b}$，$\boldsymbol{c}$共面，易得选项A，B，D错误.

因为$\boldsymbol{a}$，$\boldsymbol{b}$，$\boldsymbol{c}$不共面，结合上面的结论，所以$\boldsymbol{a}+\boldsymbol{b}$，$\boldsymbol{b}-\boldsymbol{a}$，$\boldsymbol{c}$不共面，故可作为空间的一个基底.

故选C.

5. 1　分析：根据空间向量的共面的坐标表示求解 .

提示：由题可知 $\boldsymbol{c}=\lambda\boldsymbol{a}+\mu\boldsymbol{b}$，即（1，0，$m$）$=\lambda(1,1,1)+\mu(1,2,1)$，

所以$\begin{cases}\lambda+\mu=1,\\ \lambda+2\mu=0,\\ \lambda+\mu=m,\end{cases}$ 故 $m=\lambda+\mu=1$.

6. $\frac{\pi}{2}$（或 90°）分析：利用坐标算出空间向量的数量积即可 .

解：由已知可得 $\boldsymbol{a}\cdot\boldsymbol{b}=0+1\times2-2\times1=0$，由向量垂直的充分必要条件可知 $\boldsymbol{a}\perp\boldsymbol{b}$，所以夹角为$\frac{\pi}{2}$（或90°）.

7. $\frac{1}{2}\overrightarrow{AA'}+\overrightarrow{AD}+\frac{1}{2}\overrightarrow{AB}$

分析：利用空间向量基本定理以及平行六面体的图形性质得出结果 .

解：在平行六面体 $ABCD-A'B'C'D'$中，$\overrightarrow{A'D'}=\overrightarrow{AD}$，$\overrightarrow{DC}=\overrightarrow{AB}$，又点 E，F 分别是棱 AA' 和 $C'D'$的中点，

所以$\overrightarrow{EA'}=\frac{1}{2}\overrightarrow{AA'}$，$\overrightarrow{D'F}=\frac{1}{2}\overrightarrow{D'C'}=\frac{1}{2}\overrightarrow{AB}$，

所以$\overrightarrow{EF}=\overrightarrow{EA'}+\overrightarrow{A'D'}+\overrightarrow{D'F}=\frac{1}{2}\overrightarrow{AA'}+\overrightarrow{AD}+\frac{1}{2}\overrightarrow{AB}$.

8.（1）$-\frac{4}{9}$.（2）$m=6$，$n=-6$

分析：（1）利用空间向量夹角余弦公式进行求解 .

（2）设 $\boldsymbol{a}=\lambda\boldsymbol{c}$，得到方程组，求出答案 .

解：（1）$\cos<\boldsymbol{a},\boldsymbol{b}>=\frac{\boldsymbol{a}\cdot\boldsymbol{b}}{|\boldsymbol{a}|\cdot|\boldsymbol{b}|}=\frac{(1,2,-2)\cdot(4,-2,4)}{\sqrt{1+4+4}\times\sqrt{16+4+16}}=\frac{4-4-8}{3\times6}=-\frac{4}{9}$.

（2）因为 $\boldsymbol{a}/\!/\boldsymbol{c}$，所以设 $\boldsymbol{a}=\lambda\boldsymbol{c}$，即（1，2，$-2$）$=\lambda$（3，$m$，$n$），

故$\begin{cases}3\lambda=1,\\ \lambda m=2\\ \lambda n=-2,\end{cases}$，解得$\begin{cases}m=6,\\ n=-6.\end{cases}$

巩固练习 4. 9

1. D　分析：首先求出$\overrightarrow{AB}$，依题意$\overrightarrow{AB}/\!/\boldsymbol{m}$，则$\overrightarrow{AB}=\lambda\boldsymbol{m}$，根据空间向量共线的坐标表示计算可得 .

提示：因为直线 l 过点 A（0，a，3）和 B（-1，2，b）两点，所以$\overrightarrow{AB}=(-1,2-a,b-3)$，

又直线 l 的一个方向向量 $\boldsymbol{m}=(2,-1,3)$，所以$\overrightarrow{AB}/\!/\boldsymbol{m}$，

所以$\overrightarrow{AB}=\lambda\boldsymbol{m}$，所以（$-1$，$2-a$，$b-3$）$=(2\lambda,-\lambda,3\lambda)$，

所以$\begin{cases}2\lambda=-1,\\-\lambda=2-a,\\3\lambda=b-3,\end{cases}$解得$\begin{cases}\lambda=-\dfrac{1}{2},\\a=\dfrac{3}{2},\\b=\dfrac{3}{2},\end{cases}$ 所以 $a+b=3$.

故选 D.

2. D　分析：利用空间向量判定空间位置关系即可.

提示：对于 A，若两个平面的法向量互相垂直，则两个平面垂直，即 A 正确；

对于 B，若两个不同的平面的法向量互相平行，则两个平面互相平行，即 B 正确；

对于 C，若一直线的方向向量与一平面的法向量平行，则该直线垂直于该平面，即 C 正确；

对于 D，若一直线的方向向量与一平面的法向量垂直，则该直线平行于该平面或者在该面内，即 D 错误.

故选 D.

3. D　分析：建系，利用空间向量解决异面直线夹角的问题.

提示：以 A 为坐标原点建立空间直角坐标系，则 S（0，0，2），B（1，0，0），D（0，0，1），C（0，2，0），

因为$\overrightarrow{SB}=(1,\ 0,\ -2)$，$\overrightarrow{DC}=(0,\ 2,\ -1)$，则 $\cos\langle\overrightarrow{SB},\overrightarrow{DC}\rangle=\dfrac{\overrightarrow{SB}\cdot\overrightarrow{DC}}{|\overrightarrow{SB}||\overrightarrow{DC}|}=\dfrac{2}{\sqrt{5}\times\sqrt{5}}=\dfrac{2}{5}$，所以异面直线 SB 与 DC 所成角的余弦值为$\dfrac{2}{5}$.

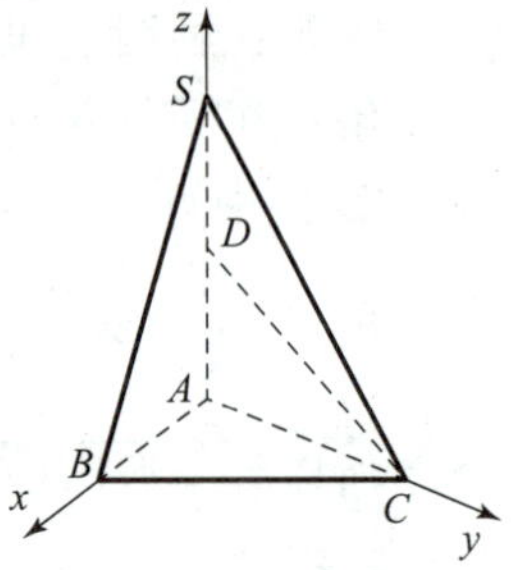

巩固练习 4.9 题 3 图

故选 D.

4. C　分析：设法向量 $\boldsymbol{n}=(x,\ y,\ z)$，利用向量垂直得到方程组，取 $x=2$ 求出 $\boldsymbol{n}=(2,\ 2,\ 3)$，与 $\boldsymbol{n}=(2,\ 2,\ 3)$ 共线的向量也是法向量，得到答案.

提示：由 A（1，1，0），B（−1，0，2），C（0，2，0），得$\overrightarrow{AB}=(-2,\ -1,\ 2)$，$\overrightarrow{AC}=(-1,\ 1,\ 0)$，

设 $\boldsymbol{n}=(x,\ y,\ z)$ 是平面 α 的一个法向量，则$\begin{cases}\boldsymbol{n}\cdot\overrightarrow{AB}=0,\\\boldsymbol{n}\cdot\overrightarrow{AC}=0,\end{cases}$ 即$\begin{cases}-2x-y+2z=0,\\-x+y=0.\end{cases}$

取 $x=2$，则 $y=2$，$z=3$，故 $\boldsymbol{n}=(2,\ 2,\ 3)$，则与 $\boldsymbol{n}=(2,\ 2,\ 3)$ 共线的向量也是法向量，经验证，只有 C 正确.

故选 C.

5. (1)(2)(3)　提示：$\overrightarrow{DD_1}=\overrightarrow{AA_1}=(0,\ 0,\ 1)$，故（1）正确. $\overrightarrow{BC_1}=\overrightarrow{AD_1}=(0,\ 1,\ 1)$，故（2）正确. 直线 $AD\perp$ 平面 ABB_1A_1，$\overrightarrow{AD}=(0,\ 1,\ 0)$，故（3）正确. 向量$\overrightarrow{AC_1}$的坐标为（1，1，1），与平面 B_1CD 不垂直，所以（4）错误.

6. $\dfrac{\sqrt{6}}{6}$　分析：根据条件建立空间直角坐标系，先求得平面 EMC 与面 BCD 的法向量，再求出向量夹角的余弦值.

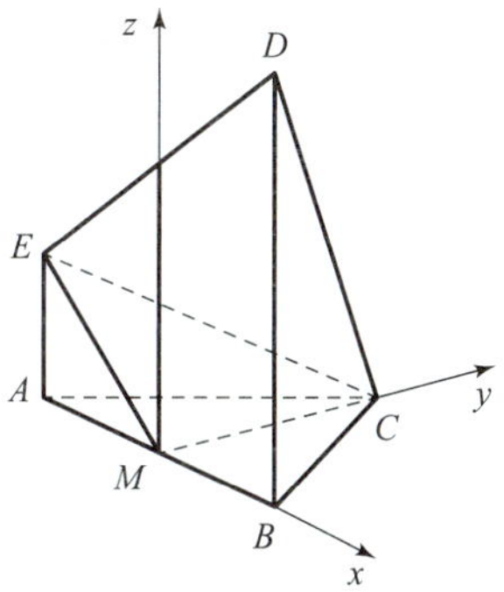

巩固练习 4.9 题 6 图

解：$AC=BC$，M 是 AB 的中点，则 $CM\perp AB$，又 $EA\perp$ 平面 ABC，以 M 为坐标原点，分别以 MB，MC 为 x，y 轴，过 M 平行于 EA 的直线为 z 轴，建立空间直角坐标系.

因为 $AC=BC=BD=2AE=2$，

所以 $M(0,0,0)$，$C(0,\sqrt{2},0)$，$B(\sqrt{2},0,0)$，$D(\sqrt{2},0,2)$，$E(-\sqrt{2},0,1)$，

则 $\overrightarrow{ME}=(-\sqrt{2},0,1)$，$\overrightarrow{MC}=(0,\sqrt{2},0)$，$\overrightarrow{BD}=(0,0,2)$，$\overrightarrow{BC}=(-\sqrt{2},\sqrt{2},0)$，

设平面 EMC 法向量 $\boldsymbol{m}=(x_1,y_1,z_1)$，

则 $\begin{cases}\boldsymbol{m}\cdot\overrightarrow{ME}=-\sqrt{2}x_1+z_1=0,\\ \boldsymbol{m}\cdot\overrightarrow{MC}=\sqrt{2}y_1=0,\end{cases}$ 取 $x_1=1$，可得 $\boldsymbol{m}=(1,0,\sqrt{2})$.

设平面 DCB 的一个法向量 $\boldsymbol{n}=(x_2,y_2,z_2)$，

则 $\begin{cases}\boldsymbol{n}\cdot\overrightarrow{BC}=-\sqrt{2}x_2+\sqrt{2}y_2=0,\\ \boldsymbol{n}\cdot\overrightarrow{BD}=2z_2=0,\end{cases}$ 取 $x_2=1$，可得 $\boldsymbol{n}=(1,1,0)$.

设平面 EMC 与平面 BCD 夹角为 θ，

则 $\cos\theta=|\cos\langle\boldsymbol{m},\boldsymbol{n}\rangle|=\dfrac{|\boldsymbol{m}\cdot\boldsymbol{n}|}{|\boldsymbol{m}||\boldsymbol{n}|}=\dfrac{1}{\sqrt{2}\times\sqrt{3}}=\dfrac{\sqrt{6}}{6}$.

故答案为$\dfrac{\sqrt{6}}{6}$.

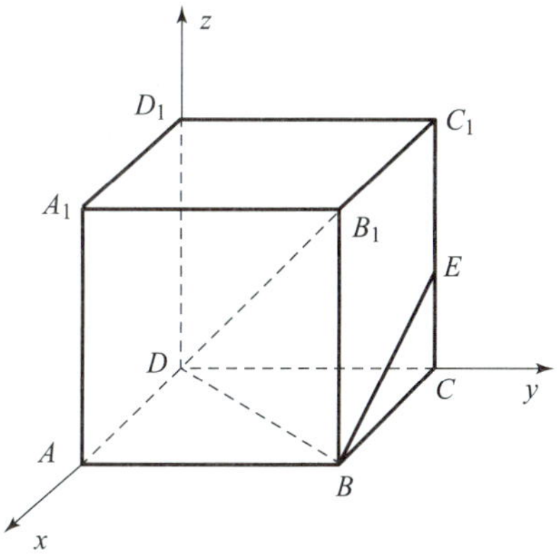

巩固练习 4.9 题 7 图

7. 以点 D 为原点，建立空间直角坐标系，设正方体的棱长为 2，则 $D(0,0,0)$，$B(2,2,0)$，$B_1(2,2,2)$，$E(0,2,1)$，$\overrightarrow{BD}=(-2,-2,0)$，$\overrightarrow{BB_1}=(0,0,2)$，$\overrightarrow{BE}=(-2,0,1)$. 设平面 B_1BD 的法向量为 $\boldsymbol{n}=(x,y,z)$，所以 $\boldsymbol{n}\perp\overrightarrow{BD}$，$\boldsymbol{n}\perp\overrightarrow{BB_1}$.

所以 $\begin{cases}\boldsymbol{n}\cdot\overline{BD}=-2x-2y=0,\\ \boldsymbol{n}\cdot\overline{BB_1}=2z=0,\end{cases}$ 解得 $\begin{cases}x=-y,\\ z=0.\end{cases}$

令 $y=1$，则 $\boldsymbol{n}=(-1,1,0)$，

$$\cos\langle\boldsymbol{n},\overrightarrow{BE}\rangle=\frac{\boldsymbol{n}\cdot\overrightarrow{BE}}{|\boldsymbol{n}||\overrightarrow{BE}|}=\frac{\sqrt{10}}{5}.$$

故 BE 与平面 B_1BD 所成角的正弦值为 $\dfrac{\sqrt{10}}{5}$.

8. (1) 60°. (2) 证明见解析.

分析：(1) 通过建立空间直角坐标系，利用 $\cos\langle\overrightarrow{EF},\overrightarrow{CD_1}\rangle=\dfrac{\overrightarrow{EF}\cdot\overrightarrow{CD_1}}{|\overrightarrow{EF}||\overrightarrow{CD_1}|}$ 可得解.

(2) 利用$\overrightarrow{EF}\cdot\overrightarrow{DA_1}=0$和$\overrightarrow{EF}\cdot\overrightarrow{DC}=0$，可证得线线垂直，进而得出线面垂直.

解：据题意，建立空间直角坐标系．于是有 $D(0,0,0)$，$A_1(2,0,2)$，$C(0,2,0)$，$E(2,1,0)$，$F(1,1,1)$，$D_1(0,0,2)$，

所以$\overrightarrow{EF}=(-1,0,1)$，$\overrightarrow{CD_1}=(0,-2,2)$，$\overrightarrow{DA_1}=(2,0,2)$，$\overrightarrow{DC}=(0,2,0)$.

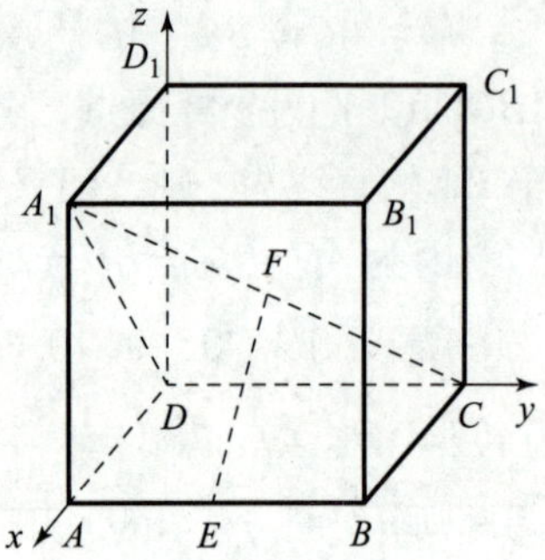

巩固练习 4.9 题 8 图

(1) $\cos\langle\overrightarrow{EF},\overrightarrow{CD_1}\rangle=\dfrac{\overrightarrow{EF}\cdot\overrightarrow{CD_1}}{|\overrightarrow{EF}||\overrightarrow{CD_1}|}$

$=\dfrac{-1\times0+0\times(-2)+1\times2}{\sqrt{2}\times2\sqrt{2}}=\dfrac{1}{2}$,

所以$\langle\overrightarrow{EF},\overrightarrow{CD_1}\rangle=60°$,

所以异面直线 EF 和 CD_1 所成的角为60°.

(2) 因为$\overrightarrow{EF}\cdot\overrightarrow{DA_1}=-1\times2+0\times0+1\times2=0$,

所以$\overrightarrow{EF}\perp\overrightarrow{DA_1}$，即 $EF\perp DA_1$.

因为$\overrightarrow{EF}\cdot\overrightarrow{DC}=-1\times0+0\times2+1\times0=0$,

所以$\overrightarrow{EF}\perp\overrightarrow{DC}$即 $EF\perp DC$.

又因为 $DA_1\subset$平面 DCA_1，$DC\subset$平面 DCA_1 且 $DA_1\cap DC=D$,

所以 $EF\perp$平面 A_1CD.

章复习题

1. C　提示：长度相等且方向相同的向量称为相等向量，故 A 不正确．方向相同或相反的非零向量称为共线向量，但共线向量不一定在同一条直线上，故 B 不正确．零向量的模（长度）等于0，故 C 正确．当$\overrightarrow{AB}\,/\!/\,\overrightarrow{CD}$时，$\overrightarrow{AB}$所在的直线与$\overrightarrow{CD}$所在的直线可能重合，故 D 不正确．故选 C.

2. B　提示：由题意，$\overrightarrow{NM}=(2-3,3-1)=(-1,2)$，故选 B.

3. D　提示：因为$\boldsymbol{a}/\!/\boldsymbol{b}$，所以 $x=-6$，则$|\boldsymbol{b}|=\sqrt{4+36}=2\sqrt{10}$. 故选 D.

4. D

5. D　提示：因为 $AB=5$，$BC=2$，$\angle B=60°$，所以$\overrightarrow{AB}\cdot\overrightarrow{BC}=5\times2\times\cos(180°-60°)=-5$. 故选 D.

6. C　提示：因为$\boldsymbol{c}=(-4,-6,2)=2(-2,-3,1)=2\boldsymbol{a}$，所以$\boldsymbol{a}/\!/\boldsymbol{c}$.

因为$\boldsymbol{a}\cdot\boldsymbol{b}=(-2)\times2+(-3)\times0+1\times4=0$，所以$\boldsymbol{a}\perp\boldsymbol{b}$.

故选 C.

7. -2　提示：因为$\boldsymbol{a}\perp\boldsymbol{b}$，所以$\boldsymbol{a}\cdot\boldsymbol{b}=2x+4=0$，所以 $x=-2$.

8. $\overrightarrow{AM}$　提示：$(\overrightarrow{AB}+\overrightarrow{PB})+(\overrightarrow{BO}+\overrightarrow{BM})+\overrightarrow{OP}=(\overrightarrow{AB}+\overrightarrow{BM})+(\overrightarrow{PB}+\overrightarrow{BO}+\overrightarrow{OP})=\overrightarrow{AM}$.

9. $\sqrt{6}$　提示：由题意可得$\boldsymbol{m}+\boldsymbol{n}=(-1,2,1)$，所以$|\boldsymbol{m}+\boldsymbol{n}|=\sqrt{(-1)^2+2^2+1^2}=\sqrt{6}$.

10. -1　提示：由题意可得 $\boldsymbol{a}\cdot\boldsymbol{b}=-2m+m^2=(m-1)^2-1$，当 $m=1$ 时，则 $\boldsymbol{a}\cdot\boldsymbol{b}$ 取最小值 -1.

11. 解：(1) $k\boldsymbol{a}+\boldsymbol{b}=(k+2,\ 1)$，$\boldsymbol{a}+2\boldsymbol{b}=(5,\ 2)$.

因为 $k\boldsymbol{a}+\boldsymbol{b}$ 与 $\boldsymbol{a}+2\boldsymbol{b}$ 共线，所以 $(k+2)\times2-1\times5=0$，解得 $k=\frac{1}{2}$.

(2) 因为 $k\boldsymbol{a}+\boldsymbol{b}$ 与 $\boldsymbol{a}+2\boldsymbol{b}$ 垂直，

所以 $(k\boldsymbol{a}+\boldsymbol{b})\cdot(\boldsymbol{a}+2\boldsymbol{b})=0$，即 $5\times(k+2)+2\times1=0$，所以 $k=-\frac{12}{5}$.

12. (1) 证明：建立空间直角坐标系 $A-xyz$，则 $A(0,0,0),E(1,0,1),D(0,2,0),P(0,0,2),C(2,2,0)$，所以 $\overrightarrow{AE}=(1,0,1)$，$\overrightarrow{PC}=(2,2,-2)$，所以 $\overrightarrow{AE}\cdot\overrightarrow{PC}=2+0-2=0$，所以 $\overrightarrow{AE}\perp\overrightarrow{PC}$，则 $AE\perp PC$.

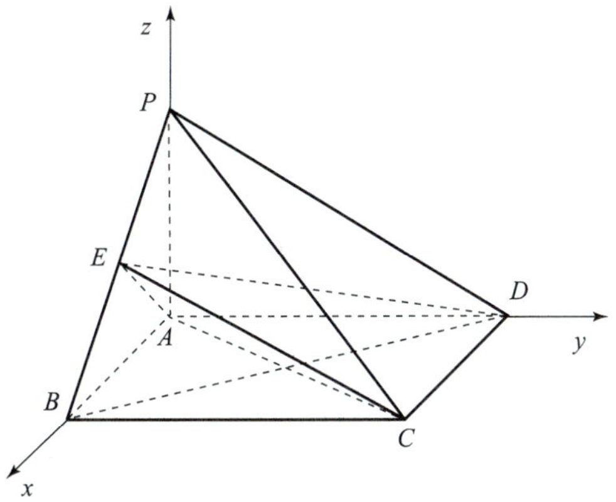

第 4 章复习题 12 题图

(2) 由 (1) 得 $\overrightarrow{DE}=(1,-2,1)$，$\overrightarrow{DP}=(0,-2,2)$，$\overrightarrow{DC}=(2,0,0)$，设 $\boldsymbol{n}=(x,y,z)$ 为平面 CDE 的一个法向量，则

$$\begin{cases}\boldsymbol{n}\cdot\overrightarrow{DC}=2x=0,\\ \boldsymbol{n}\cdot\overrightarrow{DE}=x-2y+z=0.\end{cases}$$

取 $y=1$，则 $z=2,x=0$，所以 $\boldsymbol{n}=(0,1,2)$.

设 $\boldsymbol{m}=(a,b,c)$ 为平面 PDE 的一个法向量，则 $\begin{cases}\boldsymbol{m}\cdot\overrightarrow{DP}=-2b+2c=0,\\ \boldsymbol{m}\cdot\overrightarrow{DE}=a-2b+c=0.\end{cases}$

取 $b=1$，则 $c=1,a=1$，所以 $\boldsymbol{m}=(1,1,1)$.

所以 $\cos\alpha=|\cos\langle\boldsymbol{n},\boldsymbol{m}\rangle|=\frac{|\boldsymbol{n}\cdot\boldsymbol{m}|}{|\boldsymbol{n}|\cdot|\boldsymbol{m}|}=\frac{|0+1+2|}{\sqrt{5}\times\sqrt{3}}=\frac{\sqrt{15}}{5}$，所以平面 CDE 与平面 PDE 所成角 α 的余弦值为 $\frac{\sqrt{15}}{5}$.

第 5 章

巩固练习 5.1

1. C　2. C　3. A　4. A

5. (2)(5)是有穷数列，(1)(3)(4)(6)是无穷数列，(2) 是递增数列，(1)(4)是递减数列，(3)(5)是常数列，(6) 是摆动数列 .

6. $\frac{1}{n}$（答案不唯一）.

7. 解：(1) 根据 $a_n=3n^2-28n$，得 $a_4=3\times4^2-28\times4=-64$，$a_6=3\times6^2-28\times6=-60$.

（2）令 $3n^2-28n=-49$，即 $3n^2-28n+49=0$，解得 $n=7$ 或者 $n=\frac{7}{3}$（舍），因此 -49 是该数列第 7 项.

令 $3n^2-28n=68$，即 $3n^2-28n-68=0$，解得 $n=-2$ 或者 $n=\frac{34}{3}$，均不是正整数，因此 68 不是该数列的项.

8. 解：当 $n=1$ 时，$a_1=S_1=2-30=-28$.

当 $n\geqslant 2$ 时，$a_n=S_n-S_{n-1}=2n^2-30n-[2(n-1)^2-30(n-1)]=4n-32$.

当 $n=1$ 时，上式成立，因此 $a_n=4n-32$.

巩固练习 5.2

1. D　提示：D 项公差是 -2，为等差数列．故选 D.
2. A　提示：A 项是 a_n 关于 n 的一次函数，是等差数列．故选 A.
3. B　提示：$a_8=a_2+6d=4+6\times 2=16$. 故选 B.
4. B　解法一提示，由题意得 $\begin{cases}S_3=3a_1+\frac{3\times 2}{2}d=1,\\ S_6=6a_1+\frac{6\times 5}{2}d=3,\end{cases}$ 解得 $\begin{cases}a_1=\frac{2}{9},\\ d=\frac{1}{9},\end{cases}$ 则 $a_5=a_1+4d=\frac{2}{9}+\frac{4}{9}=\frac{2}{3}$. 故选 B.

解法二提示，因为 $S_6-S_3=a_4+a_5+a_6=3a_5=2$，所以 $a_5=\frac{2}{3}$. 故选 B.

5. 32　提示：$a_{15}+a_{75}=2a_{45}$，则 $a_{45}=32$.
6. 12　提示：由题意，$a_5+a_{11}=2a_8=16$，则 $a_8=8$，又 $a_2=2$，则 $d=1$. 所以 $a_{12}=a_2+10d=2+10\times 1=12$.
7. 解：（1）由题意得 $\begin{cases}a_2=a_1+d=6,\\ a_4+a_5=2a_1+7d=17,\end{cases}$ 解得 $\begin{cases}a_1=5,\\ d=1,\end{cases}$

因此 $a_6=a_2+4d=6+4\times 1=10$.

（2）$a_n=a_1+(n-1)d=n+4$.

8. 解：（1）由题意得 $\begin{cases}a_3=a_1+2d=21,\\ a_7=a_1+6d=13,\end{cases}$ 解得 $\begin{cases}a_1=25,\\ d=-2,\end{cases}$ 所以 $a_n=25+(n-1)(-2)=-2n+27$.

（2）由（1）知，$a_{3n-2}=27-2(3n-2)=-6n+31$，所以 $a_1+a_4+a_7+\cdots+a_{3n-2}=\frac{n[25+(-6n+31)]}{2}=-3n^2+28n$.

巩固练习 5.3

1. B　提示：$q^3=\frac{a_5}{a_2}=\frac{81}{3}=27$，那么 $q=3$. 故选 B.

2. A　提示：$q^3=\frac{a_6}{a_3}=\frac{40}{5}=8$，那么 $q=2$，则 $a_4=a_3q=5\times2=10$. 故选 A.

3. D　提示：等比中项 $G=\pm\sqrt{2\times\frac{1}{2}}=\pm1$. 故选 D.

4. D　提示：$a_1+a_3=2(a_2+4)$，所以 $2+2q^2=2(2q+4)$，即 $q^2-2q-3=0$，解得 $q=3$ 或者 $q=-1$（舍），所以 $a_4=a_1q^3=54$. 故选 D.

5. 189　提示：$a_1a_2a_3=a_2^3=216$，则 $a_2=6$. 解方程组 $\begin{cases}a_1a_3=36,\\a_1+a_3=15,\end{cases}$ 得 $\begin{cases}a_1=3,\\a_3=12.\end{cases}$

由 $q^2=\frac{a_3}{a_1}=4$ 得 $q=2$，$S_6=\frac{a_1\ (1-q^6)}{1-g}=189$.

6. $\frac{1}{16}$　提示：等比数列 $\{a_n\}$ 中，$q^3=\frac{a_4}{a_1}=\frac{1}{64}$，解得 $q=\frac{1}{4}$，所以数列 $\{a_na_{n+1}\}$ 的公比为 $q^2=\frac{1}{16}$.

7. 102400

解：设该种细菌的数量依次构成的等比数列为 $\{a_n\}$，且 $a_1=400$，$q=2$，故 $a_9=400\times2^8=102400$.

8. $a_n=\left(\frac{1}{2}\right)^{n-7}$

解：$a_7=1$，得 $a_n=a_7q^{n-7}=q^{n-7}$，所以 $a_4=q^{-3}$，$a_5=q^{-2}$，$a_6=q^{-1}$. 又 a_4，a_5+1，a_6 成等差数列，所以 $2(a_5+1)=a_4+a_6$，即 $2(q^{-2}+1)=q^{-3}+q^{-1}$，令 $q^{-1}=t$，则上述方程为 $2(t^2+1)=t^3+t$，也就是 $(t^2+1)(t-2)=0$，解得 $t=2$，即 $q=\frac{1}{2}$，所以 $a_n=q^{n-7}=\left(\frac{1}{2}\right)^{n-7}$.

章复习题

一、选择题

1. D　提示：A 选项，1，2，3 和 3，2，1 是不同的数列 . B 选项是常数列 . C 选项，也可能是常数列或者摆动数列 . 故选 D.

2. C　提示：将题干中数列中的数依次代入四个选项 . 故选 C.

3. B　提示：B 选项 $\frac{4^2}{2^2}\neq\frac{6^2}{4^2}$. 故选 B.

4. C　提示：A 选项为递减数列，B 选项为递减数列，D 选项为有穷数列 . 故选 C.

5. B　提示：由 $3a_{n+1}=3a_n+1$，得 $a_{n+1}-a_n=\frac{1}{3}$，所以数列 $\{a_n\}$ 是公差为 $\frac{1}{3}$ 的等差数列 . 故选 B.

6. C　提示：$a_1=2$，$a_{n+1}=a_n+4$，所以数列 $\{a_n\}$ 是公差为 4 的等差数列，得通项公式 $a_n=2+4\ (n-1)=4n-2$. 令 $4m-2=2022$，得 $m=506$. 故选 C.

7. B　提示：由题意 $2(2a+1)=(a-1)+(a+7)$，解得 $a=2$. 故该等差数列的前 3 项分别为 1，5，9，所以第 4 项为 13. 故选 B.

8. D　提示：因为 $a_n=a_1\cdot q^{n-1}=\frac{1}{2}\times\left(\frac{1}{2}\right)^{n-1}=\frac{1}{64}$，所以 $\left(\frac{1}{2}\right)^n=\left(\frac{1}{2}\right)^6$，所以 $n=6$. 故选 D.

二、填空题

1. n　提示：首项 $a_1=1$，公差 $d=1$，则通项公式 $a_n=a_1+(n-1)d=1+(n-1)=n$.

2. $\begin{cases}-1, & n=1,\\ 2^{n-1}, & n\geqslant 2\end{cases}$　提示：当 $n=1$ 时，$a_1=S_1=-1$，当 $n\geqslant 2$ 时，$a_n=S_n-S_{n-1}=(2^n-3)-(2^{n-1}-3)=2^{n-1}$，当 $n=1$ 时，上式 $a_1=2^{1-1}=1$，故 $a_n=\begin{cases}-1, & n=1,\\ 2^{n-1}, & n\geqslant 2.\end{cases}$

3. 63　提示：$d=\frac{a_{30}-a_{10}}{30-10}=3$，所以 $a_{25}=a_{10}+15d=18+15\times 3=63$.

4. 45　提示：$S_9=\frac{(a_1+a_9)\times 9}{2}=\frac{(a_4+a_6)\times 9}{2}=45$.

5. 2，8，32（答案不唯一）　提示：数列 $\{a_n\}$ 中的项依次为 2，5，8，11，14，17，20，23，26，29，32，35，…，其中 2，8，32 能构成等比数列.

6. 1 或 $-\frac{1}{2}$　提示：当 $q=1$ 时，满足条件. 当 $q\neq 1$ 时，有 $\begin{cases}a_3=a_1q^2=\frac{3}{2},\\ S_3=\frac{a_1(1-q^3)}{1-q}=\frac{9}{2},\end{cases}$ 解得 $\begin{cases}a_1=6,\\ q=-\frac{1}{2}.\end{cases}$ 故 $q=1$ 或 $-\frac{1}{2}$.

三、解答题

1. 解：(1) $a_n=2n-3$. (2) $a_n=(-1)^n\frac{1}{3n}$. (3) $a_n=\frac{2n-1}{2n}$.

2. 解：(1) 在等差数列 $\{a_n\}$ 中，$a_2+a_5=a_1+d+a_1+(5-1)d=2a_1+5d=24$，$a_{17}=a_1+16d=66$. 解得$a_1=2$，$d=4$. 故 $a_{2022}=2+2021\times 4=8086$.

(2) 由 (1) 知，通项公式为 $a_n=4n-2$，令 $4n-2=2023$，解得 $n=\frac{2025}{4}\notin\mathbf{N}^*$，故 2023 不是数列 $\{a_n\}$ 中的项.

3. 解：(1) 由题意得 $\begin{cases}a_2=a_1+d=22,\\ a_6=a_1+5d=10,\end{cases}$ 解得 $\begin{cases}a_1=25,\\ d=-3,\end{cases}$ 所以 $a_n=-3n+28$.

(2) a_2，a_4，a_6，…，a_{20}是一个首项为 $a_2=22$，末项 $a_{20}=-32$ 的等差数列，共有 10 项，所以 $a_2+a_4+a_6+\cdots+a_{20}=\frac{(a_2+a_{20})\times 10}{2}=-50$.

4. 解：(1) 由题意得 $a_{n+1}=\frac{3(n+1)}{n}a_n$，将 $n=1$ 代入得 $a_2=6a_1=12$，将 $n=2$ 代入得

$a_3=\frac{9}{2}a_2=54$. 所以 $b_1=\frac{a_1}{1}=2$，$b_2=\frac{a_2}{2}=6$，$b_3=\frac{a_3}{3}=18$.

（2）由题意得$\frac{a_{n+1}}{n+1}=3\times\frac{a_n}{n}$，即 $b_{n+1}=3b_n$，又 $b_1=2$，所以 $\{b_n\}$ 是首项为2，公比为3的等比数列.

第 6 章

巩固练习 6.1

1. D 提示：平均变化率为$\frac{\Delta y}{\Delta x}=\frac{f(1.5)-f(1)}{1.5-1}=\frac{[2\times(1.5)^2+1]-[2\times(1)^2+1]}{0.5}=5$. 故选 D.

2. D 提示：根据题意，直线运动的物体从时刻 t 到 $t+\Delta t$，时间的变化量为 Δt，而物体的位移为 Δs，那么$\lim\limits_{\Delta t\to 0}\frac{\Delta s}{\Delta t}$为该物体在 t 时刻的瞬时速度，故 A，B，C 错误，D 正确．故选 D.

3. C 提示：$\lim\limits_{h\to 0}\frac{f(2+h)-f(2)}{-h}=-\lim\limits_{h\to 0}\frac{f(2+h)-f(2)}{h}=-f'(2)=4$. 故选 C.

4. C 提示：由题意得匀加速过程中，位移 x 与时间 t 关系满足函数 $x(t)=v_0t+\frac{1}{2}kt^2$，则由从静止状态匀加速至位移$\frac{10}{7}$ km 需 60 s 可得$\frac{10}{7}=\frac{1}{2}k\times 60^2$，$k=\frac{20}{7\times 60^2}$，则由 $v(t)=x'(t)=v_0+kt$ 可得$\frac{600}{3600}=\frac{20}{7\times 60^2}\times t$，提示得 $t=210$ s. 故选 C.

5. 3 提示：因为$\frac{\Delta y}{\Delta x}=\frac{(1+\Delta x)^3-1}{\Delta x}=(\Delta x)^2+3\Delta x+3$，所以$\lim\limits_{\Delta x\to 0}\frac{\Delta y}{\Delta x}=\lim\limits_{\Delta x\to 0}[(\Delta x)^2+3\Delta x+3]=3$，所以函数图像在点（1，1）处的切线斜率为 3.

6. $3x-y-2=0$ 提示：由第 5 题可知，切线方程为 $y-1=3(x-1)$，即 $3x-y-2=0$. 故答案为 $3x-y-2=0$.

7. 1 解：$f'(1)=\lim\limits_{\Delta x\to 0}\frac{\Delta y}{\Delta x}=\lim\limits_{\Delta x\to 0}\frac{(1+\Delta x)-1}{\Delta x}=1$.

8. $y=0$ 或 $4x-y-4=0$ 解：设切点为 (a, a^2)，由 $y'=2x$ 可知，切线斜率 $k=2a$，切线方程为 $y-a^2=2a(x-a)$，因为切线过点（1，0），故 $-a^2=2a(1-a)$，解得 $a=0$ 或 $a=2$，故切线方程为 $y=0$ 或 $4x-y-4=0$. 故答案为 $y=0$ 或 $4x-y-4=0$.

巩固练习 6.2

1. B 提示：由 $f'(x)=(\sin x)'=\cos x$，所以 $f'\left(\frac{\pi}{3}\right)=\cos\frac{\pi}{3}=\frac{1}{2}$. 故选 B.

2. C 提示：$(3^x)'=3^x\ln 3$，故 A 正确．$(x^2\ln x)'=2x\ln x+x$，故 B 正确．

因为$\left(\frac{\cos x}{x}\right)'=\frac{-x\sin x-\cos x}{x^2}$，故 C 错误．又因为 $(\sin x\cos x)'=\cos^2x-\sin^2x=\cos 2x$，故

D正确．故选C.

3. A　提示：由$f'(x)=(3^x+\sin 2x)'=3^x\ln 3+2\cos 2x$. 故选A.

4. D　提示：由于$c'(x)=\frac{4000}{(100-x)^2}$，故$c'(90)=\frac{4000}{(100-90)^2}=40$，所以纯净度为90%时所需净化费用的瞬时变化率是$-40$元/t. 故选D.

5. $f'(x)=\ln x+2$　提示：$f'(x)=(x\ln x)'+(x)'=(x)'\ln x+x(\ln x)'+1=\ln x+2$.

6. -5　提示：由$h(t)=10-5t^2+5t$，则$h'(t)=-10t+5$，故$h'(1)=-10+5=-5$，即该运动员在起跳后1 s时的瞬时速度为-5 m/s，故答案为-5.

7. 解：由题可知$f(x)=x\sqrt{x}=x^{\frac{3}{2}}$，

(1) $f'(x)=(x^{\frac{3}{2}})'=\frac{3}{2}\sqrt{x}$.

(2) $f'(1)=\left(\frac{3}{2}\sqrt{x}\right)\Big|_{x=1}=\frac{3}{2}$.

(3) 因为$f(2)=2\sqrt{2}$，所以$[f(2)]'=0$.

8. 解：根据基本初等函数的导数公式表，有$p'(t)=1.05^t\ln(1.05)$，所以$p'(10)=1.05^{10}\ln(1.05)\approx 0.08$，则在第10个年头，这种商品的价格约以0.08元/年的速度上涨．

巩固练习6.3

1. A　提示：函数定义域为$(0,+\infty)$，$y'=\frac{2}{x}-6x=\frac{2(1-3x^2)}{x}$. 令$y'>0$，可得$1-3x^2>0$，即$0<x<\frac{\sqrt{3}}{3}$. 故单调增区间为$\left(0,\frac{\sqrt{3}}{3}\right)$. 故选A.

2. A　提示：由于$f(x)=\frac{x-1}{x}=1-\frac{1}{x}$，$x\in(-\infty,0)\cup(0,+\infty)$，所以$f'(x)=\frac{1}{x^2}>0$，所以函数的单调递减区间为$(-\infty,0)$和$(0,+\infty)$．四个选项中，仅A符合要求．故选A.

3. C　提示：对于A，$y=x+\frac{1}{x}$的导数为$y'=1-\frac{1}{x^2}$，$y'>0$在区间$(1,+\infty)$上恒成立，所以函数在$(1,+\infty)$上是增函数，故A错误．对于B，$y=x\ln x$的导数为$y'=1+\ln x$，$y'>0$在区间$(1,+\infty)$上恒成立，所以函数在$(1,+\infty)$上是增函数，故B错误．对于C，$y=\frac{\ln x}{x}$的导数为$y'=\frac{1-\ln x}{x^2}$，当$x>e$时，$y'<0$，当$1<x<e$时，$y'>0$，所以函数在$(1,e)$上是增函数，在$(e,+\infty)$上是减函数，故C正确．对于D，$y=x-\sin x$的导数为$y'=1-\cos x$，$y'\geqslant 0$在$(1,+\infty)$上恒成立，并且等号仅在个别点取到，所以函数在$(1,+\infty)$上是增函数，故D错误．故选C.

4. C　提示：根据函数$y=f(x)$的导函数$y=f'(x)$的图像可知$f'(0)=0$，$f'(2)=0$，$f'(4)=0$. 当$x<0$时，$f'(x)>0$，$f(x)$单调递增．当$0<x<2$时，$f'(x)<0$，$f(x)$单调递减. 当$2<x<4$时，$f'(x)>0$，$f(x)$单调递增．当$x>4$时，$f'(x)<0$，$f(x)$单调递减．于是

可知 C 正确，A，B，D 错误．故选 C.

5. $\left(0, \frac{\pi}{2}\right)$ 提示：$f'(x)=\sin x+x\cos x-\sin x=x\cos x$，因为 $x\in(0, \pi)$，令 $f'(x)>0$，则其在区间 $(0, \pi)$ 上的解集为 $\left(0, \frac{\pi}{2}\right)$，即其单调递增区间为 $\left(0, \frac{\pi}{2}\right)$. 故答案为 $\left(0, \frac{\pi}{2}\right)$.

6. $(-\infty, 0)$，$(0, 1)$ 提示：$f(x)$ 的定义域为 $(-\infty, 0)\cup(0, +\infty)$，$f'(x)=\frac{e^x x-e^x}{x^2}=\frac{e^x(x-1)}{x^2}$，令 $f'(x)<0$，可得 $x<1$ 且 $x\neq 0$，所以函数的单调递减区间为 $(-\infty, 0)$，$(0, 1)$.

7. 解：函数 $f(x)$ 的定义域为 $(0, 1)\cup(1, +\infty)$，因为 $f'(x)=\frac{1}{x}+\frac{2}{(x-1)^2}$，可知 $f'(x)>0$，所以函数 $f(x)$ 在区间 $(0, 1)$，$(1, +\infty)$ 上单调递增.

8. 解 (1) 由题可知，函数 $f(x)$ 的定义域为 $(0, +\infty)$ 且 $f'(x)=2x-\frac{1}{x}$，$f(1)=f'(1)=1$，函数曲线 $f(x)$ 在点 $(1, f(1))$ 的切线方程为 $y-1=x-1$，即 $y=x$.

(2) 由 (1) 可知，定义域为 $(0, +\infty)$，$f'(x)=2x-\frac{1}{x}=\frac{2x^2-1}{x}$，令 $f'(x)>0$ 得 $x>\frac{\sqrt{2}}{2}$ 或 $x<-\frac{\sqrt{2}}{2}$（结合定义域，舍去）. 再令 $f'(x)<0$，结合定义域得 $0<x<\frac{\sqrt{2}}{2}$，故函数 $f(x)$ 的单调递增区间为 $\left(\frac{\sqrt{2}}{2}, +\infty\right)$，单调递减区间为 $\left(0, \frac{\sqrt{2}}{2}\right)$.

巩固练习 6.4

1. B 提示：对于可导函数，其极值点要满足两个条件，一个是该点的导数为 0，另一个是该点左、右的导数值异号，因此由导函数图像可知，$f(x)$ 极值点的个数为 4. 故选 B.

2. A 提示：$w'(v)=\frac{2000v(v-8)-1000v^2}{(v-8)^2}=\frac{1000v(v-16)}{(v-8)^2}$，当 $18<v<30$ 时，$w'(v)>0$，所以 $w(v)$ 在区间 $[18, 30]$ 上单调递增，所以当 $v=18$ 时，$w(v)$ 取得最小值. 故选 A.

3. A 提示：由 $f'(x)=3x^2-6x=3x(x-2)$，令 $f'(x)>0$，可知 $f(x)$ 在 $[-1, 0)$ 和 $(2, 4]$ 上为增函数，令 $f'(x)<0$，可知 $f(x)$ 在 $(0, 2)$ 上为减函数，故 $f(x)$ 在 $x=0$ 处取极大值，在 $x=2$ 处取极小值，又因为 $f(-1)=-3$，$f(2)=-3$，故 $f(x)$ 在 $[-1, 4]$ 上的最小值为 -3. 故选 A.

4. B 提示：由 $f'(x)=x^2-4=(x-2)(x+2)$，令 $f'(x)=0$ 得 $x=2$ 或 $x=-2$.

当 $x\in(-\infty, -2)\cup(2, +\infty)$ 时，$f'(x)>0$；当 $x\in(-2, 2)$ 时，$f'(x)<0$. 因此，极大值为 $f(-2)=\frac{28}{3}$，极小值为 $f(2)=-\frac{4}{3}$. 故选 B.

5. (3) 提示：对于 (1)，由$f(x)=\sin x+\frac{1}{2}\sin 2x$，$f(x)=\sin x$ 的最小正周期是 2π，$f(x)=\frac{1}{2}\sin 2x$ 的最小正周期是$\frac{2\pi}{2}=\pi$，所以$f(x)=\sin x+\frac{1}{2}\sin 2x$ 的最小正周期是 2π，故 (1) 不正确．

对于 (2)，由$f'(x)=\cos x+\cos 2x=2\cos^2 x+\cos x-1=(2\cos x-1)(\cos x+1)=0$，$x\in[0,2\pi]$，解得$x=\frac{\pi}{3}$，$x=\frac{5\pi}{3}$，$x=\pi$. 当$x\in\left[0,\frac{\pi}{3}\right)$，$f'(x)>0$，$f(x)$为增函数，当$x\in\left(\frac{\pi}{3},\frac{5\pi}{3}\right)$，$f'(x)<0$，$f(x)$为减函数，当$x\in\left(\frac{5\pi}{3},2\pi\right]$，$f'(x)>0$，$f(x)$为增函数．所以$f(x)$在$\left[0,\frac{\pi}{3}\right)$，$\left(\frac{5\pi}{3},2\pi\right]$上单调递增，在$\left(\frac{\pi}{3},\frac{5\pi}{3}\right)$上为单调递减，故 (2) 不正确．对于 (3)，由于$f(0)=f(2\pi)=0$，$f\left(\frac{\pi}{3}\right)=\frac{3\sqrt{3}}{4}$，$f\left(\frac{5\pi}{3}\right)=-\frac{3\sqrt{3}}{4}$所以最大值为$\frac{3\sqrt{3}}{4}$，所以 (3) 正确．答案为 (3)．

6. 100 km/h 提示：设运输成本为 y，依题意可得 $y=\left(10^4+\frac{1}{200}v^3\right)\cdot\frac{500}{v}=\frac{5}{2}v^2+\frac{5000000}{v}$，则$y'=5v-\frac{5000000}{v^2}=\frac{5(v^3-10^6)}{v^2}=\frac{5(v-100)(v^2+100v+10^4)}{v^2}$，所以当$v=100$时，$y'=0$；当$60\leqslant v<100$时，$y'<0$；当$100\leqslant v\leqslant 110$时，$y'>0$. 因此函数在区间 (60，100) 内单调递减，在区间 (100，110) 内单调递增，所以当$v=100$时取得极小值，也即最小值，使全程运输成本最低．故答案为 100 km/h.

7. 解：定义域 $(0,+\infty)$，由$f'(x)=2x-\frac{8}{x}=\frac{2(x+2)(x-2)}{x}$，令$f'(x)>0$，得$x>2$，令$f'(x)<0$，得$0<x<2$. 故$f(x)$在区间 (0，2) 内单调递减，在区间 $(2,+\infty)$ 内单调递增，极小值为$f(2)=4-8\ln 2$.

8. 解：(1) 由$f'(x)=-3x^2+48$，令$f'(x)=0$得$x=4$或$x=-4$ (舍去)，由$f'(x)>0$，解得$-2\leqslant x<4$，函数$f(x)$在区间 $[-2,4)$ 上是递增函数；由$f'(x)<0$，解得$4<x\leqslant 5$，函数$f(x)$在区间 $(4,5]$ 上是递减函数，所以函数$f(x)$的递增区间为 $[-2,4)$，递减区间为 $(4,5]$．极大值为$f(4)=128$，无极小值．

(2) 由 (1) 知，函数取得极大值为$f(4)=128$，又因为$f(5)=115$，$f(-2)=-88$，所以函数$f(x)$的最小值为-88，最大值为 128.

章复习题

1. A 提示：由$f'(x)=2x-\frac{1}{x^2}$，则$f'(-1)=-3$，故选 A.

2. B 提示：由复合函数链式法则可得 $y'=-\sin\left(2x-\frac{\pi}{3}\right)\left(2x-\frac{\pi}{3}\right)'=-2\sin\left(2x-\frac{\pi}{3}\right)$，故选 B.

3. C　提示：由题，$v_1=\dfrac{s(2)-s(1)}{2-1}=10$，又 $s'(t)=3t^2+2t$，$v_2=s'(2)=16$，则 $v_1+v_2=26$. 故选 C.

4. D　提示：由题意知 $f'(x)=\cos x$，$f'(0)=1$，则有 $\lim\limits_{t\to0}\dfrac{f(2t)-f(0)}{t}=2\lim\limits_{t\to0}\dfrac{f(0+2t)-f(0)}{2t}=2f'(0)=2$，故选 D.

5. A　提示：因为 $f'(x)=(x+1)e^{x-1}+2x$，所以 $f'(1)=4$，$f(1)=2$，所以 $f(x)$ 的图像在 $x=1$ 处的切线方程为 $y-2=4(x-1)$，即 $4x-y-2=0$. 故选 A.

6. A　提示：由 $f'(x)=1+4\cos x$，$f(0)=0$，$f'(0)=5$，所以曲线 $y=f(x)$ 在点 $(0, f(0))$ 处的切线方程为 $y=5x$，即 $5x-y=0$. 故选 A.

7. A　提示：由 $f'(x)=(x-2)e^x$ 知，当 $x<2$ 时，$f'(x)<0$，当 $x>2$ 时，$f'(x)>0$，所以 $f(x)$ 的减区间是 $(-\infty, 2)$，增区间是 $(2, +\infty)$. 故选 A.

8. C　提示：由导数与函数单调性的关系知，当 $f'(x)>0$ 时，$f(x)$ 递增，当 $f'(x)<0$ 时，$f(x)$ 递减. 结合图像知，$x\in(a, c)$ 时，$f'(x)>0$，故 $f(x)$ 在 (a, c) 上单调递增，$x\in(c, e)$ 时，$f'(x)<0$，故 $f(x)$ 在 (c, e) 上单调递减；$x\in(e, +\infty)$ 时，$f'(x)>0$，故 $f(x)$ 在 $(e, +\infty)$ 上单调递增，因此函数 $f(x)$ 在 $x=c$ 处取得极大值，在 $x=e$ 处取得极小值；并且 $f(c)>f(e)$. 故选 C.

9. -6　提示：因为 $\lim\limits_{\Delta x\to0}\dfrac{f(x_0-\Delta x)-f(x_0)}{2\Delta x}=3$，所以 $f'(x_0)=\lim\limits_{\Delta x\to0}\dfrac{f(x_0-\Delta x)-f(x_0)}{(x_0-\Delta x)-x_0}=\lim\limits_{\Delta x\to0}\dfrac{f(x_0-\Delta x)-f(x_0)}{-\Delta x}=\lim\limits_{\Delta x\to0}\left(-2\times\dfrac{f(x_0-\Delta x)-f(x_0)}{2\Delta x}\right)=-2\times\lim\limits_{\Delta x\to0}\left(\dfrac{f(x_0-\Delta x)-f(x_0)}{2\Delta x}\right)=-6$，故答案为 -6.

10. -2　提示：注意到 $f'(1)$ 为常值，$f'(x)=2x+2f'(1)$，故 $x=1$ 代入上式得 $f'(1)=2+2f'(1)$，得 $f'(1)=-2$，故答案为 -2.

11. $e^x\cos2x-2e^x\sin2x$　解：由函数乘积导数公式可得 $f'(x)=(e^x)'\cos2x+e^x(\cos2x)'=e^x\cos2x-2e^x\sin2x$，故答案为 $e^x\cos2x-2e^x\sin2x$.

12. $2x-y-1=0$　提示：因为 $f'(x)=1+\dfrac{1}{x}$，所以 $k=f'(1)=2$，又 $f(1)=1$，所以函数在点 $x=1$ 处的切线方程为 $y-1=2(x-1)$，故答案为 $2x-y-1=0$.

13. $\left(0, \dfrac{1}{e}\right)$　提示：由于函数定义域为 $(0, +\infty)$，且导数为 $y'=\ln x+1$，令 $y'<0$，解得 $x\in\left(0, \dfrac{1}{e}\right)$，故函数的递减区间为 $\left(0, \dfrac{1}{e}\right)$，故答案为 $\left(0, \dfrac{1}{e}\right)$.

14. 2　提示：$f'(x)=e^x-e^{-x}=\dfrac{e^{2x}-1}{e^x}$，当 $x>0$ 时，$f'(x)>0$，$f(x)$ 为增函数，当 $x<0$ 时，$f'(x)<0$，$f(x)$ 为减函数，故当 $x=0$ 时函数取得唯一极小值，此时极小值为最小值，为 $f(0)=2$，故答案为 2.

15. 解：(1) 自变量的增量 $\Delta x=1.1-1=0.1$.

（2）函数的增量为$f(1.1)-f(1)=(1.1)^2-1-1^2+1=0.21$.

（3）函数的平均变化率为$\frac{\Delta y}{\Delta x}=\frac{0.21}{0.1}=2.1$.

（4）由于$f'(x)=2x$，故$f'(1)=2$，$\Delta x=1.1-1=0.1$，于是函数的微分为

$dy=f'(1)\ \Delta x=2\times 0.1=0.2$.

另外，由（2）可知$\Delta y-dy=0.21-0.2=0.01$.

16. 解：(1) 令$f'(x)=3x^2-3=3(x-1)(x+1)=0$，当$x<-1$或$x>1$时，$f'(x)>0$，$f(x)$为增函数，当$-1<x<1$时，$f'(x)<0$，$f(x)$为减函数，故极大值为$f(-1)=2$，极小值为$f(1)=-2$.

（2）由（1）知函数的极大值$f(-1)=2$与极小值$f(1)=-2$，又端点函数值$f(-3)=-18$，$f\left(\frac{3}{2}\right)=-\frac{9}{8}$，所以$f(x)_{\min}=f(-3)=-18$，$f(x)_{\max}=f(-1)=2$.

17. 解：（1）设蓄水池的底面边长为a，则$a=6-2x$，则蓄水池的容积为$V(x)=x(6-2x)^2$. 又底面边长a与小正方形边长x均为正数可得$\begin{cases}x>0,\\6-2x>0,\end{cases}$即定义域为$x\in(0,3)$.

（2）由$V(x)=x(6-2x)^2=4x^3-24x^2+36x$，得$V'(x)=12x^2-48x+36$，当$x<1$或$x>3$时，$V'(x)>0$，当$1<x<3$时，$V'(x)<0$，又函数定义域为$x\in(0,3)$，故函数$V(x)$的单调增区间是（0，1），单调减区间是（1，3），且$V(1)$为开区间内唯一的极大值，即为最大值$V(1)=16$. 故蓄水池的底边为$6-2=4$ m时，蓄水池的容积最大，其最大容积是16 m^3.

18. 解：(1) 依题意得$F(x)=xG(x)-50-7x=x\left(-\frac{2}{x^2}+\frac{\ln x}{x}+\frac{80}{x}+4\right)-50-7x=-\frac{2}{x}+\ln x-3x+30$，$x>0$.

（2）由（1）得，$F(x)=-\frac{2}{x}+\ln x-3x+30$，则$F'(x)=\frac{2}{x^2}+\frac{1}{x}-3$，令$F'(x)=0$，得$x=1$或$x=-\frac{2}{3}$（舍去），当$x\in(0,1)$时，$F'(x)>0$，则$F(x)$单调递增，当$x\in(1,+\infty)$时，$F'(x)<0$，则$F(x)$单调递减，所以当$x=1$时，有$F(x)_{\max}=F(1)=25$.

答：当年产量为1百件时，该企业在这种茶文化衍生产品中获利最大且最大利润为25万元.